普通高等教育"十三五"规划教材

计算机应用基础

（第三版）

汤发俊　主编

赵艳平　周　威　副主编

李　昉　王　清　江　文　参编

科学出版社

北　京

内 容 简 介

本书共分 3 篇，第 1 篇以项目案例为主线设计 4 个项目，主要介绍计算机基本操作和 Office 的使用方法；第 2 篇以知识体系为主线设计 2 个项目，主要介绍计算机软硬件基础和信息技术基础；第 3 篇以配合计算机等级考试应试需要为主线设计 2 个项目，主要介绍计算机等级考试的考点解析和模拟试题等。

本书提供课程配套的全部网络教学资源供教学使用。

本书可作为高职院校公共计算机基础课程教材或主要参考书，也可作为计算机等级考试及各类计算机培训辅导教材，还可作为社会人员计算机入门的自学参考书。

图书在版编目（CIP）数据

计算机应用基础/汤发俊主编. —3 版. —北京：科学出版社，2018.9
（普通高等教育"十三五"规划教材）
ISBN 978-7-03-058594-3

Ⅰ. ①计… Ⅱ. ①汤… Ⅲ. ①电子计算机－高等学校－教材 Ⅳ. ①TP3

中国版本图书馆 CIP 数据核字（2018）第 195676 号

责任编辑：宋　芳　袁星星／责任校对：赵丽杰
责任印制：吕春珉／封面设计：东方人华平面设计部

科学出版社 出版
北京东黄城根北街 16 号
邮政编码：100717
http://www.sciencep.com

三河市良远印务有限公司印刷

科学出版社发行　　各地新华书店经销
*

2012 年 8 月第 一 版　　2020 年 10 月第十六次印刷
2015 年 6 月第 二 版　　开本：787×1092　1/16
2018 年 9 月第 三 版　　印张：18 3/4
字数：438 000
定价：46.00 元
（如有印装质量问题，我社负责调换〈良远〉）
销售部电话 010-62136230　编辑部电话 010-62138978-2047

第三版前言

信息技术的快速发展深刻影响着人们的学习、工作、生活等方式，掌握计算机基本操作和基础知识已成为社会人必备的技能之一，这本身促进了计算机技术的发展。

为满足高职院校公共计算机基础课程教学的需要，编者紧扣全国/江苏省计算机一级、二级（MS Office）考试大纲，充分吸纳前两版教材的编写特色和近几年公共计算机基础课程教学改革成果，以项目化和案例教学为主线，从基础应用和能力提升两个维度整体统筹本书编写体系，按照精品教学资源课程标准构建配套的立体化资源和网络课程，较好地满足公共计算机基础课程改革和教学需要。

本书分 3 篇。第 1 篇共设 4 个项目，主要介绍计算机基本操作和 Office 的使用方法，包括计算机基本操作、Word 文档制作、Excel 电子表格制作及 PowerPoint 演示文稿制作。每个项目设计了若干项目案例，按照"学习目标→学习案例（案例分析）→任务→学习知识→学习小结→自我练习"的体例呈现，不同层次的学生可以选择其中部分项目案例作为教学案例，其余项目案例可作为课前预习或课后提升练习，既体现因材施教的原则，也为有余力的学生提供良好的学习资源。

第 2 篇共设 2 个项目，主要介绍计算机软硬件基础和信息技术基础，包括计算机硬件系统和软件系统、网络通信和多媒体技术等。每个项目所设单元按照"学习目标→学习知识→学习小结→自我练习"的体例呈现，将计算机信息技术相关知识和计算机等级考试考点融于一体，做到计算机信息技术内容全面覆盖计算机等级考试大纲并使学生的能力在此基础上有所提高。

第 3 篇共设 2 个项目，主要介绍计算机等级考试的考点解析和模拟试题等，分别按照计算机等级考试所设模块，从试题考点解析和模拟试题测试的维度对历年试题进行了较为详细的分析和归纳，旨在满足学习者的应试之需。

本书由汤发俊担任主编，赵艳平、周威担任副主编，李昉、王清、江文参加了本书的编写工作。在编写本书的过程中，参与前两版教材编写工作的老师提出了许多建设性意见和建议，在此一并表示感谢！

另外，编者开发的"计算机应用基础"课程网站（http://mooc1.chaoxing.com/course/90714674.html）提供了本书全部的网络教学资源，旨在为教师提供更多的教学支持，为学习者提供更全面的帮助。欢迎广大读者在使用本书和配套教学资源的过程中提出合理化建议，以使本书和配套教学资源更加完善。

由于编者水平有限，书中不足之处在所难免，敬请各位专家和读者批评指正。

编　者

2018 年 5 月

第一版前言

当今社会，计算机的发展日新月异。计算机带给人们的已不仅仅是一门科学、一种工具、一项技能，而是作为一种现代化意识、一类新型计算机文化，正在日益深刻地改变着人们的智力结构、产业结构和社会结构，影响着人类社会的文明程度和发展进步。计算机应用水平、信息化发展速度与程度，已经成为衡量一个国家经济发展程度和竞争力高低的重要指标。在应用层面，更加强调计算机应用要与行业企业相结合、计算机应用要与本职工作相结合，这种计算机应用与本职具体业务结合的深度和广度已成为评测和考查职业人是否胜任本职工作的重要条件。

为满足高职院校计算机应用教学的需要，编者在 2009 年编写《计算机应用基础实训教程》的基础上，以提升大学生信息素养为目标，以实施项目化和案例教学为主线，以培养大学生计算机基本技能和基础知识的认知规律为路径，以课证融通、兼顾国家及江苏省计算机等级考试大纲为原则，以全新勾画教材结构、全面梳理项目案例、全力打造一体化课程教学资源为整体设计思路编写本书。全书共两部分，技能篇主要介绍计算机基本操作及 Office 使用，包括计算机基础操作、Word 文档制作、Excel 电子表格制作、PowerPoint 演示文稿制作、FrontPage 网页制作及 Access 数据库应用，共 6 个项目；知识篇主要介绍计算机信息处理与应用、计算机软硬件和多媒体应用等基本知识，包括信息通信基础、计算机软硬件基础及多媒体技术基础，共 3 个项目。

总结本书编写过程，其主要特点体现在以下几个方面。

1）在编写思路上，以实施项目化和案例教学为本书整体设计思路，集技能与知识、案例与情境于一体，设计思路新颖独特，使学生在情境案例中仿真模拟、在仿真模拟中提升技能。

2）在编写内容上，以提升大学生信息素养为本书内容选取的基本标准，融计算机基本技能、基础知识和计算机等级考试应试内容于一体，做到技能点、知识点全面覆盖计算机等级考试大纲并有所提高。

3）在编写体例上，以大学生计算机基本技能和基础知识的认知规律为体例设计原则，从分析学习目标入手，技能篇按照"学习目标—学习案例—学习任务—学习知识—学习小结—自我练习"，知识篇按照"学习目标—学习知识—学习小结—自我练习"的线路逐步展开，循序渐进。

4）在编写组织上，由企业一线技术骨干和高职院校一线教师骨干共同组成本书编写团队，按照教育部提出的"计算机教学基本要求"，充分吸纳行业、企业技术标准，做到本书内容新颖、特色鲜明。

本书由汤发俊、周威担任主编，李昉、李桂春担任副主编。汤发俊、周威负责全书整体设计和统稿工作；汤发俊、周威、俞立群、何卫东参与本书全部项目审定工作；李桂春参与项目 1、项目 7 编写；赵艳平参与项目 2 编写；李昉参与项目 3、项目 8 编写和全书排版工作；王艳参与项目 4、项目 9 编写；蔡岚岚参与项目 5 编写；周威参与项目 6 和附录编写；江文参与项目 6、项目 9 编写；汤发俊参与项目 7、项目 8 编写。

编者在编写本书的过程中，无锡恒烨科技有限公司、无锡睿泰科技有限公司等企业领导和专家给予大力支持和悉心指导；无锡商业职业技术学院信息工程学院领导和公共计算机教学部提出许多建设性意见和建议，并得到卢惠林教授以及科学出版社的大力支持，在此一并表示诚挚谢意。

由于时间仓促，加之编者水平有限，书中不足之处在所难免，敬请各位专家和读者批评指正。

另外，计算机应用基础课程网站（http://elearning.wxic.edu.cn/moodle）提供有全部网络教学资源，旨在为教师提供更多教学支持，也为读者提供更全面的自学帮助。欢迎各位在使用该教材和配套教学资源过程中提出合理化建议（联系邮箱：jswxjsj@163.com），以使本书和配套教学资源更加完善。

编　者

2012 年 3 月

目　　录

第1篇　项目实践

项目1　计算机基本操作

21 世纪以来，信息技术的迅猛发展深刻影响着人们的学习、工作、生活等方面，计算机从最初的解决数学问题的计算工具到现在的全能信息处理设备，深刻影响着整个人类社会，无法想象没有计算机，我们的社会是怎样的状态。

使用计算机已经成为新时代人们必备的能力之一，要利用计算机完成各种各样的任务，就必须借助相应的软件，而大部分软件需要一个运行程序的平台，这个平台就是计算机操作系统。目前，在操作系统领域，Windows 操作系统占据大部分的份额，它让搜索和使用信息更加简单。

项目案例 1　Windows 10 体验

学习目标

1）能进行 Windows 10 基本设置。
2）能编辑和管理文件、文件夹。
3）能熟练录入中英文。
4）了解 Windows 10 的相关知识。
5）理解文件和文件夹的概念。

学习案例

小李新买了一台计算机，除了掌握启动和关闭 Windows 10 系统外，他还想设置漂亮的个性化桌面，为自己的计算机装扮出富有个性的操作界面，并利用控制面板进行 Windows 10 工作环境的设置。为了更加熟练地使用计算机，小李想先从熟悉鼠标和键盘入手，然后建立文件夹，分门别类地存放文件，学习、掌握在计算机中进行选择、复制及移动、搜索、删除文件和文件夹等操作，以便于有效地管理计算机资源。

案例分析：在 Windows 10 中要完成该任务，需要掌握 Windows 10 的工作界面、环境设置，掌握文件和文件夹的编辑方法，掌握 Windows 10 常用附件的使用方法等。其具体操作可分为 3 个任务：认识 Windows 10、录入文本和管理文件。

任务 1　认识 Windows 10

任务说明

以中文 Windows 10 操作系统为例介绍操作系统的基本操作、配置、管理和维护，要求进行桌面设计、个性化设置、用户账户设置、有关系统的相关设置与管理及简单的系统维护等。

任务步骤

1. 初识 Windows 10 操作系统

操作系统（operating system，OS）是管理和控制计算机硬件与软件资源的计算机程序，是直接运行在"裸机"上的最基本的系统软件，任何其他软件都必须在操作系统的支持下才能运行。

Windows 10 操作系统是由 Microsoft 公司开发的操作系统，可供家庭及商业工作环境、笔记本式计算机、平板式计算机、多媒体中心等使用。

（1）Windows 10 的启动和退出

1）Windows 10 的启动。如果计算机中只安装了 Windows 10 操作系统，则只需要按下电源开关即可直接启动进入登录界面；如果计算机中安装了多个操作系统，此时可以通过键盘上的上、下方向键选择 Windows 10 选项，然后按【Enter】键进行确认，也可以选择 Windows 10 选项并单击"进入系统"按钮。

2）Windows 10 的退出。Windows 10 操作系统是一个多任务操作系统，直接关闭计算机电源则会导致正在运行的程序的数据丢失，因此正确做法是保存并关闭所有打开的应用程序，然后选择"开始"→"关机"命令来退出 Windows 10 系统。

（2）认识 Windows 10 桌面

Windows 10 启动后呈现在用户面前的屏幕就是桌面。在 Windows 系列操作系统中，"桌面"是一个重要的概念，指的是当用户启动并登录操作系统后，用户所看到的一个主屏幕区域。它由桌面图标和底部的任务栏两部分组成，如图 1-1 所示。

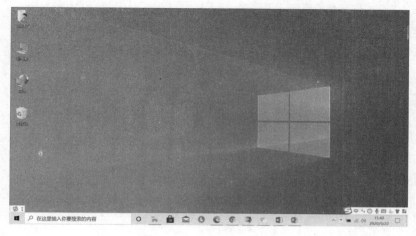

图 1-1 Windows 10 桌面

1）桌面图标。桌面系统图标主要有以下几个。

① 此电脑：查看浏览计算机内的资源。

② 用户的文件：和登录的账号同名的文件夹，用户所有的文档、图片、收藏夹等默认保存在这个文件夹中。

③ 网络：可以查看网络上的其他计算机。

④ 回收站：用来存放用户临时删除的文件。

Windows 10 操作系统安装完成后，默认显示在桌面上的系统图标只有"回收站"，那么如何在桌面上显示其他系统图标呢？具体操作步骤如下：在桌面空白处右击，在弹出的快捷菜单中选择"个性化"命令，打开"个性化"窗口，如图 1-2 所示。在"个性化"窗口左侧导航窗格中选择"主题"选项，在弹出的"主题设置"窗口中设置相应选项，单击"关闭"按钮，如图 1-3 所示。

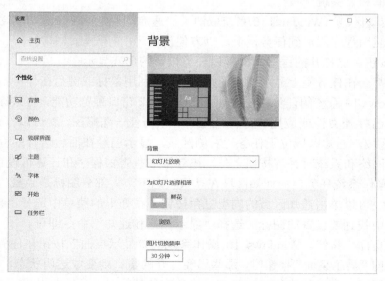

图 1-2 "个性化"窗口

图 1-3　"主题设置"窗口

2）任务栏和开始菜单。任务栏是位于桌面底部的水平长条，在大部分情况下，任务栏是一直可见的，如图 1-4 所示。其主要有以下几个组成部分。

"开始"按钮　　　　　　快速启动按钮　　　　　　任务按钮　　　　　　通知区域　　"显示桌面"按钮

图 1-4　任务栏

①"开始"按钮。单击桌面左下角的"开始"按钮，打开"开始"菜单，Windows 10 的大部分操作都可在"开始"菜单中完成，其主要组成有常用程序栏、所有程序栏、常用位置列表、搜索框和"关机"按钮。

② 快速启动区域。Windows 10 系统取消了快速启动栏，但是快速启动功能仍在，用户可以把常用的应用程序添加到任务栏上，以方便使用。

③ 任务按钮。已打开的程序和文件以任务按钮的形式显示在任务栏上，每一个正在运行的应用程序都会在任务栏上显示相应的按钮，可以利用鼠标或键盘在任务按钮之间进行快速切换。Windows 10 系统的任务栏还增加了 Aero Peek 窗口预览功能，将鼠标指针指向任务按钮，可预览已打开文件或应用程序的缩略图；单击任一缩略图，就可以打开相应的窗口。

④ 通知区域。通知区域位于任务栏右侧区域，显示已经在后台运行的程序，除了有音量、语言栏、网络和系统时钟等按钮之外，还包括一些告知程序和计算机设置状态的图标。Windows 10 操作系统任务栏的通知区域在默认状态下，大部分图标是隐藏的，如果想始终显示某个图标，可以单击通知区域的向上三角按钮，在弹出的菜单中选择"自定义"命令，在打开的窗口中找到要设置的图标，选择"显示图标和通知"命令即可。

⑤"显示桌面"按钮。Windows 10 操作系统的"显示桌面"按钮在任务栏的最右端。当鼠标指针指向"显示桌面"按钮时，那些已经打开的窗口则变成透明状态，显示桌面内容；当鼠标指针移开时，窗口就恢复原来状态；当单击此按钮时，所有打开的窗口立即最小化，

若希望恢复显示已打开窗口，再次单击"显示桌面"按钮即可，不需要依次单击相应任务按钮。

3）设置任务栏属性。在任务栏空白处右击，在弹出的快捷菜单中选择"任务栏设置"命令，在弹出的窗口中进行相关设置，如图 1-5 所示。

4）任务管理器。任务管理器提供正在计算机上运行的程序和进程的相关信息，是显示计算机性能的关键指示器，用于查看正在运行的程序的状态，并终止已经停止响应的程序。

① 启动任务管理器。在任务栏空白处右击，在弹出的快捷菜单中选择"启动任务管理器"命令（或按【Ctrl】+【Alt】+【Delete】组合键），打开"Windows 任务管理器"窗口，如图 1-6 所示。

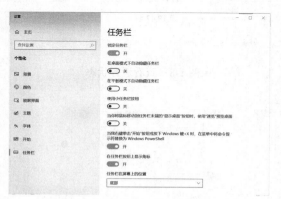

图 1-5　"任务栏设置"窗口

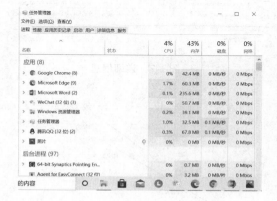

图 1-6　"任务管理器"窗口

② 查看、管理应用程序。在"Windows 任务管理器"窗口中选择"应用程序"选项卡，用户在此选项卡中可以关闭正在运行的应用程序，或者切换到其他应用程序及启动新的应用程序。

③ 查看、管理计算机进程。在"Windows 任务管理器"窗口中选择"进程"选项卡，用户在此选项卡中可以查看各个进程的名称、用户名，以及所占用的 CPU 时间和内存的使用情况等，如图 1-7 所示。

④ 查看系统运行状态。在"Windows 任务管理器"窗口中选择"性能"选项卡，用户在此选项卡中可以查看 CPU 的使用情况、页面文件的使用记录等各项参数，如图 1-8 所示。

（3）认识窗口和对话框

1）窗口。在 Windows 10 系统中，每个运行的应用程序和打开的文件均以窗口的形式出现。虽然每个窗口的内容各不相同，但所有窗口都有一些共同点，如窗口始终显示在桌面（屏幕的主要工作区域）上，大多数窗口具有相同的基本部分等。Windows 10 窗口的基本组成部分如图 1-9 所示。

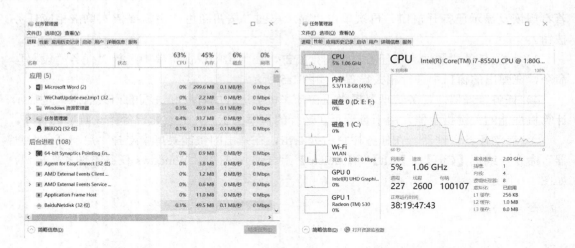

图 1-7 详细信息　　　　　　　　　　　　　图 1-8 查看运行状态

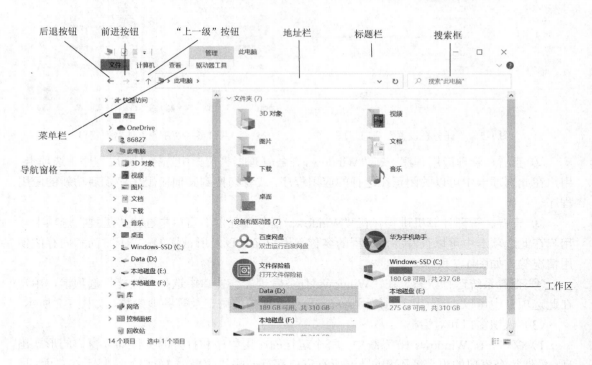

图 1-9 Windows 10 窗口

① 标题栏：位于窗口最顶端，显示文档和程序的名称（如果正在文件夹中工作，则显示文件夹的名称）。

② 地址栏：Windows 10 资源管理器地址使用级联按钮取代了传统的纯文本方式。Windows 10 的地址栏将不同层级路径用不同按钮分割，用户通过单击按钮即可实现目录跳转。

③ 搜索框：Windows 10 资源管理器将检索功能移植到窗口顶部，方便使用。在搜索框中输入词或短语可查找到当前文件夹或库中的项目。

④ 菜单栏：一般位于地址栏的下方，一些应用程序会将菜单栏隐藏，因为菜单栏中的很多操作都能在快捷菜单中完成。

对于 Windows 资源管理器，有时需要将菜单栏显示或隐藏，可以通过以下两种方式实现：一是菜单栏隐藏时，按【Alt】键，菜单栏临时出现，动作完成后则继续隐藏；二是选择"组织"→"布局"→"菜单栏"命令，可以显示或隐藏菜单栏。

⑤ 导航窗格：使用导航窗格可以访问库、文件夹等。Windows 10 资源管理器提供了"收藏夹"、"库"、"此电脑"和"网络"等按钮，用户可以使用这些按钮实现快速跳转，还可以展开文件夹浏览文件夹和子文件夹。

窗口的基本操作主要如下。

① 打开窗口：双击相应对象，即可打开相应窗口。

② 改变大小：单击窗口右上角的"最小化"按钮，窗口消失，任务栏上的任务按钮保留；单击窗口右上角的"最大化"按钮，窗口占满桌面；单击窗口右上角的"还原"按钮，则窗口变小，此时将鼠标指针移到窗口边框上，当鼠标指针变为双向箭头时，上下、左右拖动可以改变窗口大小，也可以将鼠标指针移到任一角上，当指针变为双向箭头时，可同时改变垂直方向和水平方向上的大小。

③ 移动窗口：在窗口非最大化时，将鼠标指针指向标题栏，按住左键拖动到目标位置，即可移动窗口。

④ 屏幕的滚动：在浏览窗口内容时，若内容较多，无法完全显示，此时可借助滚动条上下或左右滚动屏幕来辅助浏览，也可以借助鼠标的滑轮来滚动屏幕。

2）对话框。对话框是人机交流的一种方式，用户对对话框进行设置，计算机就会执行相应的命令。对话框没有"最大化"按钮、"最小化"按钮，多数不能改变大小。

对话框包含按钮和各种选项，用户可以通过它们完成特定命令或任务。对话框常有下列内容：

① 标题栏：标题栏显示对话框的名称，且有"关闭"按钮。

② 选项卡：选项卡上有标签，用户可以通过切换选项卡来查看不同内容。

③ 列表框/下拉列表：显示选项。

④ 单选按钮：在一组选项中选择一个。

⑤ 复选框：可以选择多项。

⑥ 文本框：可以输入文本信息。

⑦ 数值框：可以直接输入数值，也可以通过微调按钮来改变数值大小。

⑧ 滑块：滑动式按钮，拖动滑块可改变数值大小。

⑨ 命令按钮：带文字的矩形按钮，单击它可以执行相应命令。

（4）认识帮助系统

Windows 10 操作系统提供了强大的帮助系统，下面对帮助系统的使用进行介绍。

1）启动帮助系统。Windows 10 操作系统可以通过两种方法来启动帮助系统：一是在相应的 Windows 窗口中或桌面上按【F1】键，即可进入相应对象的帮助系统；二是选择"开始"→"帮助和支持"命令，进入"如何在 Windows 10 中获取帮助"窗口，如图 1-10 所示。

图 1-10　"如何在 Windows 10 中获取帮助"窗口

2）使用帮助系统。

① 用"浏览帮助主题"的方式获取帮助：在如图 1-10 所示的窗口中选择"浏览帮助主题"选项，则出现帮助信息列表。用户可以在此列表中查找自己需要的帮助主题。

② 用搜索的方式获取帮助：在"搜索帮助"文本框中输入要获取帮助的关键词并按【Enter】键，则窗口中会列出查找到的所有相关帮助主题列表，此时只需要单击所需要的主题项目进行浏览即可。

2. 使用部分附件

（1）使用计算器

计算器是 Windows 10 中的一个数学计算工具，与人们日常生活中的小型计算器类似。它分为"标准型"、"科学型"、"程序员"和"统计信息"等模式，用户可以根据需要选择特定的模式进行计算。

1）选择"开始"→"所有程序"→"计算器"命令，打开"计算器"窗口，此时打开的就是标准型计算器，可以进行数字的加、减、乘、除运算。

2）选择"查看"→"科学型"命令，切换到科学型计算器，可单击计算器上的按键进行所需的计算。例如，要求 3^5，则先单击 3 键，再单击 x^y 键，单击 5 键，显示结果为 243；若要求 3!，则先单击 3 键，再单击 n!键，就会显示结果 6。

3）选择"查看"→"程序员"命令，切换到程序员计算器，可以进行逻辑运算及数制转换。单击"二进制"单选按钮，输入 1000，然后单击"十进制"单选按钮，则显示 8，此为二进制数 1000 对应的十进制数。再单击"十六进制"单选按钮或"八进制"单选按钮，可把数值转换成十六进制或八进制。

4）选择"查看"→"统计信息"命令，切换到统计信息计算器，使用统计信息模式时，可以输入要进行统计计算的数据，然后进行计算。输入数据时，数据将显示在历史记录区域中，所输入数据的值将显示在计算区域中。

5）使用计算历史记录。编辑计算历史记录时，所选的计算结果会显示在结果区域中。选择"查看"→"历史记录"命令，双击要编辑的计算，输入要计算的新值，然后按【Enter】键。

6）将值从一种度量单位转换成另一种度量单位，可选择"查看"→"单位转换"命令，在"选择要转换的单位类型"选项组的 3 个列表中选择要转换的单位类型，然后输入要转换的值。

7）计算日期。使用计算器可以计算两个日期之差，或计算自某个特定日期开始增加或减少的天数。选择"查看"→"日期计算"命令，在"选择所需的日期计算"选项组的列表中选择要进行计算的类型。

8）使用工作表计算相关数据。用户可以在计算器中使用燃料经济性、车辆租用及抵押工作表来计算燃料经济性、租金或抵押额。选择"查看"→"工作表"命令，然后单击要进行计算的工作表，在"选择要计算的值"选项组中选择要计算的变量，在相应文本框中输入已知的值，然后单击"计算"按钮。

（2）使用截图工具

截图工具是 Windows 10 自带的一款用于截取屏幕图像的工具，用于将屏幕显示的内容截取为图片，并保存为文件或复制到其他程序中。选择"开始"→"所有程序"→"截图"命令，可启动截图工具。单击"新建"按钮右侧的下拉按钮，在打开的下拉列表中可以看到 4 种截图方式。

1）任意格式截图：在屏幕中按下鼠标左键并拖动，可以将屏幕上任意形状和大小的区域截取为图片。

2）矩形截图：在屏幕中按下鼠标左键并拖动，可以将屏幕中的任意矩形区域截取为图片，这是默认的截图方式。

3）窗口截图：在屏幕中单击某个窗口，可将该窗口截取为完整的图片。

4）全屏截图：可以将整个显示器屏幕中的图像截取为图片。

选择以上任意一种截图方式，然后拖动鼠标或单击要截取的屏幕图像，松开鼠标左键，即可打开"截图工具"窗口，其中显示了截取好的图片。

截图成功后，还可以在截图工具中给截图添加注释。单击"保存"按钮可以将截图保存为 HTML、PNG、GIF 或 JPEG 文件。单击"复制"按钮，然后在其他应用程序（如 Word 程序）中执行"粘贴"命令，可将截取的图片复制到其他程序中；单击"新建"按钮可继续截图。进入截图模式的快捷键是【Ctrl】+【Print Screen】，退出截图模式的快捷键是【Esc】。

3．设置 Windows 10

（1）个性化设置

1）设置分辨率。同样大小的屏幕的分辨率越高，其显示的画面越精细，但图标也越小。在桌面空白处右击，在弹出的快捷菜单中选择"显示设置"命令，在打开的"显示设置"窗口中"显示分辨率"下拉按钮，在打开的下拉列表选择所需分辨率，单击"确定"按钮即可，如图 1-11 所示。显示器的分辨率指的是整屏最多可显示像素点的数量，一般用水平分辨率×垂直分辨率来表示。分辨率越高，显示器可显示的像素点越多，画面就越清晰，屏幕区域内显示的信息就越多，显示的对象就越小。选择哪种分辨率主要取决于用户计算机的硬件配置和需求。

2）高级设置。在图 1-11 所示窗口中，选择"高级显示设置"选项，在弹出的窗口中选择"显示适配器属性"，在"屏幕刷新频率"下拉列表中选择需要的刷新频率，如图 1-12 所示。单击"确定"按钮，返回"屏幕分辨率"窗口，再次单击"确定"按钮，完成对屏幕分辨率和刷新频率的设置。显示器的刷新频率是指所显示的图像每秒钟更新的次数。刷新频率越高，图像的稳定性能越好。LCD 显示器的刷新频率一般为 60 赫兹，CRT 显示器的刷新频率一般为 85 赫兹。

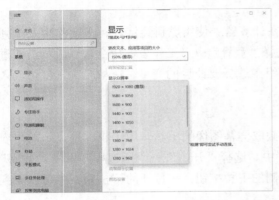

图 1-11　设置分辨率

图 1-12　设置屏幕刷新频率

3）设置桌面背景。在桌面空白处右击，在弹出的快捷菜单中选择"个性化"命令，打开图 1-2 所示的"个性化"窗口。该窗口的左侧有"更改桌面图标""更改鼠标指针""更改账户图片"等选项，右侧显示的是主题。

① 定制个人主题：Windows 10 主题有"我的主题"、"Aero 主题"和"基础主题"3 部分。"我的主题"是从网络下载的主题，"Aero 主题"是系统自带的，基础主题是针对低端显卡设置的。若不能显示 Aero 主题，要选择基础主题。

② 更改桌面图标：选择"个性化"窗口左侧的"更改桌面图标"选项，可打开"桌面图标设置"对话框，在其中可以对桌面显示的图标进行更换。例如，勾选"计算机"复选框，单击"更改图标"按钮，弹出图 1-13 所示"更改图标"对话框，从中选择一个图标即可。

图 1-13　更换图标

③ 设置桌面背景：这里可以选择所有的主题背景，或单一主题背景。有多个主题背景时，可以对切换时间进行设置，也可以对图片位置进行选择。

④ 设置屏幕保护程序：对于 CRT 显示器来说，屏幕上某个点的颜色必须要不停地变化，否则容易造成屏幕上的荧光物质老化进而缩短显示器的使用寿命。设置屏幕保护程序是为了不让屏幕保持静态的画面太长时间。

（2）控制面板设置

Windows 系统的控制面板是用来对系统进行设置的一个工具集，这些设置几乎控制了有
关 Windows 外观和工作方式的绝大多
数内容。启动控制面板的方法有多种，
常用的有以下两种方式：

1）选择"开始"→"控制面板"命
令，即可打开 Windows 10 系统的控制面
板，如图 1-14 所示。

2）打开"计算机"窗口或 Windows
资源管理器窗口，选择导航窗格中的"控
制面板"选项，同样可以打开 Windows
10 操作系统的控制面板。

控制面板默认以"类别"的形式来
显示功能菜单。Windows 10 的控制面板

图 1-14　控制面板

提供了一组特殊用途的管理工具，使用这些工具可以配置 Windows、应用程序和应用环境，
主要有系统和安全、用户账户和家庭安全、网络和 Internet、外观和个性化、硬件和声音、
时钟语言和区域、程序等类别，每个类别下会显示该类的具体功能选项。单击控制面板右上
角的"查看方式"下拉按钮，在打开的下拉列表中可选择显示方式，如选择"大图标"或"小
图标"的方式查看。

1）设置用户账户。在控制面板中选择"用户帐户"选项，打开"管理账户"窗口，如
图 1-15 所示；选择"创建一个新账户"选项，打开"创建新账户"窗口，输入新用户的名
称，如图 1-16 所示，单击"创建账户"按钮，即可成功创建用户账户。

图 1-15　"管理账户"窗口

2）查看有关计算机的基本信息。右击桌面上"此电脑"图标，在弹出的快捷菜单中选
择"属性"命令，都可以进入"系统"窗口，如图 1-17 所示，窗口显示了操作系统的版本、
处理器的型号、内存的容量等计算机的基本信息。

图 1-16　"创建新账户"窗口

图 1-17　查看计算机基本信息

3）设置键盘和鼠标属性。键盘和鼠标是计算机的输入设备并且使用比较频繁，绝大多数操作需要用到键盘或者鼠标。在安装 Windows 10 操作系统时，键盘和鼠标的属性已经由系统自动默认设置，但是用户也可以根据自己的喜好和使用习惯来设置键盘和鼠标的属性。

① 设置键盘的属性。通过自定义键盘设置，可以确定键盘字符重复延迟的时间、重复的速度及光标闪烁的频率等。在控制面板中，选择"键盘"选项，即可打开相应的"键盘 属性"对话框，如图 1-18 所示。

② 设置鼠标的属性。可以通过多种方式自定义鼠标属性，例如，可以交换鼠标按钮的功能，使鼠标指针可见效果较好，还可以更改鼠标滚轮的滚动速度等。在控制面板中，选择"鼠标"选项，即可打开"鼠标 属性"对话框，如图 1-19 所示。

图 1-18　"键盘 属性"对话框

图 1-19　"鼠标 属性"对话框

在此对话框中可通过以下几个选项卡对鼠标进行设置。

● "按钮"选项卡：用于选择左手型鼠标或右手型鼠标，以及调整鼠标的双击速度。

● "指针"选项卡：用于改变鼠标指针的形状和大小。

● "指针选项"选项卡：用于设置鼠标指针的移动速度。

● "滑轮"选项卡：用于设置鼠标滑轮滚动一次移动的行数等。

● "硬件"选项卡：用于设置鼠标的硬件属性。

4）设置系统日期和时间。右击任务栏选择"调整日期/时间（A）"，可以修改日期和时间设置。单击"日期、时间和区域格式设置"，如图 1-20 所示。可以进行相应的设置，单击"更改数据格式"按钮，如图 1-21 所示可以更改具体格式。

图 1-20　"日期和时间"的相关设置

图 1-21　"更改数据格式"设置

5）添加打印机。在 Windows 10 操作系统中安装打印机的操作如下。

① 打开"设备和打印机"窗口。可以通过两种方法打开该窗口：一是在控制面板中选择"设备和打印机"选项；二是执行"开始"→"设备和打印机"命令。采用这两种方法都可以进入图 1-22 所示的"设备和打印机"窗口。

② 添加打印机。在图 1-22 所示窗口中单击"添加打印机"按钮，则弹出图 1-23 所示的"添加打印机"对话框。选择"添加本地打印机"选项，接下来根据对话框的提示一步一步完成操作即可。

图 1-22　"设备和打印机"窗口　　　　图 1-23　"添加打印机"对话框

4. 维护系统

为提高操作系统的稳定性，我们可以利用 Windows 10 操作系统提供的系统维护和优化工具来对系统进行维护和优化。

（1）磁盘清理

Windows 的工作过程中会产生较多的临时文件，而这些临时文件会占据大量的磁盘空间，可以利用"磁盘清理"程序来清理这些临时文件。

1）选择"开始"→"所有程序"→"Windows 管理工具"→"磁盘清理"命令，弹出"磁盘清理：驱动器选择"对话框。

2）在"磁盘清理：驱动器选择"对话框中选择要清理的驱动器后，单击"确定"按钮，弹出"磁盘清理"对话框，计算完毕后弹出磁盘清理程序列表对话框。

3）在"要删除的文件"列表框中选择要删除的文件，单击"确定"按钮结束。

（2）碎片整理

磁盘碎片整理程序可以重新排列碎片数据，以便磁盘和驱动器能够更有效地工作。磁盘碎片整理程序可以按计划自动运行，也可以手动分析磁盘、驱动器，以及对其进行碎片整理。具体操作步骤如下。

1）选择"开始"→"所有程序"→"Windows 管理工具"→":碎片整理和优化"命令，弹出"碎片整理和优化驱动器"对话框。

2）在"当前状态"列表框中选择要进行碎片整理的磁盘。

3）若要确定是否需要对磁盘进行碎片整理，可单击"分析磁盘"按钮。如果系统提示输入管理员密码或进行确认，则输入该密码或确认。

4）在 Windows 系统完成分析磁盘后，可以在"上一次运行时间"列中检查磁盘上碎片的百分比。一般而言，数字高于 10%，则应该对磁盘进行碎片整理。

5）单击"磁盘碎片整理"按钮。如果系统提示输入管理员密码或进行确认，则输入该密码或确认。

磁盘碎片整理程序可能需要几分钟到几小时才能完成，具体取决于硬盘碎片的大小和程度。在碎片整理过程中，仍然可以使用计算机。

（3）卸载程序

如果不再使用某个程序，或者希望释放硬盘上的空间，则可以从计算机上卸载该程序。可以使用"程序和功能"卸载程序，或通过添加或删除某些选项来更改程序配置。

1）在控制面板中单击"程序和功能"图标，打开"程序和功能"窗口。

2）选择程序，然后单击"卸载"按钮。除了卸载选项外，某些程序还包含更改或修复程序选项，但许多程序只提供卸载选项。若要更改程序，请单击"更改"按钮或"修复"按钮。

（4）打开或关闭 Windows 功能

Windows 附带的有些程序和功能（如 Internet 信息服务）必须打开才能使用，除此之外，也有些程序和功能默认情况下是打开的，但可以在不使用它们时将其关闭。若要打开或关闭 Windows 功能，请按照下列步骤操作。

1）在控制面板中单击"程序和功能"图标，在打开的"程序和功能"窗口左侧单击"打开或关闭 Windows 功能"链接。如果系统提示用户输入管理员密码或进行确认，则输入该密码或确认。

2）在打开的"Windows 功能"窗口中进行操作：若要打开某个 Windows 功能，则勾选该功能对应的复选框；若要关闭某个 Windows 功能，则取消勾选该功能对应的复选框。

3）单击"确定"按钮结束。

任务 2　录 入 文 本

任务说明

对键盘的常用键位进行介绍，帮助大家熟练使用键盘，以提高中英文录入速度。

任务步骤

1．认识键盘

目前大多数用户使用的是 107 键的标准键盘。根据使用功能可以将键盘分为功能键区、主键盘区、控制键区、状态指示区和数字键区 5 个区域，如图 1-24 所示。

图 1-24　键盘区域

（1）功能键区

功能键【F1】～【F12】共有 12 个，通常与【Alt】键或【Ctrl】键配合使用。在不同的应用程序和操作系统中，其功能不一定相同。

（2）主键盘区

1）符号键：用于输入字母、数字、符号等。

2）【Esc】键：强行退出键，用于中止程序执行，在编辑状态下放弃编辑的数据。

3）【Tab】键：制表定位键，用来右移光标，每按一次向右跳 8 个字符。

4）【Caps Lock】键：大写字母锁定键。系统默认输入的字母为小写字母，按【Caps Lock】键后，对应的指示灯亮，输入的是大写字母，灯灭输入的是小写字母。

5）【Shift】键：换挡键，适用于双符号键。按住【Shift】键再按某个双符号键，输入该键的上挡字符。利用【Shift】键也能进行大小写字符转换。

6）【Ctrl】键：控制键。此键一般与其他键同时使用，实现某些特定的功能。例如，在许多应用软件，利用【Ctrl】+【C】组合键可实现复制，利用【Ctrl】+【V】组合键可实现粘贴，利用【Ctrl】+【X】组合键可实现剪切，利用【Ctrl】+【S】组合键可实现保存。

7）【Alt】键：空格键左右各有一个，此键一般与其他键同时使用，完成某些特定的操作。例如，按【Alt】+【F4】组合键可以关闭当前窗口，按【Ctrl】+【Alt】+【Delete】组合键可以打开 Windows 任务管理器窗口。

8）【Enter】（或【Return】）键：回车键，主要用来执行选定的操作。

9）【Backspace】或←键：退格键，用来向左移动一格，也可以删除光标左侧的一个字符。

（3）控制键区

1）【Print Screen】（或【PrtSc SysRq】）键：屏幕复制键。在 Windows 系统中按该键可以将当前屏幕画面复制到剪贴板上。按住【Alt】键不放再按该键则可将当前窗口复制到剪贴板。

2）【Scroll Lock】键：屏幕锁定键。当屏幕处于滚动显示状况时，若按该键，键盘右上角的【Scroll Lock】指示灯亮，屏幕停止滚动，再次按此键，屏幕再次滚动。

3）【Pause Break】键：强行中止键。按此键暂停屏幕的滚动。按【Ctrl】+【Pause Break】键，可以中止程序的执行。

4）【Insert】键：插入键，用来在当前光标处插入一个字符。

5）【Delete】（或【Del】）键：删除键，用来删除当前光标后面的一个字符。

6）【Home】键：将光标移动到本行中第一个字符的左侧。按【Ctrl】+【Home】组合键，光标可以快速移到文档的开头。

7）【End】键：将光标移动到本行中最后一个字符的右侧。按【Ctrl】+【End】组合键，光标可以快速移到文档的末尾。

8）【Page Up】【Page Down】键：翻页键。按键向前翻一页或向后翻一页。

9）【→】【←】【↑】【↓】键：光标移动键，可以使光标按箭头方向移动。

（4）数字键区

【Num Lock】键：数字锁定键。按此键后，键盘右上方的【Num Lock】指示灯亮，此时小键盘输入的是数字。再按此键，指示灯灭，该数字键盘区上的键即被锁定不可以使用。

2．使用键盘

1）正确的操作姿势。正确的姿势不仅对提高输入速度有重大影响，而且可以减轻长时间操作引起的疲劳。

① 身体应保持笔直，稍偏于键盘右方。

② 将全身的重量置于椅子上，座椅要调整到便于手指操作的高度，两脚平放。

③ 两肘贴于腋边，手指轻放在基准键上。

④ 监视器放在键盘的正后方，原稿放在键盘左侧。

2）正确的键入指法。基准键位是指用户上机时的标准手指位置，【A】【S】【D】【F】（左手），【J】【K】【L】【;】（右手）为基本键位。在输入时，手指必须置于基本键位上。在输入其他键位后，手指必须先放回基本键位上，再开始新的输入。其中【F】键和【J】键上分别有一个突起，这是为操作者不看键盘就能通过触摸此键来确定基准键位而设置的，为盲打提供了方便。

指法规定：以主键盘的【5】与【6】、【T】与【Y】、【G】与【H】、【B】与【N】为界将键盘一分为二，分别让左右两手管理；左右两部分从中间到两边分别由食指分管近中两键位（因为食指最灵活），余下的键位由中指、无名指和小指分别管理。自上而下各排键位均与之对应。右大拇指管理空格键。主键盘的指法分布如图 1-25 所示。

指法技巧：左右手指放在基本键位上，击完其他键迅速返回原位；食指击键时注意键位角度，小指击键的力量保持均匀；对于数字键，采用跳跃式击键方式。

3．指法练习

初学打字，掌握适当的练习方法，对于提高打字速度是非常必要的。指法的训练可以通过以下两个步骤来实施。

1）采用指法训练软件（如金山打字通）练习盲打，使盲打字母的击键频率达到 200 键次/min。

2）按双文速记拉丁中文的方式进行看打或听打（录音）练习，要求击键准确，击键频率约在 250 键次/min。

图 1-25　主键盘的指法分布

此外，选择合适的输入法也可提高汉字录入速度，可以利用【Ctrl】+【Shift】组合键依次切换选择适合自己的输入法。

任 务 3　管 理 文 件

任务说明

在 D 盘创建文件夹和文件，并对创建的文件和文件夹按照要求进行重命名、复制、移动、删除、创建快捷方式等操作。

任务步骤

1. 打开资源管理器窗口的方法

Windows 10 中的资源是以文件或文件夹的形式存储在硬盘中的，这些资源包括文字、图片、音视频、游戏及各种软件等。资源管理器是 Windows 系统提供的资源管理工具，用户可以使用资源管理器更直观地查看计算机中的所有资源。右击"开始"菜单，在弹出的快捷菜单中选择"打开 Windows 资源管理器"命令，即打开资源管理器窗口。

2. 创建文件和文件夹

在 D 盘创建"我的文件夹"文件夹，在该文件夹下创建"练习"和"资料"两个子文件夹，并创建相关文件。

1）打开资源管理器窗口，查看 D 盘属性。

2）打开 D 盘，右击空白处，在弹出的快捷菜单中选择"新建"→"文件夹"命令，并命名为"我的文件夹"，然后打开此文件夹，在其中创建两个文件夹，分别命名为"练习"和"资料"。

3）打开文件夹"练习"，右击空白处，在弹出的快捷菜单中选择相应命令，分别创建 Word 文档、Excel 工作簿及文本文档，使用默认文件名即可。

3. 重命名文件和文件夹

将"练习"文件夹中的 3 个文件分别重命名为"ABC.docx""ABC.xlsx""ABC.txt",并将"资料"文件夹重命名为"我的资料"。

1）选择"练习"文件夹下的 Word 文档并右击，在弹出的快捷菜单中选择"重命名"命令，此时文件名呈反白显示。

2）输入新文件名"ABC.docx"。

3）同样的操作，分别将 Excel 工作簿和文本文档重命名为"ABC.xlsx"和"ABC.txt"。

4）选择"资料"文件夹，按【F2】键，进入重命名状态，输入"我的资料"。

4. 复制、移动文件和文件夹

将"练习"文件夹中的 ABC.docx 文件复制到"我的资料"文件夹中，将 ABC.xlsx 文件移动到"我的资料"文件夹中。

1）打开"练习"文件夹，右击 ABC.docx 文件，在弹出的快捷菜单中选择"复制"命令或单击"组织"下拉按钮，在打开的下拉列表中选择"复制"选项。

2）打开"我的资料"文件夹，右击空白处，在弹出的快捷菜单中选择"粘贴"命令或单击"组织"下拉按钮，在打开的下拉列表中选择"粘贴"选项。

3）打开"练习"文件夹，右击 ABC.xlsx 文件，在弹出的快捷菜单中选择"剪切"命令或单击"组织"下拉按钮，在打开的下拉列表中选择"剪切"选项。

4）打开"我的资料"文件夹，右击空白处，在弹出的快捷菜单中选择"粘贴"命令或单击"组织"下拉按钮，在打开的下拉列表中选择"粘贴"选项。

5. 删除与还原文件和文件夹

将"我的资料"文件夹中的文件 ABC.docx 删除并还原。

1）打开"我的资料"文件夹，右击 ABC.docx 文件，在弹出的快捷菜单中选择"删除"命令或单击"组织"下拉按钮，在打开的下拉列表中选择"删除"选项或按【Delete】键，将文件放入回收站。

2）回到桌面，打开回收站，可以看到被删除的文件，右击此文件，在弹出的快捷菜单中选择"还原"命令即可使文件还原，并且不能还原。

注意：在第 1）步操作中，选择"删除"命令或按住【Delete】键的同时按【Shift】键，则文件不经过回收站直接删除，并且不能还原。

6. 查看并设置文件和文件夹属性

查看"练习"文件夹中的 ABC.txt 文件的属性，并将该文件隐藏后再显示出来。

1）右击 ABC.txt 文件，在弹出的快捷菜单中选择"属性"命令，在弹出的属性对话框中勾选"隐藏"复选框，单击"确定"按钮。

2）如果在文件窗口看不到此文件，则单击"组织"下拉按钮，在打开的下拉列表中选择"文件夹和搜索选项"选项，在弹出的"文件夹选项"对话框中选择"查看"选项卡，在"高级设置"列表框中单击"显示隐藏的文件、文件夹和驱动器"单选按钮，单击"确定"按钮结束。

3）返回文件窗口，则可以看到被隐藏的文件了，此时图标颜色比较浅。

4）右击此文件，在弹出的快捷菜单中选择"属性"命令，在弹出的属性对话框中取消勾选"隐藏"复选框，单击"确定"按钮结束，则文件正常显示。

7. 查找文件

在 C 盘下搜索类型为".bmp"的文件，切换查看方式，顺序选择第 1、3、5 个文件，复制到"我的资料"文件夹中；选择第 7 到第 10 个文件，复制到"我的资料"文件夹中。

1）打开资源管理器窗口，选择 C 盘，在搜索栏中输入"*.bmp"，则在下方窗口可以看到搜索结果。

2）切换文件显示方式为"详细信息"。

3）选择第 1 个文件，按住【Ctrl】键不放，依次单击第 3、5 个文件；右击，在弹出的快捷菜单中选择"复制"命令，打开"我的资料"文件夹，右击空白处，在弹出的快捷菜单中选择"粘贴"命令。

4）按下鼠标左键不放，拖放选择第 7 到第 10 个文件，或者结合【Shift】键，首尾单击相应文件进行选择，参照第 3）步骤，将所选文件复制到"我的资料"文件夹。

8. 压缩与解压缩文件和文件夹

将"学习"文件夹压缩，然后解压缩。

1）右击"学习"文件夹，在弹出的快捷菜单中选择"添加到 Example.rar"命令，此时在 D 盘中出现 Example.rar 压缩文件。

2）右击"学习"压缩文件，在弹出的快捷菜单中选择"解压到当前文件夹"或"解压到.."命令，设置解压路径和选项即可解压缩。

9. 创建快捷方式

为"学习"文件夹在桌面上创建一个快捷方式，命名为"我的学习"。

1）打开"我的文件夹"文件夹，右击"学习"文件夹，在弹出的快捷菜单中选择"创建快捷方式"命令，此时在同一个位置出现一个名为"学习"的快捷方式。

2）将"学习"快捷方式移动到桌面上，重命名为"我的学习"。

10. 回收站

Windows 10 操作系统的"回收站"是计算机硬盘上的一块存储空间，因此删除的文件通常被移动到"回收站"中，以便用户在将来需要时还原文件。

（1）回收站的使用

在桌面上双击"回收站"图标，即可打开"回收站"窗口，如图 1-26 所示。

图 1-26 "回收站"窗口

1）文件的还原。

① 选择需要恢复的文件，此时图 1-26 中的"还原所有项目"按钮更改为"还原此项目"按钮。

② 单击"还原此项目"按钮，文件则恢复到原来的位置。

2）文件的删除。

① 选择需要永久删除的文件。

② 右击该文件，在弹出的快捷菜单中选择"删除"命令。

③ 在弹出的"删除文件"对话框中单击"是"按钮，此文件将从磁盘上永久删除。

（2）回收站的设置

因为回收站是硬盘上的一块存储空间，所以如果回收站太大，则被删除的文件就可能占据大量的硬盘空间；如果回收站太小，则可提供恢复删除文件的空间就比较小。

在桌面上右击回收站图标，在弹出的快捷菜单中选择"属性"命令，在弹出的"回收站属性"对话框中可以调整回收站的空间。

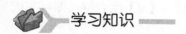 学习知识

1. 文件和文件夹概述

文件是有名称的一组相关信息的集合，任何程序和数据都以文件的形式存放在计算机的外存储器（以下简称"外存"，如磁盘、光盘等）。任何一个文件都有文件名，文件名是存取文件的依据，即按名存取。外存通常存有大量的文件，必须将它们分门别类地组织为文件夹，文件夹是用来存储文件和子文件夹的容器，文件夹的路径（如 D:\my documents）是一个地址，用于指出文件或文件夹的存放位置。Windows 10 采用树形目录结构形式组织和管理文件夹，Windows 资源管理器中显示的是多级文件夹结构，地址栏中显示当前所在文件夹的路径。

2. 命名文件和文件夹

1）文件名或文件夹名中最多可以有 255 个字符，文件名由主文件名和扩展名两部分组成，主文件名与扩展名之间用"."分开，一般格式为"主文件名.扩展名"。

2）文件名的起名要求是"见名知意"；文件名中除第一个字符外，其他位置均可使用空格；命名时不区分大小写，如 myfa.docx 和 MYFA.docx 是同一个文件；文件名或文件夹名允许使用汉字。

3）扩展名用以标示文件类型和创建此文件的程序。常见的扩展名如.com（系统命令文件）、.exe（可执行文件）、.docx（Word 文档）、.xlsx（Excel 工作簿）、.txt（文本文件）、.pptx（演示文稿）、.avi（视频文件），以及.bmp、.jpg、.gif（图片文件）等。

4）文件名或文件夹名中不能出现以下 9 个字符：/、\、:、*、?、"、<、>、|。

5）表示不确定的一个或多个文件时可以使用通配符"*"和"?"，其中"*"表示任意多个字符，"?"表示一个字符。

6）可以使用多个分隔符，如 my report.tool.sales.total plan.docx。

3. 选取文件和文件夹

选取文件和文件夹是文件和文件夹其他操作（复制等）的基础，选取方法如下。

1）选取单独一个：单击。

2）选取连续多个：单击第一个文件或文件夹图标后，按住【Shift】键不放再单击最后一个对象。也可以将鼠标指针移动到要选定范围的一角，然后按住鼠标左键不放进行拖动，这时候将出现一个浅蓝色的半透明矩形框，当矩形框框住需要选中的所有文件或文件夹后释放鼠标左键，这样就可选中多个文件或文件夹。

3）选取不连续多个：单击第一个文件或文件夹图标后，按住【Ctrl】键不放再逐个单击其他要选择的对象。

4）全部选取：选择"编辑"→"全选"命令，或直接按【Ctrl】+【A】组合键即可。

4. 移动、复制文件和文件夹

1）选取操作对象，然后选择"编辑"→"剪切"命令或直接按【Ctrl】+【X】组合键，打开目标文件夹，选择"编辑"→"粘贴"命令或直接按【Ctrl】+【V】组合键，即可完成移动操作。

2）选取操作对象，然后选择"编辑"→"复制"命令或直接按【Ctrl】+【C】组合键，打开目标文件夹，选择"编辑"→"粘贴"命令或直接按【Ctrl】+【V】组合键，即可完成复制操作。

3）拖动鼠标左键：选取操作对象，按住鼠标左键不放，将操作对象拖动到目标文件夹后释放鼠标，即可完成移动操作。若按住【Ctrl】键和鼠标左键不放，将操作对象拖动到目标文件夹后释放鼠标，即可完成复制操作。

4）拖动鼠标右键：选取操作对象，按住鼠标右键将操作对象拖动到目标文件夹后释放鼠标，在弹出的快捷菜单中选择"移动到当前位置"命令或"复制到当前位置"命令，分别完成移动或复制操作。

5. 设置文件和文件夹属性

右击文件或文件夹，在弹出的快捷菜单中选择"属性"命令，弹出属性设置对话框，可以对文件或文件夹进行属性设置。各属性说明如下。

1）只读：文件设置"只读"属性后，用户可以打开文件，但不能更改文件内容。

2）隐藏：文件设置"隐藏"属性后，只要不设置显示所有文件，隐藏文件将不被显示。

3）存档：检查该对象自上次备份以来是否已被修改。

6. 搜索文件或文件夹

1）打开 Windows 10 的"开始"菜单，在底部的搜索框中输入需要查找的文件名进行搜索，会看到使用"搜索框"查找文件的结果，如图 1-27 所示，这种搜索方法默认是搜索 C 盘。

2）使用快捷键【Windows 徽标键】+【E】快速打开资源管理器，如图 1-28 所示，然后在右上角搜索框中输入文件名进行搜索，此时会进行全盘搜索。

图 1-27　使用"搜索框"查找文件

图 1-28　使用"资源管理器"搜索

使用通配符"*"和"?"可以查找多个文件或文件夹。例如，输入"*.wmf"可查找到很多图片文件。

3）要搜索某一文件夹下的文件或文件夹，在资源管理器窗口中单击地址栏右侧下拉按钮，可以看到文件夹的路径，单击相应文件夹可以快速打开选定路径，然后在工具栏右上角的搜索框中输入要搜索的文件名，如"AUTXIAN.bat"，搜索结果将显示在文件窗格中。

4）通过添加"搜索筛选器"，可以用不同的方式搜索文件或文件夹，如按文件的大小、建立时间或修改时间等进行搜索。

📖▸ **学习小结** ━━

本项目基于 Windows 10 操作系统的初步体验，从工作界面和工作环境两个方面对计算机进行有效操作和设置；在熟悉键盘键位的基础上规范并熟练进行中英文录入；根据实际需求进行文件和文件夹的创建、复制、移动、删除及创建快捷方式，并且对文件和文件夹进行压缩和解压缩的相关操作。

自我练习

1）在 D 盘创建 WEXAM 文件夹，在 WEXAM 文件夹中创建 CAT、RAS、REEN 和 SHIE 4 个文件夹，如图 1-29 所示。

2）在"WEXAM"窗口中，分别用"超大图标""大图标""中等图标""小图标""列表""详细信息""平铺"等方式显示文件夹的内容，观察各查看方式的区别。

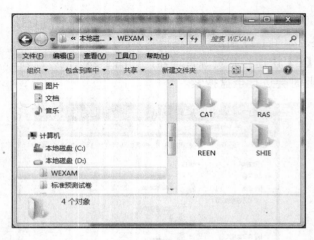

图 1-29　创建文件夹

3）在 D:\WEXAM 文件夹中分别创建 QUA 和 QUB 两个文件夹。

4）在 D:\WEXAM\RAS 文件夹中创建 GGG 文件夹，并在该文件夹创建文件 MENTS.docx，内容为"网络真是一个神奇的世界！"并保存。

5）把 D:\WEXAM\RAS\GGG 文件夹中的文件 MENTS.docx 设置成只读属性。

6）在 D:\WEXAM\CAT 文件夹中创建 CAD 文件夹，并在该文件夹中创建文件 AWAY.txt。

7）把 D:\WEXAM\CAT\CAD 文件夹下的 AWAY.txt 文件移动到 QUA 文件夹中。

8）为文件夹 REEN 创建名为"BBB"的快捷方式，并存放在 D:\WEXAM\RAS 下。

9）将 D:\WEXAM\RAS 下的文件夹 GGG 复制到 D:\WEXAM 文件夹下。

10）在 D:\WEXAM\SHIE 文件夹中创建名为"PENG"的文件夹，并设置为隐藏属性。

11）将 D:\WEXAM 下的 QUA 文件夹删除。

12）将文件夹 RAS 以默认文件名压缩到当前路径。

项目案例 2　网　络　应　用

学习目标

1）能检索并保存网络信息。

2）能申请电子邮箱并收发电子邮件。

3）了解网络配置的方法。

4）了解 IP 地址的概念。

学习案例

　　随着计算机应用的普及和社会信息化程度的提高，计算机网络成为人们获取信息、知识的重要途径，网络在人们的生活、学习和工作中占有重要的地位。小李通过前一阶段的学习，在掌握了计算机的基本操作的基础上想用 IE 浏览器上网查询资料，通过电子邮件与同事、朋友进行交流。

　　案例分析：在 Internet 应用中要完成该案例需要掌握 IE 浏览器的设置和使用，掌握检索网络信息，掌握收发电子邮件。其具体操作可分为 3 个任务：配置网络、检索信息、收发电子邮件。

任务 1 配 置 网 络

任务说明

　　构建局域网环境，配置 TCP/IP 协议，设置 Internet 连接并进行有效管理。

任务步骤

　　1. 配置局域网

　　在 Windows 10 操作系统中，网络的配置和管理在"网络和共享中心"窗口（见图 1-30）中进行。"网络和共享中心"窗口的打开途径有如下 3 种：①右击桌面上的"网络"图标，

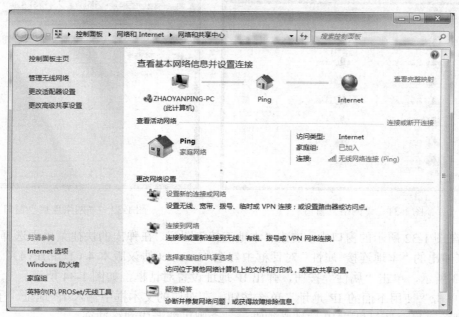

图 1-30　"网络和共享中心"窗口

在弹出的快捷菜单中选择"属性"命令；②在控制面板中打开"网络和共享中心"窗口；③单击任务栏右侧通知区域的网络图标，在弹出的对话框中选择"打开网络和共享中心"选项。在"网络和共享中心"窗口中，用户可以查看网络连接状态、诊断网络故障、配置和管理网络连接等操作。

通过操作系统的"网络"窗口可以快速访问局域网中的共享资源。双击桌面上的"网络"图标，即可打开图 1-31 所示的"网络"窗口。

（1）构建局域网环境

在组建局域网之前，需要进行以下工作：确定所组建的局域网的用途和规模、计划连接方案及准备设备等。一般而言，要有两台或两台以上的安装有网卡的计算机和网络连接设备才能组建局域网。

1）交换机：局域网中的常见设备，通过网线将几台分散的计算机连接在一起。

2）路由器：主要用于连接不同类型的网络和隔离广播域。现在常用的路由器是指宽带路由器，主要用于家庭用户对家庭网络资源的共享。

3）网卡和网线：网卡是连接计算机和传输介质的接口；网线是网络数据的传输介质。

（2）配置 TCP/IP 协议

TCP/IP 协议是应用最为广泛的网络协议，局域网中的计算机通过 IP 地址进行定位和访问。具体配置 IP 地址的步骤如下。

1）打开"网络和共享中心"窗口，选择左侧导航窗格中的"更改适配器设置"选项，打开"网络连接"窗口，如图 1-32 所示。

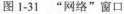

图 1-31　"网络"窗口　　　　　　　　　　图 1-32　"网络连接"窗口

2）在图 1-32 所示的窗口中，右击"本地连接"图标，在弹出的快捷菜单中选择"属性"命令，在弹出的"本地连接 属性"对话框中勾选"Internet 协议版本 4（TCP/IPv4）"复选框，如图 1-33 所示，单击"属性"按钮，弹出 IP 地址设置对话框，如图 1-34 所示。

3）单击"使用下面的 IP 地址"单选按钮，在对应的文本框中输入 IP 地址、子网掩码和默认网关。每台计算机的 IP 地址必须唯一，否则可能造成网络冲突。

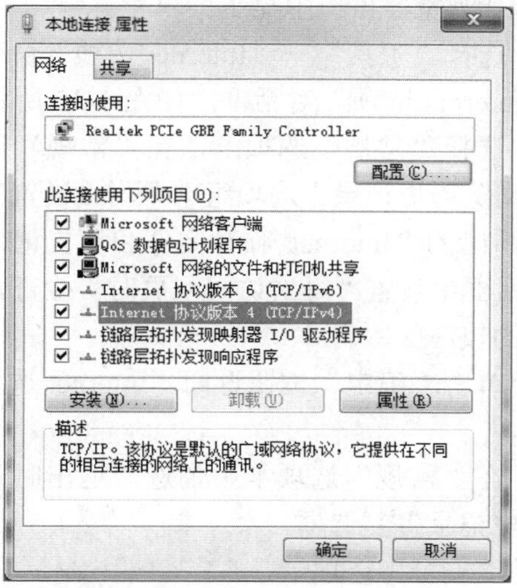

图 1-33　"本地连接 属性"窗口 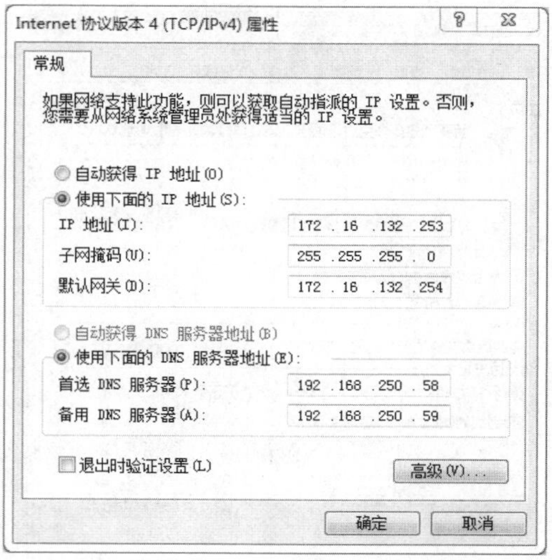　　　　　　图 1-34　设置 IP 地址

2. Internet 连接

连接 Internet 有多种方式，接下来以家庭常用的 ADSL 上网方式为例来设置 Internet 连接。

（1）申请账号

使用 ADSL 方式来连接 Internet，用户需要带上有效证件向相关部门递交入网申请书，填写业务登记表，并交纳相关费用，即可领取登录资料。

（2）安装调制解调器（Modem）

Modem 有外置式和内置式两种。无论采用哪种 Modem，连接好后，启动计算机，系统便会自动弹出"安装新调制解调器"对话框，根据向导进行操作，即可完成其驱动程序的安装。

（3）建立拨号连接

做好上述准备工作后，即可建立拨号连接。

1）打开"网络和共享中心"窗口。

2）单击"设置新的连接或网络"链接，在弹出的"设置连接或网络"窗口中选择"连接到 Internet"选项，单击"下一步"按钮，打开"连接到 Internet"窗口，选择"仍要设置新连接"选项，进入下一个界面，选择"宽带（PPPoE）"选项，在打开的界面中输入申请 ADSL 时 ISP 提供的用户名和密码并命名该连接。

3）单击"连接"按钮，此时进入检测界面，并在其中检测输入的用户名和密码。用户通过检测后将接入 Internet，并提示连接成功。

3. 设置 Internet 选项

IE 浏览器是较为常用的网页浏览器，其设置方法如下。

（1）"常规"选项卡

1）打开 IE 浏览器，在标题栏空白处右击，在弹出的快捷菜单中选择"菜单栏"命令，

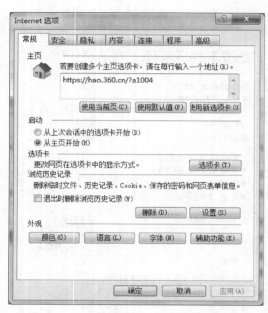

图 1-35 "Internet 选项"对话框（一）

即可在 IE 浏览器窗口中显示菜单栏。

2）选择"工具"→"Internet 选项"命令，打开"Internet 选项"对话框，如图 1-35 所示。

3）选择"常规"选项卡，在"常规"选项卡的"浏览历史记录"选项组中单击"设置"按钮，在弹出的"Internet 临时文件和历史记录设置"对话框中设置"每次访问网页时"检查存储的页面的较新版本。

4）单击"确定"按钮返回"Internet 选项"对话框。

5）在"常规"选项卡中勾选"退出时删除浏览历史记录"复选框。

（2）"安全"选项卡

1）在图 1-35 所示的对话框中选择"安全"选项卡。

2）选择"受信任的站点"选项，单击"站点"按钮。

3）在弹出的图 1-36 所示的"受信任的站点"对话框中取消勾选"对该区域中的所有站点要求服务器验证（https:)"复选框，如图 1-37 所示。

图 1-36 "Internet 选项"对话框（二）

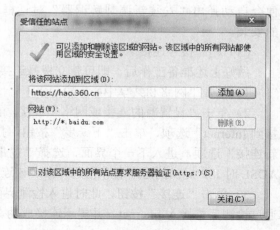

图 1-37 "受信任的站点"对话框

4）在"将该网站添加到区域"文本框中输入网址。

5）单击"添加"按钮，将网址加到网站列表，如图 1-37 所示。

6）单击"确定"按钮返回"Internet 选项"对话框。

（3）收藏夹的使用和整理

1）查看历史记录。打开 IE 浏览器，单击工具栏上的"收藏夹"按钮，选择"历史记录"选项卡，可以查看在一段时间内访问 Web 页的情况。

在"历史记录"选项卡中，可以在"按日期查看""按站点查看""按访问次数查看""按今天的访问顺序查看"等查看方式中按实际需求进行选择，如图 1-38 所示。

2）添加到收藏夹。

① 启动 IE 浏览器，在地址栏中输入"http://www.baidu.com"后按【Enter】键进入百度首页。

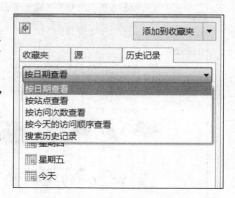

图 1-38　"历史记录"选项卡

② 选择"收藏夹"→"添加到收藏夹"命令，在弹出的"添加收藏"对话框中单击"添加"按钮，完成百度首页的收藏。

3）整理收藏夹。选择"收藏夹"→"整理收藏夹"命令，在弹出的"整理收藏夹"对话框中可以进行新建文件夹、移动、重命名、删除等操作。

任务2　检索信息

任务说明

利用搜索引擎查找所需的网页、图片、文本信息并将其下载保存到本地"D:\常用资料"文件夹中。

任务步骤

1. 查询网页信息

通过 IE 浏览器来查询有关"十二生肖"的相关信息，具体操作步骤如下。

1）打开 IE 浏览器：选择"开始"→"所有程序"→"Internet Explorer"命令或者双击桌面上的"Internet Explorer"快捷方式图标，打开 IE 浏览器窗口。

2）在 IE 浏览器的地址栏中输入"http://www.baidu.com"并按【Enter】键，此时进入百度搜索引擎页面。

3）在百度搜索页面上的搜索框中输入"十二生肖"关键词，单击"百度一下"按钮或者按【Enter】键，则进入搜索结果页面，如图 1-39 所示。

4）单击相关链接，即可进入有关页面进行浏览。

2. 保存网页内容

网页内容的保存有三种情况：一是只保存网页中的文本信息；二是保存当前网页的所有信息，即包含网页页面中的图片、格式等内容；三是保存网页中部分文字或图片等信息。具体操作步骤分别如下。

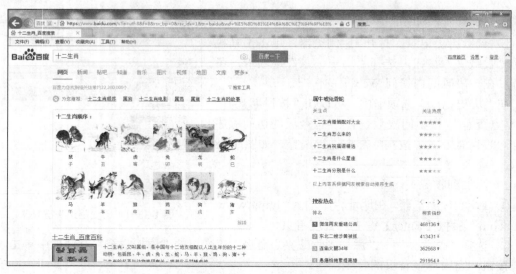

图 1-39　百度搜索"十二生肖"结果页面

1）只保存网页中的文本信息。选择"文件"→"另存为"命令或者选择浏览器搜索框右侧"工具"图标→"文件"→"另存为"命令，在弹出的"保存网页"对话框中设置保存至本地计算机的路径"D:\常用资料"，在"文件名"文本框中输入"页面中的文本信息"，并在"保存类型"下拉列表中选择"文本文件（*.txt）"选项，如图 1-40 所示，单击"保存"按钮。

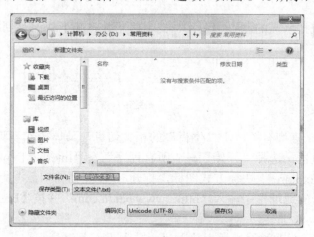

图 1-40　"保存网页"对话框

2）保存当前网页的所有信息。在"保存网页"对话框中的"保存类型"下拉列表中选择"网页，全部（*.htm;*.html）"选项即可。

3）保存网页中部分文字。选择需要的文本，选择"编辑"→"复制"命令；或者右击，在弹出的快捷菜单中选择"复制"命令；或者使用快捷键【Ctrl】+【C】，把文本复制到系统剪贴板中，然后将其粘贴到目标文档中。

4）保存网页中部分图片。找到需要的图片之后，右击图片，在弹出的快捷菜单中选择"图片另存为"命令，在弹出的"保存图片"对话框中选择保存路径、文件名及保存类型即可。

任务 3　收发电子邮件

任务说明

申请一个免费的网易邮箱，使用该邮箱给老师写一封有关自我介绍的电子邮件。

任务步骤

1.　申请电子邮箱

要求申请一个网易免费电子邮箱账号。

1）打开 IE 浏览器，在地址栏中输入"http://mail.163.com"，按【Enter】键，进入网易免费电子邮箱的登录页面。

2）在登录页面中单击"立即注册"按钮，打开网易免费电子邮箱的注册页面，如图 1-41 所示。

图 1-41　网易免费电子邮箱注册页面

3）在网易免费电子邮箱注册页面中，可以选择"注册字母邮箱"、"注册手机号码邮箱"或"注册 VIP 邮箱"。"注册字母邮箱"是通过任意字符组合（须符合组合规则）来进行注册，"注册手机号码邮箱"是通过用户的手机号码来注册，"注册 VIP 邮箱"注册的是需要付费的网易 VIP 邮箱。

接下来就以"注册字母邮箱"为例来注册网易免费电子邮箱。按照网易免费邮箱注册页面的注册要求进行填写，最后单击"立即注册"按钮，则会进入注册成功的提示页面。

2.　收发电子邮件

收发电子邮件之前需要先登录电子邮箱，进入电子邮箱之后就可以进行写信和收信等操作，具体操作步骤如下。

1）登录电子邮箱。进入网易免费电子邮箱登录页面，输入电子邮箱账号和密码，单击"登录"按钮，进入电子邮箱页面，如图 1-42 所示。

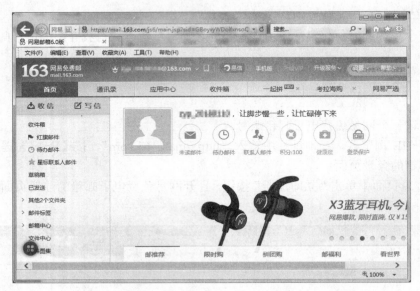

图 1-42　进入网易免费电子邮箱页面

2）写信并发送。单击"写信"按钮，进入撰写新邮件的页面，如图 1-43 所示，分别按要求输入收件人的电子邮箱账号、主题、正文，并添加附件，单击"发送"按钮即可。

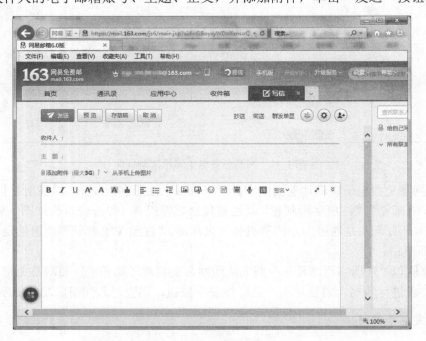

图 1-43　撰写新邮件页面

如果新邮件是要发给多人的，可以在"收件人"文本框中输入多个电子邮箱地址，地址之间用";"分隔；也可以通过图 1-43 所示页面上的"抄送"、"密送"和"群发单显"等几个命令来实现。其中，通过"抄送"完成邮件发送，收件人可以看到发送方将此邮件都发送给了哪些用户；通过"密送"完成邮件发送，收件人无法看到其他收件人的信息；"群发单显"是对多人完成一对一的发送，每个人都是单独收到发给他/她的邮件。

　　3）收电子邮件。

　　① 在图 1-42 所示的页面上，单击"收信"或"收件箱"按钮，则在电子邮箱页面的右侧可以看到所有电子邮件。如果电子邮件未读，则标题以粗体标识。

　　② 在电子邮件列表中，单击要阅读的电子邮件，则可以打开该电子邮件，能看到电子邮件正文、收发件人信息、发送时间、附件等内容。

　　③ 回复电子邮件：如果电子邮件阅读后需要回复，则单击"回复"按钮，即可直接给此人回复。

　　④ 转发电子邮件：如果要将正在阅读的电子邮件发给其他用户，直接单击"转发"按钮，就可以切换到发电子邮件状态，只要填入收件人电子邮箱地址即可。

　　⑤ 删除电子邮件：在电子邮件列表中选中需删除的电子邮件，单击"删除"按钮即可。

学习知识

1. 使用 Ping 命令

　　Ping 命令是网络中一个十分好用的 TCP/IP 工具。使用 Ping 命令可以测试本地计算机与远程计算机的连接情况，测试网速。Ping 命令只有在安装了 TCP/IP 协议以后才可以使用。

　　（1）Ping 命令的格式、参数意义及使用

　　命令格式：

```
Ping    IP 地址（或者域名）   [参数]
```

　　其中的参数可以有多个，如加上"-t"可以一直 Ping 指定的计算机，直到按【Ctrl】+【C】组合键中断。

　　（2）使用 Ping 命令

　　下面来 Ping IP 地址为 192.168.1.4 的计算机，如果网络连接成功，则显示如下信息：

```
正在 Ping 192.168.1.4 具有 32 字节的数据：
来自 192.168.1.4 的回复：字节=32 时间<1ms   TTL=128
来自 192.168.1.4 的回复：字节=32 时间<1ms   TTL=128
来自 192.168.1.4 的回复：字节=32 时间<1ms   TTL=128
来自 192.168.1.4 的回复：字节=32 时间<1ms   TTL=128

192.168.1.4 的 Ping 统计信息：
    数据包：已发送 = 4，已接收 = 4，丢失 = 0 <0%  丢失>，
往返行程的估计时间 <以毫秒为单位>：
    最短 = 0ms，最长 = 0ms，平均 = 0ms
```

如果网络没有连接成功，则显示如下信息：

```
C:\WINDOWS>ping 192.168.1.4
Pinging 192.168.0.1 with 32 bytes of data:

Request timed out.
Request timed out.
Request timed out.
Request timed out.

Ping statistics for 192.168.1.4:
Packets: Sent = 4, Received = 0, Lost = 4 (100% loss),
Approximate round trip times in milli-seconds:
Minimum = 0ms, Maximum = 0ms, Average = 0ms
```

一般系统默认每次用 Ping 命令测试时发送 4 个数据包，用户通过这些提示信息可以知道网络所发送的 4 个数据包的发送情况。

2. IE 浏览器的高级设置

1）提高访问效率和速度。有时用户上网的目的就是查找文字资料，对于感兴趣的资料，要求快速获得文字内容，而对网页上的动画、声音等没有特别的要求。解决方法是在"Internet 选项"对话框中选择"高级"选项卡，取消勾选"多媒体"选项组中的"在网页中播放动画""在网页中播放声音"等复选框。

2）安全和隐私设置。在"Internet 选项"对话框中选择"安全"选项卡，可以设置 IE 安全级别；选择"隐私"选项卡，可以进行隐私设置。

3. 使用搜索引擎网上查询信息技巧

1）若使用单个关键字查询到的信息太多，在输入查询信息时还可以输入逻辑运算符（逻辑与符号包括空格、+、and，如计算机病毒表示计算机 and 病毒；逻辑或符号包括|、or，如计算机 or 电脑、计算机|电脑；逻辑非符号包括 not、-，如彩票 not 山东、彩票-山东）来缩小搜索范围，加快查询速度。

2）查询要求应具体明确，熟悉搜索工具的特殊功能，可以使查找相关内容更加容易。

3）查找专业性较强的信息时，应优先考虑使用专业搜索引擎。国内目前有多种专业搜索引擎，如公路交通信息搜索引擎、医学搜索引擎、水产搜索引擎、暖通空调搜索引擎等。

4. 无线路由器

无线路由器是用于用户上网、带有无线覆盖功能的路由器，如图 1-44 所示。

无线路由器可以看作一个转发器，将家中墙上接出的宽带网络信号通过天线转发给附近的无线网络设备（笔记本式计算机、支持 Wi-Fi 的手机、平板式计算机以及所有带有 Wi-Fi 功能的设备）。

市场上流行的无线路由器一般支持专线 XDSL、Cable、动态 XDSL、PPTP 4 种接入方式，并具有一些其他网络管理的功能，如 DHCP 服务、NAT 防火墙、MAC 地址过滤、动态域名等功能。具体使用设置如下。

1）连接网线，接通电源。

2）在浏览器中输入地址：一般是 192.168.1.1。

3）在弹出的对话框中输入用户名和密码。对于新买设备，一般用户名和密码是 admin，如图 1-45 所示。

图 1-44　无线路由器

图 1-45　设置过程

4）进入主页，在左侧导航中选择"设置向导"选项，进入向导，单击"下一步"按钮，选择上网方式，如果是拨号则选择"PPPoE（ADSL 虚拟拨号）"选项，需要填写申请账号时的宽带账号和密码。

5）进入无线设置，根据对话框文字提示进行设置即可。

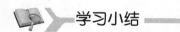

学习小结

本项目是关于网络的常用操作，了解网络配置的简单操作，掌握网络信息的检索方法以及相关信息的保存方法，学会电子邮箱的申请、电子邮件的收发并掌握相关知识。

自我练习

1）搜狐网站的主页地址是"http://www.sohu.com"，打开此主页，查找"天文小知识"页面，在此页面查找"冥王星"的页面内容，并将它以文本文件的格式保存在"D:\天文知识"目录下，命名为"mwxing.txt"；查找"火星"的页面内容，并将它以文本文件的格式保存到"D:\天文知识"目录下，命名为"huoxing.txt"。

2）利用百度搜索引擎，搜索"航空知识"页面，查找"超七战斗机"的页面内容，并将它保存在"D:\航空知识"目录下，命名为"chao7.docx"。

3）利用百度搜索引擎，搜索"飞机"页面，然后查找"无人飞机"的页面内容，再查找"无人飞机的分类"，并将它以文本文件的格式保存到"D:\科技小知识"目录下，命名为"wrfj.txt"。

4）利用申请的网易电子邮箱，将"自我介绍"邮件群发给周围的同学。

项目 2   Word 文档制作

作为 Microsoft Office 家族的重要组件之一，Word 2016 是目前使用比较广泛的一种文字处理软件，它集文字的编辑、排版、表格处理、图形处理于一体，提供了用于创建专业而"优雅"的文档工具，有效地提高了文字处理的效率。

项目案例 1   普通公文制作

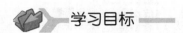 学习目标

1）能根据需求选择文本。
2）能设置页面、字体、段落格式。
3）能替换文本、插入并设置脚注。
4）能设置项目符号和编号。
5）理解模板的概念。

学习案例

学校党委宣传部的李干事接到了上级的一个通知，要求开展"如何做好老师"的主题征文活动，李干事接到通知后即着手进行通知的制发工作。

案例分析：本项目案例要求围绕通知公文的主题进行编辑排版，要按照普通公文的格式进行操作，最终效果如图 2-1 样张所示。要在 Word 中完成该案例需要使用文本选择、页面设置、段落、字体、替换、脚注、项目编号和水印等功能，其具体操作可分为 3 个任务：格式化文档、修饰文档及制作模板。

任务 1   格式化文档

任务说明

熟悉 Microsoft Word 2016 的窗口界面，录入文本内容，并按要求对相关内容进行页面布局及字体、段落格式等设置。

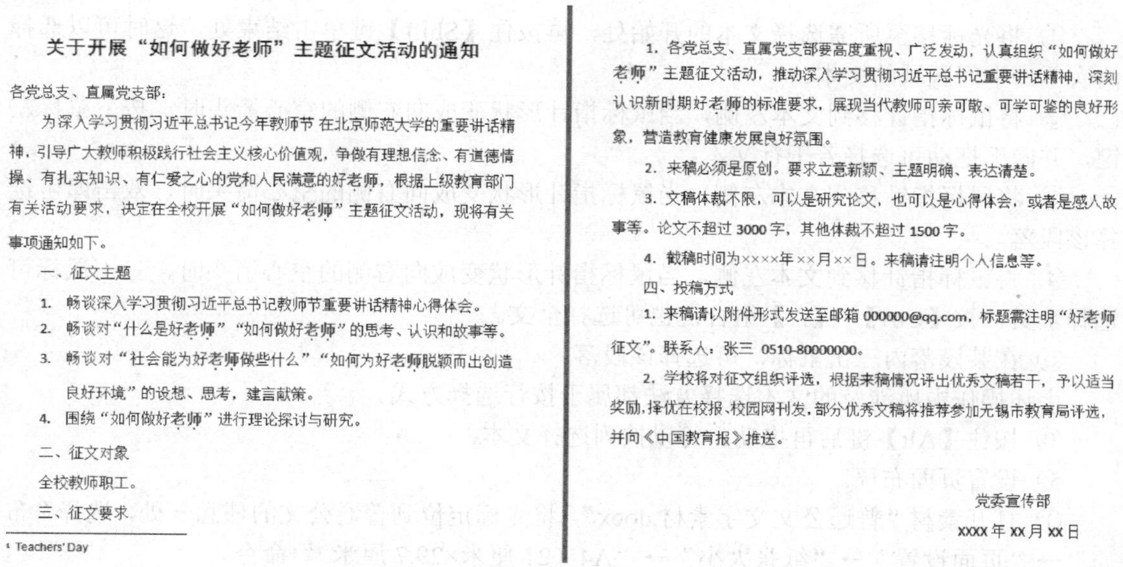

关于开展"如何做好老师"主题征文活动的通知

各党总支、直属党支部：

为深入学习贯彻习近平总书记今年教师节[1]在北京师范大学的重要讲话精神，引导广大教师积极践行社会主义核心价值观，争做有理想信念、有道德情操、有扎实知识、有仁爱之心的党和人民满意的好老师，根据上级教育部门有关活动要求，决定在全校开展"如何做好老师"主题征文活动，现将有关事宜项通知如下。

一、征文主题

1. 畅谈深入学习贯彻习近平总书记教师节重要讲话精神心得体会。
2. 畅谈对"什么是好老师""如何做好老师"的思考、认识和故事等。
3. 畅谈对"社会能为好老师做些什么""如何为好老师脱颖而出创造良好环境"的设想、思考，建言献策。
4. 围绕"如何做好老师"进行理论探讨与研究。

二、征文对象

全校教师职工。

三、征文要求

[1] Teachers' Day

1. 各党总支、直属党支部要高度重视、广泛发动，认真组织"如何做好老师"主题征文活动，推动深入学习贯彻习近平总书记重要讲话精神，深刻认识新时期好老师的标准要求，展现当代教师可亲可敬、可学可鉴的良好形象，营造教育健康发展良好氛围。

2. 来稿必须是原创。要求立意新颖、主题明确、表达清楚。

3. 文稿体裁不限，可以是研究论文，也可以是心得体会，或者是感人故事等。论文不超过 3000 字，其他体裁不超过 1500 字。

4. 截稿时间为××××年××月××日。来稿请注明个人信息等。

四、投稿方式

1. 来稿请以附件形式发送至邮箱 000000@qq.com，标题需注明"好老师征文"。联系人：张三 0510-80000000。

2. 学校将对征文组织评选，根据来稿情况评出优秀文稿若干，予以适当奖励，择优在校报、校园网刊登，部分优秀文稿将推荐参加无锡市教育局评选，并向《中国教育报》推送。

党委宣传部

××××年××月××日

图 2-1 普通公文范文

任务步骤

1）启动 Word 2016 程序。

2）认识 Word 2016 窗口。

① 标题栏。标题栏位于 Word 2016 应用程序窗口的顶端，由快速访问工具栏、文件名、"最小化"按钮、"最大化"（或"还原"）按钮、"关闭"按钮组成。

② 功能选项卡。功能选项卡位于标题栏下方。使用功能选项卡可以执行 Word 的许多命令。基本功能选项卡共有 9 项：文件、开始、插入、设计、布局、引用、邮件、审阅、视图。当插入具体对象时，相应的工具选项卡会出现。例如，插入表格后，选择表格就会出现"表格工具"选项卡；插入自选图形、艺术字等对象后，选择对象就会出现"绘图工具"选项卡；插入图片并选择就会出现"图片工具"选项卡。将鼠标指针移到功能选项卡的标题上时，功能选项卡标题就会加上亮色底纹，单击后弹出相应的选项卡。

③ 编辑窗口。编辑窗口用于输入文字。文档中闪烁的竖线称为光标，代表文字的当前输入位置。

④ 状态栏。状态栏位于编辑窗口的下面一行，用来显示一些反映当前状态的信息，如光标所在行列情况、页号、总页数、字数、工作状态等。状态栏的右侧有阅读版式视图、页面视图、Web 版式视图以及显示比例等内容。

3）录入文本内容。在录入文本之前需要定位光标，有两种方式可供选择：一是利用鼠标定位，使用鼠标定位光标的操作方法非常简单，只需单击要定位到的目标位置即可；二是利用键盘定位，使用键盘上的一些按键和按键组合也可以移动光标。

4）确定编辑对象。在进行编辑排版操作前必须进行选择文本的操作，除了用鼠标拖动选择所需文本的方法外，还可以用以下几种方法：

①　将光标移至所需选择文本的开始处，再按住【Shift】键单击结束处，这时可以选择两次单击中间区域的文本。

②　将鼠标指针移到文本左侧，当鼠标指针形状变成向右侧的空心箭头时，按下鼠标左键，并向下拖动可选择若干行文本。

③　将鼠标指针移到文本左侧，当鼠标指针形状变成向右侧的空心箭头时，双击即可选择该段落。

④　将鼠标指针移到文本左侧，当鼠标指针形状变成向右侧的空心箭头时，三击鼠标可选择全文，按【Ctrl】+【A】组合键也可选择全文。

⑤　在某段落内三击鼠标，可选择该段落。

上述操作中所涉及的文本选择方法都属于按行选择方式。

⑥　按住【Alt】键后再拖动，可以按列选择文本。

5）设置页面布局。

①　打开素材"普通公文文字素材.docx"，将光标定位到普通公文的任意一处，选择"布局"→"页面设置"→"纸张大小"→"A4（21厘米×29.7厘米）"命令。

②　将光标定位到普通公文的任意一处，选择"布局"→"页面设置"→"页边距"→"自定义边距"命令，在弹出的"页面设置"对话框中设置上边距为3厘米，下边距为2.5厘米，左、右边距皆为3厘米，如图2-2所示，单击"确定"按钮。

6）设置字体、段落格式。

①　选择全文，单击"开始"→"段落"右侧的对话框启动器，弹出"段落"对话框。

②　在"段落"对话框中选择"缩进和间距"选项卡，单击"行距"下拉按钮，在打开的下拉列表中选择"1.5倍行距"选项，单击"确定"按钮，如图2-3所示。

③　将光标定位在标题文字中间，单击"开始"→"段落"右侧的对话框启动器，打开"段落"对话框。

④　在"段落"对话框中选择"缩进和间距"选项卡，设置段前间距为0.5行，单击"确定"按钮，如图2-3所示。

⑤　选择从"为深入学习贯彻习近平总书记今年教师节"开始到"并向《中国教育报》推送。"结束中间的所有段落，单击"开始"→"段落"右侧的对话框启动器，打开"段落"对话框。

⑥　在"段落"对话框中选择"缩进和间距"选项卡，单击"特殊格式"下拉按钮，在打开的下拉列表中选择"首行缩进"选项，并设置磅值为2字符，单击"确定"按钮，如图2-4所示。

图2-2　"页面设置"对话框

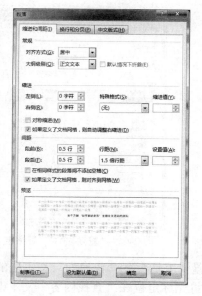

图 2-3　设置段前间距

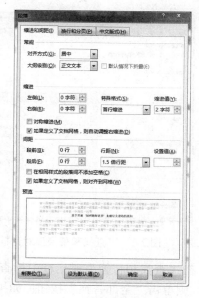

图 2-4　设置特殊格式

⑦ 选择标题段的文字，选择"开始"→"字体"→"字体"→"黑体"命令及"字号"→"三号"命令；选择"开始"→"段落"→"居中"命令。

⑧ 选择从"各党总支、直属党支部："到文档结束的地方，选择"开始"→"字体"→"字体"→"宋体"命令及"字号"→"小四"命令。

⑨ 将文档以"普通公文.docx"为名保存在合适的位置。

任务 2　修 饰 文 档

任务说明

将正文中的"老师"设置为红色加粗加着重号，并给正文中出现的第一个"教师节"添加脚注，编号格式为"①，②，③…"，注释内容为"Teachers' Day"，给征文主题下的内容设置项目编号，格式为"1."，最后给文档添加"普通公文"字样的文字水印。

任务步骤

1）将光标定位在正文中第一个"老师"处，并选中该"老师"，选择"开始"→"编辑"→"替换"命令，弹出"查找和替换"对话框，并显示"替换"选项卡，此时"查找内容"文本框中已有文字"老师"。

2）在"替换为"文本框中输入"老师"，并单击"更多"按钮，设置"搜索"范围为"向下"。

3）将光标定位在"替换为"文本框中，在"格式"下拉列表中选择"字体"选项，如图 2-5 所示。

4）弹出"替换字体"对话框（见图 2-6），按照任务要求设置字体为红色、加粗、加着重号，单击"确定"按钮返回"查找和替换"对话框。

图 2-5　"查找和替换"对话框　　　　　　　图 2-6　"替换字体"对话框

5）在"查找和替换"对话框中检查字体的设置要求是否在"替换为"文本框的下方，如果是，则单击"全部替换"按钮；如果不是，则将光标定位在"查找内容"文本框中，单击"不限定格式"按钮，再重新开始设置。

6）将光标定位在正文中出现的第一个"教师节"之后，单击"引用"→"脚注"右侧的对话框启动器，在弹出的"脚注和尾注"对话框中设置"脚注"在"页面底端"，"编号格式"为"①，②，③…"，单击"插入"按钮，如图 2-7 所示。

7）在页面底端的编号①之后输入文字"Teachers' Day"。

8）选择征文主题下的内容，选择"开始"→"段落"→"编号"命令。

9）将光标定位在文档中，选择"设计"→"页面背景"→"水印"→"自定义水印"命令，弹出"水印"对话框，如图 2-8 所示。在"水印"对话框中，单击"文字水印"单选按钮，在"文字"文本框中输入文字"普通公文"，设置字体为"隶书"，其他设置选择默认值，单击"确定"按钮。

图 2-7　"脚注和尾注"对话框　　　　　　图 2-8　"水印"对话框

任务 3　制 作 模 板

任务说明

将"普通公文"新建为模板，并利用此模板新建文档，同时将此模板设置为共用模板。

任务步骤

1. 新建模板

1）打开文档"普通公文.docx"，选择"文件"→"另存为"→"浏览"命令，在弹出的"另存为"对话框中设置"文件名"为"普通公文"，"保存类型"为"Word 模板（*.dotx）"，则进入自定义模板保存路径，如图 2-9 所示，单击"保存"按钮。

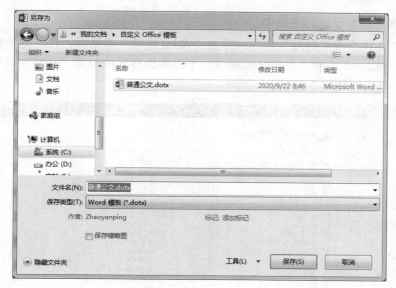

图 2-9　"另存为"对话框

2）打开 Templates 文件夹，可以看到新建好的模板。

2. 利用模板新建文档

1）在文件夹"自定义 Office 模板"窗口中找到相应的模板文件并双击，则新建相应的新文档；或在 Word 应用程序的窗口，选择"文件"→"新建"→"个人"，在列出的模板中单击选择"普通公文"模板，则新建了文档，如图 2-10 所示。

2）在新建的文档窗口，根据实际需求更改文档。

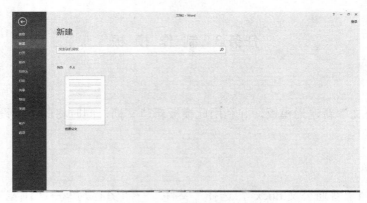

图 2-10   利用模板新建文档

3. 设置共享模板

1）打开"普通公文.docx"文件。

2）选择"文件"→"选项"命令，弹出"Word 选项"对话框，在左侧导航中单击"自定义功能区"按钮，在右侧"自定义功能区"下方的选择区域勾选"开发工具"复选框，如图 2-11 所示，单击"确定"按钮。

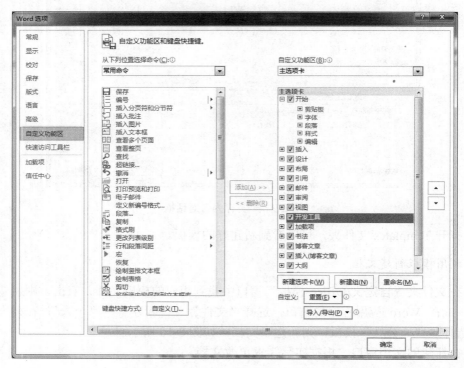

图 2-11   "Word 选项"对话框

3）在 Word 应用程序窗口可以看到"开发工具"功能选项卡，选择"开发工具"→"模板"→"文档模板"命令，如图 2-12 所示。

图 2-12　"开发工具"功能选项卡

4）在弹出的"模板和加载项"对话框中选择"模板"选项卡，然后在"共用模板及加载项"选项组中单击"添加"按钮，如图 2-13 所示。

5）弹出"添加模板"对话框，在模板位置列表中选择"普通公文.dotx"选项，如图 2-14 所示，单击"确定"按钮。

图 2-13　"模板和加载项"对话框　　　　　图 2-14　"添加模板"加载项

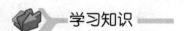 学习知识

字体设置元素主要包括以下几个方面。

1．颜色

Word 2016 中的文字颜色可以任意设置，具体操作时可以选择"开始"→"字体"→"字体颜色"下拉列表中的颜色选项，或者打开"字体"对话框进行设置。

2．上标、下标

上标效果是指将字符缩小并上移，作为其旁边字符的上标记。下标效果是指将字符缩小并下移，作为其旁边字符的下标记。具体操作方法：单击"开始"→"字体"右侧的对话框启动器，在弹出的"字体"对话框中勾选"上标"或"下标"复选框。

3．删除线

删除线效果指在水平方向上为文字加上贯穿的中轴线，具体操作参照上标操作的方法。

4. 着重号

着重号是按字来点的，具体操作方法参照上标操作方法。

5. 字符缩放

字符缩放是指对字符的宽高比例进行调整，一般以百分数来表示。例如，100%表示字符的宽度与高度相等（默认是 100%），200%表示字符的宽度为高度的 2 倍。具体操作是打开"字体"对话框，选择"高级"选项卡进行相应设置。

6. 字符间距

字符间距是指相邻字符间的距离，一般有"标准""加宽""紧缩"3 种状态，具体操作方法同字符缩放操作方法。

学习小结

本项目案例是制作一份普通公文，主要进行页面的设置、段落格式和字体格式的设置，同时进行文本替换、添加脚注，以及设置项目符号和编号等。

自我练习

打开"自我练习"文件夹中的文档 WD01.docx，按照要求完成下列操作并以原文件名保存文档。

1）将文中所有错词"声明科学"全部替换为"生命科学"；将标题段文字"生命科学是中国发展的机遇"设置为红色、三号、仿宋、居中，加波浪下划线。

2）将正文"新华网北京……进一步研究和学习。"设置为首行缩进 2 字符，行距 18 磅，段前间距 1 行。

3）将第三段"他认为……进一步研究和学习。"分为等宽的两栏，栏间距为 2 字符，栏间加分隔线。

项目案例 2   电子板报制作

学习目标

1）能设置页面、分栏、边框和底纹。
2）能编辑处理图文混排。
3）能创建编辑表格。
4）能排版中文版式。
5）熟悉文本框、艺术字等对象。

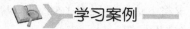学习案例

　　本项目案例要求根据提供的素材设计一张电子板报，在制作过程中需要思考版面布局、颜色搭配及各种对象的综合使用等。

　　本项目案例制作的电子板报效果如图 2-15 所示。

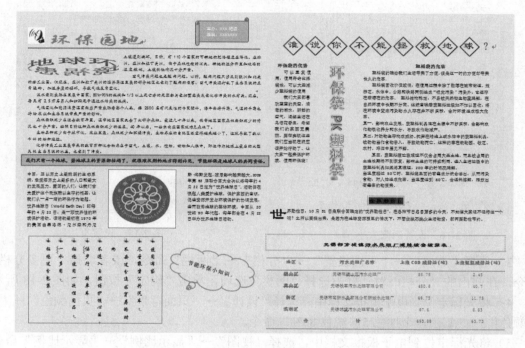

图 2-15　电子板报范文

　　案例分析：在 Word 中要完成该案例需要使用插入图片、插入形状、插入艺术字、插入文本框、设置中文版式、设置边框和底纹、设置首字下沉、表格创建与编辑、表格计算等功能。其具体操作可分为 3 个任务：设计板报报头、设计左侧版面和设计右侧版面。

任务 1　设计板报报头

任务说明

　　先利用页面设置功能设置纸张大小、页边距，再利用分栏命令将页面分成左、右两个部分，并根据要求设计报头部分。

任务步骤

1．整体布局

1）启动 Word 2016 程序。

2）单击"布局"→"页面设置"右侧的对话框启动器，在弹出的"页面设置"对话框

中选择"纸张"选项卡，如图 2-16 所示，根据任务要求将纸张大小设置为宽 42 厘米，高 29.7 厘米；再选择"页边距"选项卡，如图 2-17 所示，根据任务要求将上边距设置为 1.5 厘米，下边距设置为 1 厘米，左、右页边距均设置为 1 厘米，单击"确定"按钮。

图 2-16　设置纸张大小

图 2-17　设置页边距

3）选择"布局"→"页面设置"→"分栏"→"两栏"命令，或者选择"更多分栏"命令，在弹出的"分栏"对话框中选择"两栏"选项，单击"确定"按钮，如图 2-18 所示。

4）将光标定位到电子板报文档中，选择"设计"→"页面背景"→"页面颜色"→"主题颜色"→"蓝色，个性色 5，淡色 80%"命令。

5）将光标定位到电子板报文档中，选择"视图"→"显示比例"→"显示比例"命令，在弹出的"显示比例"对话框中设置显示比例为 85%，如图 2-19 所示。

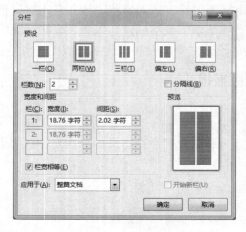

图 2-18　"分栏"对话框

图 2-19　"显示比例"对话框

6）将文档保存为"电子板报制作.docx"。

2．报头设计

1）将光标定位到电子板报第一行行首，选择"插入"→"插图"→"图片"命令，弹出"插入图片"对话框，如图 2-20 所示，选择案例素材中的"Image1.gif"文件，单击"插入"按钮。

2）选中图片，选择"图片工具-格式"→"排列"→"位置"→"顶端居左，四周型文字环绕"命令。

3）输入电子板报名称"环保园地"，选中"环保园地"，选择"开始"→"字体"→"字体"→"华文行楷"命令，选择"开始"→"字体"→"字号"→"小初"命令，选择"开始"→"字体"→"字体颜色"→"标准色"→"绿色"命令；单击"开始"→"字体"右侧的对话框启动器，在弹出的"字体"对话框中选择"高级"选项卡，设置字符缩放 150%，如图 2-21 所示。

图 2-20　"插入图片"对话框

图 2-21　"字体"对话框

4）选择"插入"→"插图"→"形状"→"星与旗帜"→"横卷形"命令，拖放出一个大小适中的自选图形，在自选图形内依次输入主办单位、编辑等内容。

5）选择第 4）步自选图形，选择"绘图工具-格式"→"形状样式"→"形状填充"→"标准色"→"浅绿"命令。

6）选择"插入"→"插图"→"形状"→"线条"→"直线"命令，在"环保园地"下方绘制直线，选择直线对象，选择"绘图工具-格式"→"形状样式"→"形状轮廓"→"标准色"→"绿色"命令，选择"绘图工具-格式"→"形状样式"→"形状轮廓"→"粗细"→"3 磅"命令。

任务 2　设计左侧版面

任务说明

插入艺术字、横排文本框、竖排文本框、图片及云形标注等进行图文混排的设置。

任务步骤

1. 文本内容的设置

1）选择素材中的"地球环境祸患"正文，复制到电子板报中。设置字体为楷体、小四号字，并设置各个段落首行缩进 2 字符，如图 2-22 所示。

2）选中电子板报中"地球环境祸患"6 个字，选择"插入"→"文本"→"艺术字"→"填充-金色，着色 4，软棱台"命令。

3）选中艺术字，选择"绘图工具-格式"→"艺术字样式"→"文本效果"→"转换"→"弯曲"→"顺时针"命令，选择"绘图工具-格式"→"排列"→"环绕文字"→"紧密型环绕"命令，将艺术字放在合适的位置。

2. 中间文本框的设置

1）选择"插入"→"插图"→"形状"→"基本形状"→"文本框"命令，输入文字"我们只有一个地球……"，并拖放到合适的位置。

2）选择"绘图工具格式"→"形状样式"→"形状填充"→"主题颜色"→"蓝色，个性色 5，淡色 60%"命令。

3）选择"绘图工具-格式"→"形状样式"→"形状轮廓"→"标准色"→"绿色"命令。

图 2-22　设置首行缩进

4）选择"绘图工具-格式"→"形状样式"→"形状轮廓"→"粗细"→"3 磅"命令。

5）选择"开始"→"字体"→"字体"→"楷体"命令，选择"开始"→"字体"→"字号"→"小四"命令，选择"开始"→"字体"→"字体颜色"→"红色"命令。

6）选择"绘图工具-格式"→"艺术字样式"→"文本效果"→"阴影"→"内部"→"内部居中"命令。

3. 一对文本框的设置

1）参考图 2-15，插入两个文本框，选中左侧的文本框，选择"绘图工具-格式"→"文本"→"创建链接"命令，鼠标指针变成一个小壶的形状，将小壶移动到右侧的文本框上，小壶倾斜，这时单击就完成了两个文本框之间的链接。

2）选择电子板报素材文件中"地球日"正文，将其复制到第一个文本框中，因为第一个文本框已经和第二个文本框做了链接，所以当第一个文本框内文字太多时，文字会自动移动到第二个文本框。

3）选中这一对文本框，选择"绘图工具-格式"→"形状样式"→"形状填充"→"无填充颜色"命令；选择"绘图工具-格式"→"形状样式"→"形状轮廓"→"无轮廓"命令。

4）参考图 2-15，在这一对文本框中间合适的位置插入图片"中国环境标志.jpg"，设置该图片的文字环绕方式为"四周型"。

4. 云形标注的设置

1）参考图 2-15，在合适的位置插入自选图形中的"云形标注"，并修改线条轮廓颜色为绿色，修改的操作可以参考设置直线和文本框线条颜色的操作，并取消云形标注的填充色。

2）右击云形标注，在弹出的快捷菜单中选择"添加文字"命令，输入"节能环保小知识"，设置字号为四号，字形为加粗，并调整合适的大小及方向。

5. 垂直文本框的设置

1）参照图 2-15，在合适的位置绘制垂直文本框，然后在案例素材中选择节能环保小知识的正文（去掉数字，选择时可以结合【Alt】键）进行复制操作。

2）设置文本框中的文字字体为华文行楷、四号字，字符间距加宽 1 磅，行间距为两倍行距。

3）选中文字，选择"开始"→"段落"→"项目符号"命令，选择如范文所示的项目符号，如图 2-23 所示。

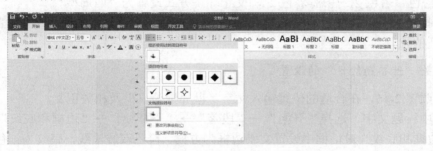

图 2-23　设置项目符号

4）选择垂直文本框，选择"绘图工具-格式"→"形状样式"→"形状填充"→"无填充颜色"命令；选择"绘图工具-格式"→"形状样式"→"形状轮廓"→"粗细"→"其他线条"命令，在弹出的"设置形状格式"对话框中设置线型宽度为 2 磅，选择"绘图工具-格式"→"形状样式"→"形状轮廓"→"标准色"→"绿色"命令。

任务 3　设计右侧版面

任务说明

设置文字的中文版式、插入竖排艺术字，利用首字下沉、边框和底纹等对版面进行美化，并添加一些表格数据，设置表格格式并对表格数据进行简单的处理。

任务步骤

1. 带圈字符的设置

1）输入文字"谁说你不能拯救地球?"，并将字体设置为隶书、一号字、红色、居中显示。

图 2-24　"带圈字符"对话框

2）选中文字"谁"，选择"开始"→　"字体"→"带圈字符"命令，弹出"带圈字符"对话框，如图 2-24 所示，将样式设置为"增大圈号"，"圈号"设置为◇形；重复此操作，将剩余的文字设置成同样的效果。

2．两个独立文本框的设置

1）参考图 2-15，在合适的位置插入两个文本框，并取消边框和填充色。

2）在其中一个文本框中复制文字"环保袋的优势"，在另一个文本框中复制文字"塑料袋的危害"。

3）字体为宋体、五号字，将两个文本框中的标题文字设置为加粗、红色、居中对齐。

3．垂直艺术字的设置

1）在上述两个文本框中间合适的位置插入艺术字"环保袋 PK 塑料袋"，艺术字样式选择"填充-橙色，着色 2，轮廓-着色 2"，文字环绕方式设置为"四周型"。

2）选择艺术字，选择"绘图工具-格式"→"文本"→"文字方向"→"垂直"命令，并调整合适的位置。

4．有关"世界勤俭日"的设置

1）参照图 2-15，在合适的位置输入文字"世界勤俭日"及相关正文。

2）选中标题文字，选择"开始"→"段落"→"下框线"→"边框和底纹"命令，在弹出的"边框和底纹"对话框中设置文字边框为方框、橙色双波浪线，底纹为红色，应用于文字，如图 2-25 所示；设置标题文字字体为隶书、四号字、加粗。

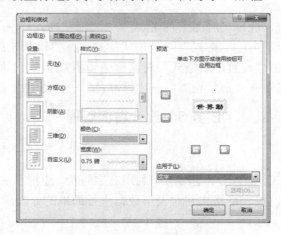

图 2-25　"边框和底纹"对话框

3）参照图 2-15，设置世界勤俭日正文行间距为 18 磅；选择"插入"→"文本"→"首字下沉"命令，在弹出的"首字下沉"对话框中设置"位置"为"下沉"，设置"字体"为"隶书"，设置"下沉行数"为"2 行"，如图 2-26 所示。

5. 表格的创建、编辑与计算

1）参照图 2-15，将案例素材中"无锡部分城镇污水处理厂减排核查核算表"及其数据复制到电子板报中，标题段设置边框为方框、橙色双波浪线。

2）选择其余 5 行文字，选择"插入"→"表格"→"文本转换成表格"命令，在弹出的"将文字转换成表格"对话框中设置 5 行 4 列的表格，如图 2-27 所示。

图 2-26　"首字下沉"对话框

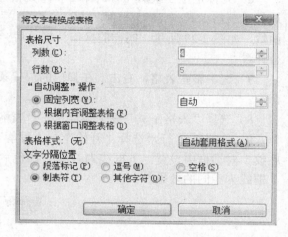

图 2-27　"将文字转换成表格"对话框

3）将光标定位在第 2 列任意一个单元格，或选择第 2 列，右击，在弹出的快捷菜单中选择"表格属性"命令，在弹出的"表格属性"对话框中选择"列"选项卡，设置第 2 列指定宽度为 6.85 厘米，如图 2-28 所示，用同样方法设置第 3 列和第 4 列指定宽度为 4.5 厘米。

图 2-28　"表格属性"对话框

4）选中整张表格，右击，在弹出的快捷菜单中选择"表格属性"命令，在弹出的"表格属性"对话框中选择"行"选项卡，设置所有行高为1厘米。

5）将光标定位在最后一行，选择"表格工具-布局"→"行和列"→"在下方插入"命令，插入新的一行，选中新行的第1个和第2个单元格，右击，在弹出的快捷菜单中选择"合并单元格"命令，并输入文字"合计"。

6）光标定位在最后一行的第2个单元格，即计算"上报COD减排量(吨)"的合计量，选择"表格工具-布局"→"数据"→"公式"命令，在弹出的"公式"对话框中选择求和函数，如图2-29所示，同样的操作计算最后一个单元格，即计算"上报氨氮减排量(吨)"的合计量。

7）选中整张表格，右击，在弹出的快捷菜单中选择"单元格对齐方式"→"水平居中"命令。

8）选择"表格工具"→"设计"→"表格样式"→"浅色底纹-强调文字颜色5"命令。

9）选择第1行，选择"开始"→"段落"→"边框和底纹"命令，在弹出的"边框和底纹"对话框中设置上下框线为3磅、绿色，如图2-30所示；用同样方法设置最后一行的下框线为相同的效果。

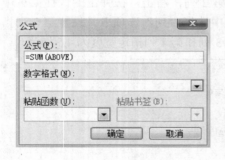

图2-29　"公式"对话框　　　　　　　　　　图2-30　设置上下框线

10）选中整张表格，右击，在弹出的快捷菜单中选择"单元格对齐方式"→"水平居中"命令。

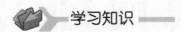 学习知识

1. 常见的排版方式

一般文档排版会受到文本、文字量、图片等方面的影响。常用排版方式如下。

1）利用表格排版。利用无框线的表格辅助排版，可增强文档定位的控制，使版面更加规整。

2）利用文本框排版。文本框是可移动、可改变大小的文本或图片容器，利用文本框可以灵活地对文字或图片进行定位。

3）利用自选图形排版。Word 提供了丰富的自选图形，灵活地对这些自选图形进行编排、组合、填色等操作，可以得到意想不到的排版效果。

4）利用底纹排版。底纹是指衬在文字下的颜色或图案，衬入恰当的底纹，可以美化版面，烘托主题。底纹既可以衬于整个版面下面，也可以衬于部分内容下面。

2. 制作斜线表头

在制作表格时，有时表格头需要用斜线分隔单元格，如制作课程表。具体操作方法如下：

1）建立基本表格，选择"插入"→"表格"→"表格"→"插入表格"命令，弹出"插入表格"对话框，输入行数和列数（7 行 6 列）。

2）将光标放在第 1 行第 1 列单元格中，选择"表格工具-设计"→"绘图边框"→"绘制表格"命令图标，手动绘制斜线。

3）选中整个表格，选择"开始"→"段落"→"边框和底纹"命令，弹出"边框和底纹"对话框，设置各部分边框。

学习小结

本项目案例是设计一张电子板报，通过对电子板报的排版，既要熟练 Word 的基本操作，也要掌握 Word 的高级应用。在本项目案例中，需要进行页面、字体、段落格式等设置，在对版面进行布局时采用了分栏、文本框进行版块设计（也可以使用表格进行布局），在版面美化的过程中使用了插入图片、艺术字、自选图形的操作，并且通过使用中文版式以及设置边框和底纹等一系列的操作对文字进行修饰以达到美观的效果，在这些过程中可以尽情地发挥自己的想象力和创造力对文档进行修饰和美化。

自我练习

1）打开"自我练习"文件夹中的文档 WD02.docx，按照要求完成下列操作并以原文件名保存文档。

① 将文中后 7 行文字转换为一个 7 行 4 列的表格，按"低温（℃）"列递减排序表格的内容。

② 将表格设置为居中，表格列宽设置为 2.4 厘米，行高设置为 0.5 厘米，所有表格框线设置为 1 磅红色单实线。

2）设计一张电子板报，主题自定，要求：

① 主题新颖、有意义，能吸引人。内容组织能紧扣主题。

② 报头富有创意，能起到画龙点睛的效果。

③ 电子板报制作过程中应涉及页面、分栏、图片、文本框、文本框链接、艺术字、表格、自选图形、边框和底纹设置等技能，并有创造性的综合应用。

④ 在视觉上有整洁和统一的版面设计，视觉效果对观众有吸引力，色彩选用合理，色彩搭配和谐，图文搭配巧妙。

3）创建图 2-31 所示的表格，并保存为"送货单.docx"。

送货单

地址：_____

收货单位：_____ 　　　　　　　　20___年__月__日

货号	品名	规格	单位	数量	单价	金　额							备注
						万	千	百	十	元	角	分	
合计人民币（大写）		万　仟　佰　拾　元　角　分											
发货单位：				电话：						发货单位盖章			
发货人：				电话：						发货人盖章			

图 2-31　送货单

项目案例 3　成绩通知制作

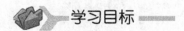
学习目标

1）能应用邮件合并功能制作批量文档。

2）理解域的概念。

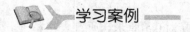
学习案例

在各行各业的日常工作中，人们经常会碰到这么一种情况：要制作、处理的文件的主体内容是一样的，只是里面一些具体的数据有变化，这个时候就可以利用邮件合并功能来批量处理该文件。本项目案例利用邮件合并的功能来批量制作入学资格考试成绩通知单。成绩通知单样张效果如图 2-32 所示。

案例分析：在 Word 中要完成该案例需要使用邮件合并等功能。其具体操作可分为 3 个任务：建立主文档、建立数据源和应用邮件合并功能。

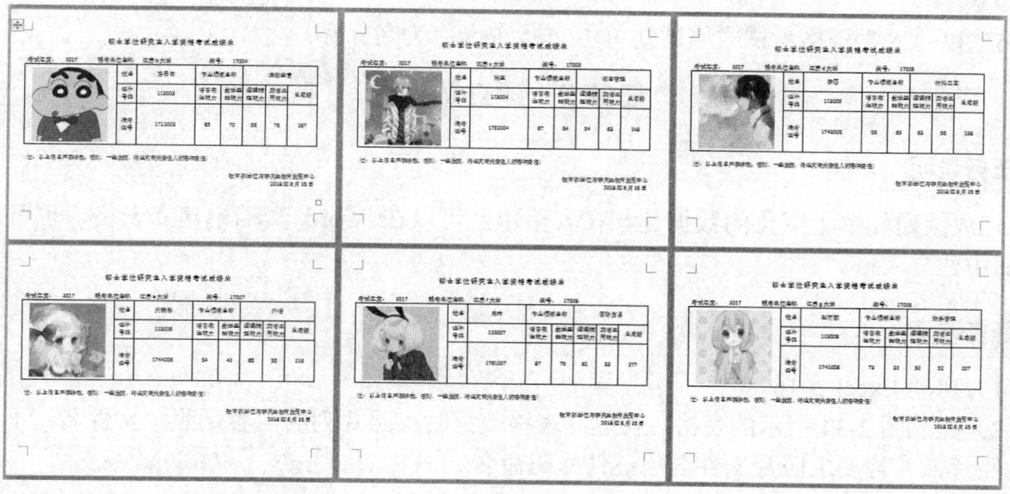

图 2-32 部分成绩通知单样张

任务 1 建立主文档

任务说明

根据成绩通知单上所有的内容项来制作，把成绩单上固定不变的文本内容制作为成绩通知单主文档，并要求利用表格来制作。

任务步骤

1）启动 Word 2016 程序。

2）设置文档的页面：纸张大小为宽 22 厘米，高 16 厘米，上边距为 1.5 厘米，下边距为 2 厘米，左、右边距为 1.5 厘米。

3）插入 8 行 8 列的表格，调整合适的行高列宽，并把第一行的 8 个单元格合并，输入"硕士学位研究生入学资格考试成绩单"，然后输入成绩通知单上其他固定的文本内容。

4）其他格式的设置效果如图 2-33 所示。

硕士学位研究生入学资格考试成绩单

考试年度：	2017	报考单位名称：			编号：		
		姓名		专业领域名称			
		证件号码		语言表达能力	数学基础能力	逻辑推理能力	英语运用能力	总成绩
		准考证号					

注：以上信息严禁涂改。否则，一经发现，将追究有关责任人的法律责任！

教育部学位与研究生教育发展中心
2017 年 7 月 3 日

图 2-33 准考证主文档样张

5）以"入学资格考试成绩通知单主文档.docx"为名保存。

任务 2　建立数据源

任务说明

把成绩通知单上变化的数据建立在表格中，可以在 Word 文档中建立表格，也可以在 Excel 中建立表格。

任务步骤

1）启动 Excel 2016。

2）建立图 2-34 所示的表格。在建立表格数据时，照片列的内容是照片文件名，不是具体的照片，并且要求照片文件名用证件号码命名。

3）文件保存为"数据源.xlsx"。

姓名	编号	证件号码	准考证号	报考单位名称	专业	语言	数学	逻辑	英语	总成绩	照片
江南	17001	123000	1732000	江苏x大学	计算机技术	80	60	68	64	272	123000.jpg
张无忌	17002	123001	1742001	江苏y大学	自动化控制	70	56	78	56	260	123001.jpg
萧峰	17003	123002	1722002	江苏a大学	信息管理	76	54	65	76	271	123002.jpg
陈晋南	17004	123003	1712003	江苏b大学	连锁经营	65	70	56	76	267	123003.jpg
张三	17005	123004	1752004	江苏c大学	酒店管理	67	64	54	63	248	123004.jpg
李四	17006	123005	1743005	江苏d大学	材料工艺	56	63	63	56	238	123005.jpg
关晓	17007	123006	1744006	江苏e大学	外语	54	42	65	55	216	123006.jpg
鹿一	17008	123007	1761007	江苏f大学	国际贸易	87	75	62	53	277	123007.jpg
赵丽	17009	123008	1741008	江苏g大学	财务管理	73	32	50	52	207	123008.jpg
郑佳	17010	123009	1732009	江苏h大学	会计	72	48	52	60	232	123009.jpg

图 2-34　数据源

任务 3　应用邮件合并

任务说明

选择"邮件"选项卡，打开数据源，插入合并域进行合并，并将文档中的域替换为数据源文件中的相应内容。在邮件合并时注意插入照片域的使用方法。

任务步骤

1）打开"入学资格考试成绩通知单主文档.docx"。

2）选择"邮件"→"开始邮件合并"→"开始邮件合并"→"信函"命令。

3）选择"邮件"→"开始邮件合并"→"选择收件人"→"使用现有列表"命令，在弹出的"选择数据源"对话框中选择"数据源.xlsx"所在路径并选择该文件，在弹出的"选择表格"对话框中选择"Sheet1"表格，如图 2-35 所示。

4）将光标定位在准考证号后的插入点，选择"邮件"→"编写和插入域""插入合并域"→"报考单位名称"命令。

5）同上述操作，分别插入其他的合并域："姓名""编号""证件号码""准考证号""专业""语言""数学""逻辑""英语""总成绩"。

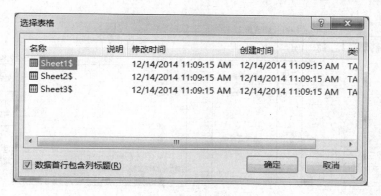

图 2-35　"选择表格"对话框

6）将光标定位在要插入照片的插入点，选择"插入"→"文本"→"文档部件"→"域"命令，在弹出的"域"对话框的"域名"列表框中选择"IncludePicture"域名，在"域属性"选项组中输入照片文件的完整路径"C:\Users\Zhaoyanping\Desktop\成绩通知制作\zhaopian\"，如图 2-36 所示，单击"确定"按钮。

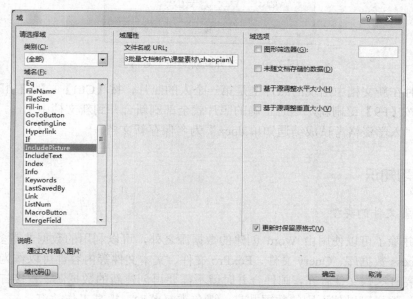

图 2-36　"域"对话框

7）这时成绩单效果如图 2-37 所示，此时选择照片区域，按【Alt】+【F9】组合键，切换到域代码，如图 2-38 所示。

8）将光标定位在"\\"和""之间，选择"邮件"→"开始邮件合并"→"插入合并域"→"照片"命令，最终代码如下所示："{ INCLUDEPICTURE　"c:\\zhaopian\\123000.jpg"　*MERGEFORMAT}"。然后按【Alt】+【F9】组合键，这时又会出现图 2-37 所示的情况，再按【F9】键，就会出现正确的照片了。

9）选择"邮件"→"完成"→"完成并合并"→"编辑单个文档"命令，在弹出的"合并到新文档"对话框中选择需要的记录，如图 2-39 所示，这里单击"全部"单选按钮。

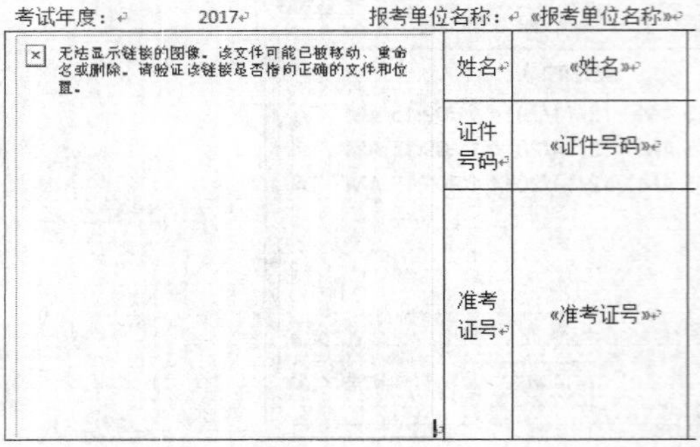

图 2-37　插入文档部件后的情况 　　　　　　　　　图 2-38　域代码

图 2-39　"合并到新文档"对话框

10）这时在新文档中出现的照片全是第一个人的照片，按【Ctrl】+【A】组合键选择全部照片，再按【F9】键刷新，这时正确的照片就全部刷新合并到新文档中了。

11）以"入学资格考试成绩通知单.docx"为名保存新文档。

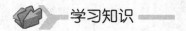　学习知识

1. 数据源文件的类型

邮件合并除了可以使用由 Word 创建的数据源之外，可以利用的数据非常多，像 Excel 工作簿、Access 数据库、Query 文件、FoxPro 文件、文本文件等内容都可以作为邮件合并的数据源。只要有这些文件存在，邮件合并时就不需要再创建新的数据源，直接打开这些数据源使用即可。这样可以使不同的数据共享，避免重复劳动，提高工作效率。

需要注意的是，在使用 Excel 工作簿时，必须保证数据文件是数据库格式，即第 1 行必须是字段名，数据行中间不能有空行等。

2. 数字图片域开关（\#）

邮件合并时有时会出现小数点后有很多位数据的现象，这是因为只是合并了 Excel 电子表格中的数据，而不包括其格式。解决的办法是利用邮件合并的数字图片域开关（\#）。数字图片域开关用来指定数字结果的显示方式，用符号来代表域结果。

例如，域 { = SUM(ABOVE) \# $#,##0.00 } 中的开关"\# $#,##0.00"可使结果显示为"$7,855.20"。如果域的结果不是数字，则该开关不起作用。

3. 域代码：IF 域

邮件合并有时并不需要数据源本身的数据，而是要对数据进行判断，需要的是判断后的结果。例如，在录取通知书中，要对平均分进行判断，平均分大于等于 70 分的同学被分在成志班，否则分在育才班，这时就要用到 IF 域。

选择"邮件"→"编写和插入域"→"规则"→"如果...那么...否则"命令，弹出"插入 Word 域：IF"对话框，输入相应的内容即可，如图 2-40 所示。

判断为真时结果为"成志"，判断为假时结果为"育才"。如果没有指定判断为假时的文字而比较结果为假，则无结果。

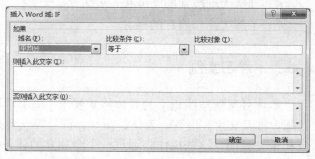

图 2-40 "插入 Word 域：IF"对话框

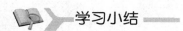 **学习小结**

本项目案例利用 Word 的邮件合并功能批量制作成绩通知单。首先要建立一个主文档，还需要一个数据源文件，然后在主文档中进行插入合并域操作后，可以合并到新文档，也可以直接合并到打印机，或以电子邮件的形式发送出去。

自我练习

1）打开"自我练习"文件夹中的文档 WD03.docx，按照要求完成下列操作并以原文件名保存文档。

① 在表格最右边插入一空列，输入列标题"总分"，在这一列下面的各单元格中计算其左边相应 3 个单元格中数据的总和。

② 将表格设置为列宽 2.4 厘米，表格外围框线为 3 磅单实线，表内所有内容对齐方式为水平居中。

2）利用邮件合并功能制作新生录取通知书，要求如下：

① 参考自己收到的入学通知书制作主文档，必须包含姓名、院系、专业、英语分数并根据英语分数分为成志班和育才班等内容。

② 合理美化主文档。

项目案例4 毕业论文排版

学习目标

1）能利用分节符设置不同的页眉、页脚。

2）能设置目录。

3）能使用批注和修订功能。

4）能应用样式。

5）理解分节符的作用。

6）理解大纲级别的功能和设置方法。

7）了解批注和修订的概念。

学习案例

本项目案例按照论文的具体格式要求（每个学校的要求可能有所区别）对其进行最后的排版，涉及文字、段落、表格、图片、符号等众多操作。在这个项目案例中，还需要添加目录和论文封面。这些操作将通过一个个独立的任务来完成。

案例分析：在 Word 中要完成该案例需要使用基本形状、大纲级别、分隔符、页码、目录、页眉和页脚等功能。其具体操作可分为 4 个任务：格式化文档、设置页眉和页脚、制作目录及审阅文档。

任务 1　格式化文档

任务说明

对论文除文字以外的内容进行编辑，并根据论文排版要求进行格式化，包括系统结构图的绘制，字体格式、段落格式、页面格式的设置，以及各级标题的设置。

任务步骤

1. 编辑内容

1）打开案例素材"毕业论文原文.docx"，参考范文"第 7 页图 2-1"，在适当的位置插入几行空行，选择"插入"→"插图"→"形状"→"基本形状"→"文本框"命令，在空白处拖放出一个文本框，在文本框中输入"服务器 Server"，拖动文本框四周的小圆圈，可以调整文本框的大小。

2）重复上述操作，依次画出其他文本框、椭圆形及直线等自选图形。

3）单击第一个文本框，按住【Ctrl】或者【Shift】键不放，再依次单击其余各个文本框、直线和椭圆形，选中所有的自选图形；在整个图形上右击，在弹出的快捷菜单中选择"组合"命令，将各个文本框、直线和箭头组合成一个整体，以便进行格式设置以及调整位置。

2. 格式化文档

1）设置上、下边距为 2 厘米，左、右边距为 2.5 厘米，纸张大小为 A4。

2）设置除封面以外所有段落首行缩进 2 字符，行间距为 1.25 倍行距，封面的段落格式设置参考范文。

3）将封面文字"江苏商学院"设为华文行楷、小一号字、加粗；文字"毕业论文"设为宋体、一号、加粗；"（2015 届）"以及论文题目文字设为宋体、二号字、加粗；系科、专业等文字设为宋体、小二号字、加粗；系科、专业等的内容设为宋体、小二号字，加下划线。

4）先设置除封面以外的所有文字字体为宋体，小四号字；再设置各级标题文字格式。

5）一级标题的设置操作步骤：选中相应文字后，首先选择"视图"→"文档视图"→"大纲视图"命令，在大纲工具栏上选择"1级"，然后设置字体及段落格式分别为黑体、三号字、居中对齐，其他需要设置 1 级标题的文字使用格式刷即可；其他级别的标题做同样的设置，选择相应的级别即可，其中二级标题文字格式要求设置为楷体、四号字，三级标题文字格式要求设置为楷体、小四号字。

任务 2   设置页眉和页脚

任务说明

按照排版要求为论文的不同部分设置不同的页眉和页脚，并设置每部分的结束页面都是偶数页。

任务步骤

1. 设置分隔符

1）将光标分别定位在中文摘要、每个章节、致谢和参考文献的行首，选择"布局"→"页面设置"→"分隔符"→"分节符"→"下一页"命令。

2）在第一章之前继续插入一个"分节符"中的"下一页"，留做制作目录使用。

3）将光标定位在英文摘要的行首，选择"布局"→"页面设置"→"分隔符"→"分页符"命令，或者按【Ctrl】+【Enter】组合键插入新的页面，同时检查每个章节、致谢和参考文献的结束页面是否是偶数页，如果不是，则用同样的操作插入新的页面。

2. 设置页眉

1）单击"布局"→"页面设置"右侧的对话框启动器，弹出"页面设置"对话框，选择"版式"选项卡，勾选"奇偶页不同"复选框，单击"确定"按钮，如图 2-41 所示。

2）选择"插入"→"页眉和页脚"→"页眉"→"编辑页眉"命令，定位在第 2 节的奇数页页眉，选择"页眉和页脚工具-设计"→"导航"→"链接到前一条页眉"命令，将第 2 节即中英文摘要所在节的奇数页页眉与上一节断开，如图 2-42 所示，同样的操作把偶数页页眉、奇数页页脚都与上一节断开；根据要求分别在奇数页页眉和偶数页页眉中输入

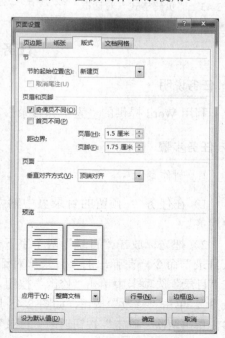

图 2-41   设置奇偶页不同

相应的文字，同时删除封面页码。

3）重复第 2）步，将第 3 节即目录所在节的奇数页页眉和偶数页页眉与上一节断开，并根据要求输入相应的页眉文字。

4）重复第 2）步，将第 4 节即第一章所在节的奇数页页眉和偶数页页眉与上一节断开，并根据要求输入相应的奇数页、偶数页页眉文字；重复第 2）步，将其余节的奇数页页眉与上一节断开，并根据要求输入相应的奇数页页眉文字。

图 2-42　"页眉和页脚工具"选项卡

3. 设置页脚

图 2-43　"页码格式"对话框

1）将光标定位在中英文摘要页，选择"插入"→"页眉和页脚"→"页码"→"页面底端"→"普通数字 2"命令，然后选择"插入"→"页眉和页脚"→"页码"→"设置页码格式"命令，在弹出的"页码格式"对话框中设置数字格式为"Ⅰ，Ⅱ，Ⅲ，…"，设置"页码编排"方式为"起始页码"，如图 2-43 所示；将光标定位在目录页，重复上述操作。

2）将光标定位在第一章的页面中，继续插入页码，页码的数字格式选择"1，2，3，…"，的格式，其他的设置和第 1）步相同。

任务3　制作目录

📖 任务说明

利用 Word 提供的"索引和目录"功能制作并编辑目录。

✏️ 任务步骤

1. 制作目录

1）在任务 2 预留的目录页中输入文字"目录"，字体格式设置为黑体、三号字、居中对齐。

2）把光标放在"目录"两个字下一行处，选择"引用"→"目录"→"目录"→"插入目录"命令，在弹出的"目录"对话框中选择"目录"选项卡，并按图 2-44 进行设置；在"目录"选项卡中单击"修改"按钮，弹出"样式"对话框，在"样式"对话框中选择"目录 3"，单击"修改"按钮，如图 2-45 所示；在弹出的"修改样式"对话框中将字体设为不倾斜，单击两次"确定"按钮返回"目录"对话框，再次单击"确定"按钮，自动生成目录。

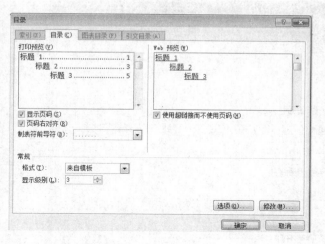

图 2-44　"目录"对话框

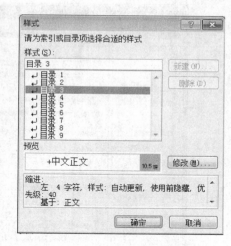

图 2-45　"样式"对话框

3）设置目录字体为宋体、小四号字。

2. 更新目录

定位到目录区域，右击，在弹出的快捷菜单中选择"更新域"命令，在弹出的"更新目录"对话框中单击"只更新页码"或"更新整个目录"单选按钮。

任务 4　审 阅 文 档

任务说明

利用 Word 中的修订功能来对毕业论文提出修改意见并根据审阅意见进行修改。

任务步骤

1. 使用批注

1）打开案例素材"毕业论文修订素材.docx"。

2）添加审阅者的姓名。选择"审阅"→"修订"右侧启动器，在弹出来的"修订选项"对话框中选择"更改用户名"命令，弹出"Word 选项"对话框，在"常规"选项卡的"对 Microsoft Office 进行个性化设置"选项组中添加用户名及其缩写，如图 2-46 所示。

3）选中文本"摘要"，选择"审阅"→"批注"→"新建批注"命令，如图 2-47 所示，插入批注框。在批注框中输入批注内容"一级标题设置为小二号字"，如图 2-48 所示。

4）在论文第 6 页中给文本"图 2-1 C/S 系统结构图"添加批注"C/S 系统结构图中补充完整相应的英文单词"。

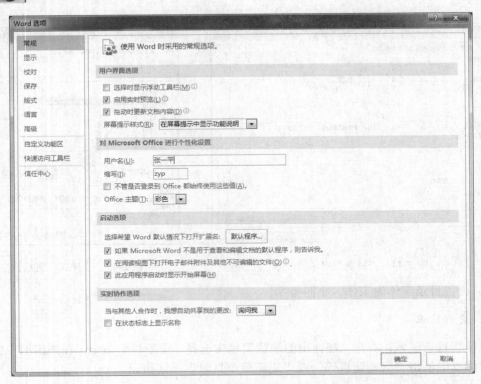

图 2-46 添加审阅者姓名

图 2-47 新建批注

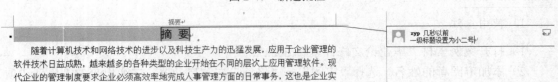

图 2-48 批注框

5）在论文第 19 页中给文本"表 4-9 Study"添加批注"表格改为三线表，并设置线宽为 1.5 磅"。

6）在论文第 20 页中给文本"4.5.2 数据加密"添加批注"在本小节内容结束的地方插入公式：$y = \ln(e^x + \sqrt{1 + e^{2x}})$"。

7）如果需要删除误添加的批注，则把光标定位在需要删除的批注框内，选择"审阅"→"批注"→"删除"命令即可删除相应的批注；如果选择"删除文档中的所有批注"命令，则删除所有的批注。

2. 使用修订

1）选择"审阅"→"修订"右侧启动器，在"修订选项"对话框里选择"高级选项"，弹出"高级修订选项"对话框，如图 2-49 所示。

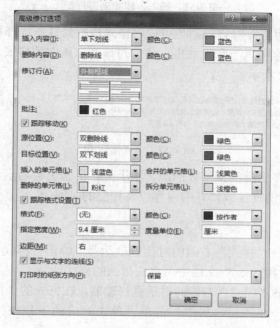

图 2-49 "高级修订选项"对话框

2）在"修订选项"对话框中对各项标记进行设置：在"插入内容"下拉列表中选择"单下划线"选项，"颜色"设置为"蓝色"；在"删除内容"下拉列表中选择"删除线"选项，"颜色"设置为"蓝色"；在"修订行"下拉列表中选择"外侧框线"选项，"颜色"设置为"红色"；在"批注"下拉列表中选择"红色"选项。此时，亦可以在"颜色"下拉列表中选择"按作者"选项。

3）选择"审阅"→"修订"→"修订"命令，使修订图标处于选中状态，如图 2-50 所示。

图 2-50 选中修订

4）这时如果插入文本或删除文本，则按照图 2-49 所设置的标记项显示出来。按图 2-51 所示内容插入一些文本，并删除一些文本，查看修订标记。

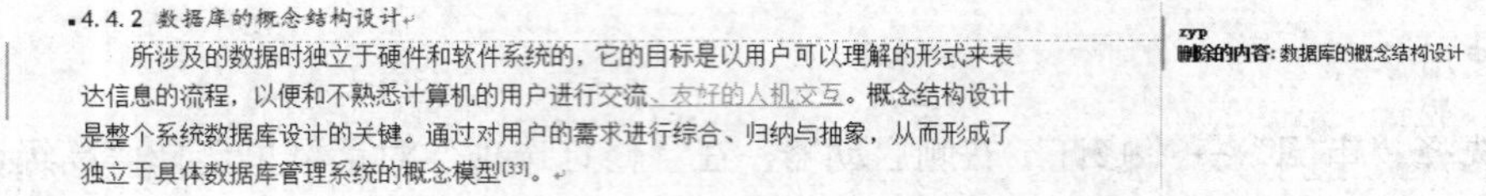

4.4.2 数据库的概念结构设计
所涉及的数据时独立于硬件和软件系统的，它的目标是以用户可以理解的形式来表达信息的流程，以便和不熟悉计算机的用户进行交流、友好的人机交互。概念结构设计是整个系统数据库设计的关键。通过对用户的需求进行综合、归纳与抽象，从而形成了独立于具体数据库管理系统的概念模型[33]。
xyp
删除的内容: 数据库的概念结构设计

图 2-51　插入、删除内容标记

5）除了可以对内容进行修订外，也可以对格式进行修订：选择相应文本，设置加粗，则 Word 自动为该段文字插入一个批注框，将针对该文本所做的格式修改详细地用文字记录在批注框内，如图 2-52 所示。

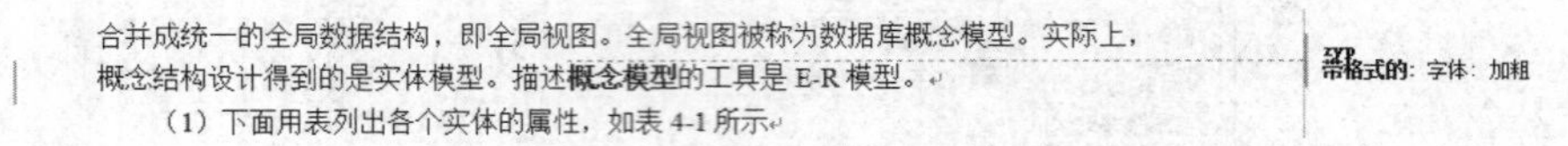

合并成统一的全局数据结构，即全局视图。全局视图被称为数据库概念模型。实际上，
概念结构设计得到的是实体模型。描述概念模型的工具是 E-R 模型。
（1）下面用表列出各个实体的属性，如表 4-1 所示
xyp
带格式的: 字体: 加粗

图 2-52　修订行标记

6）将鼠标指针悬停于批注或修订的原文本上方，屏幕上会显示一个提示框，框中显示了审阅者的姓名、所做的批注或修订的内容以及相应的时间。

3. 使用样式

1）单击“开始”→“样式”右侧的对话框启动器，弹出“样式”任务窗格，这个窗格中列出了“毕业论文素材.docx”文档中所有应用到的样式。

2）单击“开始”→“样式”右侧的对话框启动器，在打开的“样式”任务窗格中选择“标题 1+黑体，三号，非加粗，居中”选项，单击对应的下拉按钮，打开的下拉列表如图 2-53 所示。

3）在打开的下拉列表中选择“修改样式”选项，弹出“修改样式”对话框，如图 2-54 所示。在“修改样式”对话框中设置格式：黑体、小二号，居中对齐，段前间距和段后间距改为 0 磅，行间距修改为 1.25 倍；勾选“自动更新”复选框；单击“确定”按钮。

样式
编辑
样式
全部清除
apple-style-span
Char Char Char Char
hps
p41
short_text
标题 1
更新 标题 1 以匹配所选内容(P)
修改(M)...
全选(S): (无数据)
全部删除(R): (无数据)
删除“标题 1”(D)...
从样式库中删除(G)
样式 正文new + Times
样式 正文new + Times
显示预览
禁用链接样式
选项...

图 2-53　“样式”任务窗格

修改样式
属性
名称(N): 标题 1
样式类型(T): 链接段落和字符
样式基准(B): 一级标题
后续段落样式(S): 正文
格式
黑体
小二
自动
中文
Abstract
字体: 小二, 非加粗, 字距调整二号
行距: 多倍行距 1.25 字行, 样式: 链接, 自动更新, 在样式库中显示
基于: 一级标题
后续样式: 正文
添加到样式库(S)
自动更新(U)
仅限此文档(D)
基于该模板的新文档
格式(O)
确定
取消

图 2-54　“修改样式”对话框

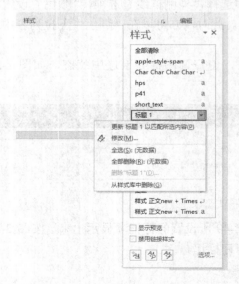

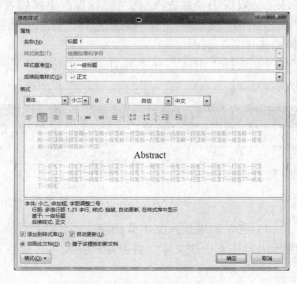

4）在上述步骤中根据第一条批注意见修改论文之后，选择"审阅"→"批注"→"下一条"命令，切换到接下来的批注意见并根据批注内容进行论文修改。

5）对于系统结构图及表格格式的更改操作，可以参考项目案例 2 中有关自选图形以及表格的设置操作进行。

4. 插入公式

1）在打开的文档"毕业论文素材.docx"中，将光标定位到第 20 页中"4.5.2　数据加密"内容的末尾，选择"插入"→"符号"→"公式"→"插入新公式"命令，出现"在此处键入公式"对象，并且出现了新的选项卡"公式工具-设计"。

2）将光标定位到"在此处键入公式"，首先录入"y=ln()"，然后将光标定位在"()"中间，选择"公式工具-设计"→"e^x 上下标"→"上标"命令，此时出现上标的编辑框，如图 2-55 所示，在对应的地方分别输入 e 和 x，接着输入"+"，再次选择"公式工具-设计"→"$\sqrt[n]{x}$根式"→"平方根"命令，此时出现平方根的编辑框，在对应的地方输入"1+"，根号下面的"e^{2x}"可以参考"e^x"的输入。

3）论文的格式及内容按照批注的要求更改完毕之后，可以打开"审阅"→"修订"→"显示以供审阅"下拉列表，其中共有 4 个选项，如图 2-56 所示。"最终：显示标记"是指显示所有的批注和修订信息；"最终状态"则隐藏所有的批注，同时按照修订后的格式显示；"原始：显示标记"则是显示所有的批注，将所有的修订内容都用批注框显示，但是不更改原文的内容和格式；"原始状态"指的则是在审阅修订之前的原文档，即指没有批注内容和修订信息。

图 2-55　录入公式上标

图 2-56　"显示以供审阅"下拉列表

5. 打印论文

1）查看论文文档是否处于页面视图，如果不是页面视图，则切换到页面视图。

2）查看论文文档的批注和修订信息是否显示出来，如果没有显示出来，则按照图 2-56 进行操作。

3）选择"审阅"→"修订"右侧启动器，在弹出来的"修订选项"对话框中单击"高级选项"按钮，弹出"高级修订选项"对话框，单击"修订选项"对话框中的"打印时的纸张方向"下拉按钮，则打开一个下拉列表，其中有 3 个选项，如图 2-57 所示。"自动"选项由 Word 来确定方向，Word 会自动提供适合文档的最佳版式；"保留"选项则是按照"页面设置"对话框中指定的方向来打印文档；应用"强制横向"则可以为批注框保留最大的空间，并且无论论文文档中的内容及"页面设置"中指定的设置是怎样，都是横向打印文档。在本任务中，"打印时的纸张方向"设置为"保留"，按照论文排版的页面设置打印文档。

4）选择"文件"→"打印"命令，弹出"打印"任务窗格，在"打印"任务窗格中的

"设置"选项组中单击"打印所有页"下拉按钮，在打开的下拉列表中勾选"打印标记"复选框，如图 2-58 所示，单击"打印"按钮即可。

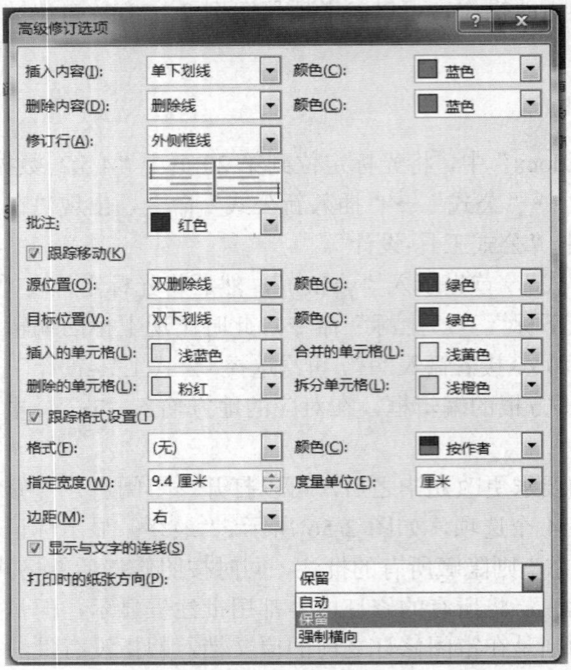

图 2-57　"高级修订选项"中"打印时的纸张方向"下拉列表 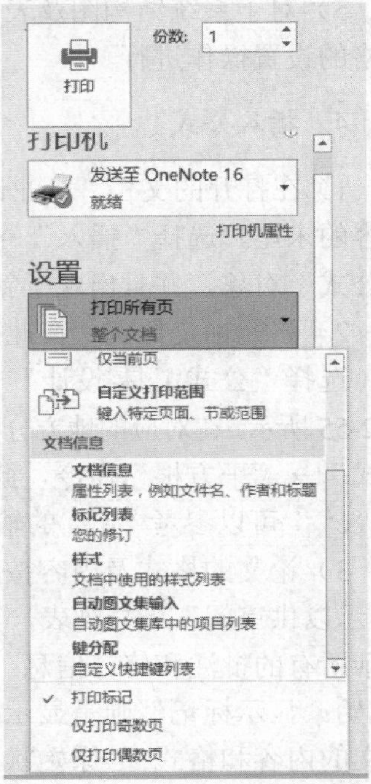　　图 2-58　打印选项设置

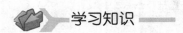 学习知识

1. 脚注

脚注是在页面底部所加的注解。如图 2-59 中"XX 作者"右上角的"1"就是插入的脚注，对应的注解如图 2-60 所示。插入脚注的方法如下：

1）把光标定位在"XX 作者"右边，单击 "引用"→"脚注"右侧的对话框启动器，弹出"脚注和尾注"对话框，如图 2-61 所示。

2）在"位置"选项组中单击"脚注"单选按钮，单击右边的下拉按钮，在打开的下拉列表中选择"页面底端"选项。

3）选择一种编号格式，通常用默认的"1，2，3，…"。单击"符号"按钮，用户可以自己设定一种脚注符号。

4）设置"起始编号"为"1"，"编号"方式为"连续"，单击"插入"按钮。

此时标注内容右侧会出现一个刚才定义的序号或编号（见图 2-59），屏幕下方会出现脚注区，如图 2-60 所示，这时可以在脚注区进行任何文本编辑工作，甚至可以插入图片或表格等。

5）如果继续加脚注，Word 会自动连续编号，并让用户输入其脚注内容。

6）如果要删除脚注，选中脚注按【Delete】键即可，此时其脚注内容也会自动删除。

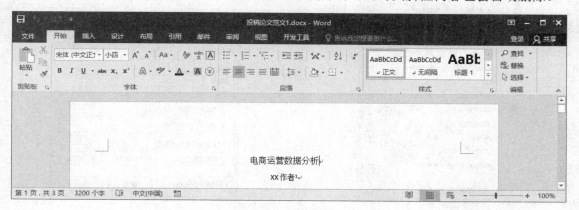

图 2-59　插入脚注

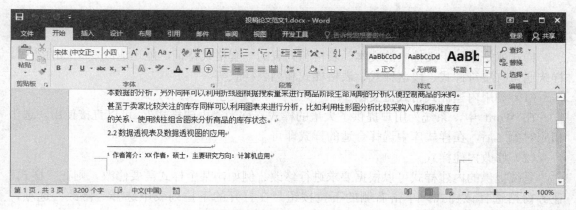

图 2-60　脚注内容

2. 尾注

尾注是在文档结束后所加的注解。插入方法与插入脚注相同，如图 2-61 所示的"脚注和尾注"对话框中单击"尾注"单选按钮即可。

3. 题注

在每一图片、表格或图表下所加的注解称为题注。插入题注的方法如下：

1）将光标置于需要添加题注处。

2）选择"引用"→"题注"→"插入题注"命令，弹出图 2-62 所示的"题注"对话框。

3）单击"标签"下拉按钮，从打开的下拉列表中选择所需要的标签。

4）单击"新建标签"按钮，即可新建标签。

图 2-61　"脚注和尾注"对话框

图 2-62　"题注"对话框

4. 样式

样式就是应用于文档中的文本、表格和列表的一套格式特征，能迅速改变文档的外观。样式通常有字符样式、段落样式、表格样式和列表样式等。

（1）利用内建样式格式化文档

在 Word 中，系统为用户提供了大量的样式，称为"内建样式"，可以直接使用。选中相应对象之后，在样式库中选择合适的样式即可。

（2）修改内建样式

系统提供的内建样式可以根据要求进行修改。例如，某个样式需要修改，则在"样式"任务窗格选择该样式，单击右侧的下拉按钮，在打开的下拉列表中选择"修改"选项，如图 2-63 所示。在弹出的"修改样式"对话框中即可根据要求进行修改。

系统提供的内建样式可以修改，但是不可以删除，如图 2-63 所示，"删除"命令是灰色不可用状态。

（3）新建样式

在 Word 中可以根据需求自定义样式，单击"样式"任务窗格左下角的"新建样式"按钮，弹出"根据格式设置创建新样式"对话框，如图 2-64 所示。在此对话框中可以看到一个"属性"选项组，在这里有系统默认的设置，用户可以根据自己的需求进行设置，特别是在名称的命名上，用户最好给自己的自定义样式统一命名规则，以便和内建样式区别开，在"属性"选项组中有"样式类型"可供选择。

单击左下角的"格式"下拉按钮，在打开的下拉列表可以根据自定义样式的需求来设置字体、段落等格式。

设置完毕以后，单击"确定"按钮，则在"样式"任务窗格的列表中就会新增加自定义的样式名称。

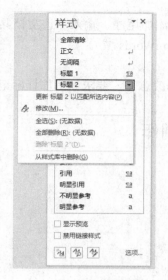

图 2-63　内建样式修改

图 2-64　"根据格式设置创建新样式"对话框

学习小结

对毕业论文进行排版是学生必须具备的基本能力之一，完成该项目案例涉及了 Word 操作中的众多操作，如字体、段落格式的设置，表格、图文的混排，各级标题的设置，多级符号的使用等。一般先完成论文的编写，然后按照论文格式的要求依次对封面、摘要、正文、结束语、参考文献和目录等进行设置。具体操作时可以将菜单操作和快捷菜单（右击可启动快捷菜单）灵活结合使用，以提高操作速度。

在论文的审阅过程中，指导老师可以将审阅意见以批注的形式插入，并且在修改的过程中把修订信息都标记出来以做对比和参考，学生收到审阅意见之后根据审阅要求进行内容和格式的修订，最终要能够显示或隐藏各类修订并且可以把批注内容和修订信息打印出来。

自我练习

1）打开"自我练习"文件夹中的文档 WD04.docx，按照要求完成下列操作并以原文件名保存文档。

① 运用替换功能将每一怪中歌谣和解说自然分段（提示：将全角省略符替换为段落标记）。

② 新建样式"节标题"：字体为黑体、小三号字，段落间距为段前 10 磅、段后自动、1.5 倍行距，编号样式为"一、二、……"，将该样式应用于正文中的十大怪标题中。

③ 为文档插入"瓷砖型"封面，设置标题为"陕西十大怪歌谣解说"，副标题为"节选自百度百科"，年份插入当前日期（可根据系统时间自动更新），删去其他多余文字内容。

④ 在封面和正文之间插入"优雅型"目录，制表符前导符为短横线"-------"。所有目录文字设置为宋体、加粗，段落间距为 2 倍行距；在目录后插入分隔符，将目录和正文分页。

　　⑤ 在正文最后一段的"富有生活情趣的题材。"文字后添加尾注，输入"该文档共 X 页，共 Y 字符数。"（提示：X 使用 NumPages 域，Y 使用 NumWords 域）。

　　⑥ 删除样图所在页，并保存文档。

　　2）对寒假或暑假的社会实践调查报告进行审阅并添加修改意见，要求显示修订标记。

项目案例 5　公司标书制作

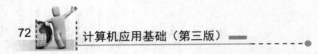

学习目标

　　1）能应用大纲视图。

　　2）能创建主控文档。

　　3）理解主控文档的概念。

　　4）理解子文档的概念。

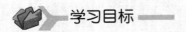

学习案例

　　本项目案例以某公司的投标书为例，利用主控文档和子文档来创建长文档，最终制作效果如图 2-65 所示。

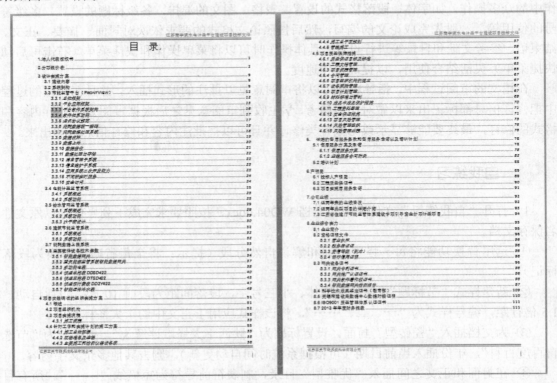

图 2-65　长文档纲目结构

案例分析：在 Word 中要完成该案例需要使用大纲视图、主控文档、子文档等功能。其具体操作可分为 3 个任务：创建文档、操作子文档和合并文档。

任务 1　创 建 文 档

任务说明

利用大纲视图来创建主控文档和子文档。

任务步骤

1）在桌面上新建一个文件夹，用于保存接下来要创建的文件。将此文件夹命名为"项目案例 5 公司标书制作"。

2）启动 Word 2016 程序，新建一个文档，以"投标书主控文档.docx"为名将其保存在第 1）步所创建的文件夹中。

3）切换到大纲视图，输入图 2-66 所示的文字。全部设置为大纲 1 级，并设置字体格式为宋体、二号、加粗。

4）选中文字"1 法人代表授权书"，选择"大纲"→"主控文档"→"显示文档"命令，在显示出来的命令中单击"创建"按钮，则文字"1 法人代表授权书"前出现子文档标记，而且 Word 为每个子文档之前和之后插入了连续的分节符，如图 2-67 所示。

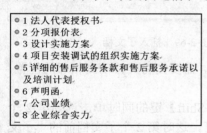

图 2-66　需要输入的文字　　　　　图 2-67　创建子文档之后的标记

5）单击"保存"按钮，这时在"项目案例 5 公司标书制作"文件夹中自动建立了以"1 法人代表授权书"为名的 Word 文档。

6）用同样的方法为其余的 7 个小标题分别创建子文档。

任务 2　操作子文档

任务说明

从主控文档中删除子文档、向主控文档中插入子文档及合并、拆分子文档。

任务步骤

1）打开主控文档"投标书主控文档.docx"，并切换到大纲视图。

2）选择"大纲"→"主控文档"→"展开子文档"命令，选择"显示级别"列表项中的"1 级"，如果"子文档"图标没有显示，则选择"大纲"→"主控文档"→"显示文档"

命令，结果如图 2-68 所示。

3）单击要删除子文档的图标，如"1 法人代表授权书"子文档的图标，按【Delete】键即可。从主控文档中删除子文档后，只是将它们之间的关系删除，并没有删除该文档，该子文档文件仍然存放在原路径下。

4）打开主控文档"投标书主控文档.docx"，并切换到大纲视图，重复本任务中的第 2）步。

5）将光标定位到"2 分项报价表"之前，选择"大纲"→"主控文档"→"插入"命令，在弹出的"插入子文档"对话框中选择文档所在路径，选择文档"1 法人代表授权书.docx"，如图 2-69 所示，则该文档便作为子文档插入主控文档中。

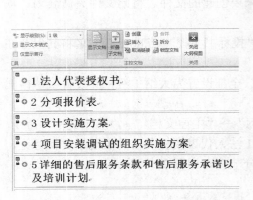

图 2-68　显示文档结果　　　　　　　　　　图 2-69　插入子文档

6）如果要合并的子文档在主控文档中处于分开的位置，需要先将其移动到相邻的位置，直接用鼠标拖动就可以了。

7）在主控文档中先选择第 1 个要合并的子文档，按【Shift】键的同时单击选择第 2 个子文档，选择"大纲"→"主控文档"→"合并"命令即可，这时第 2 个子文档前的"子文档"图标就消失了。

8）在主控文档中选择要拆分的段落，选择"大纲"→"主控文档"→"拆分"命令即可。

任务 3　合 并 文 档

任务说明

把子文档合并到主控文档中。

任务步骤

1）打开主控文档"投标书主控文档.docx"，并切换到大纲视图。

2）选择"大纲"→"主控文档"→"展开子文档"命令，单击"关闭大纲视图"按钮，返回页面视图，则可以到一个完整的长文档。

此时，主控文档与子文档之间的联系仍然存在，子文档中所做的修改在主控文档中可以立刻看到。

3）关闭主控文档再次打开之后，看到的仍然是超链接的形式，重复上述步骤即可。

4）合并后的文档中可以自动生成目录，生成目录的具体操作步骤可以参考项目案例 4 中的相关步骤。

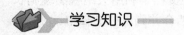 学习知识

1. 长文档的编辑

1）利用 Word 中的大纲视图可以先将长文档的纲目结构编写出来，然后分别为各个部分增加具体的内容。

2）选择使用主控文档和子文档，即将各个单独的部分存为子文档，将主体部分存为主控文档，在编写时将主控文档和子文档分开编写，最后将所有的子文档合并到主控文档中。

2. 显示标记

创建子文档之后，Word 在每个子文档之前和之后插入了连续的分节符，如图 2-67 所示。如果在文档中没有看到此标记，则可以通过如下方法进行设置：选择"文件"→"选项"命令，在弹出的"Word 选项"对话框中选择"显示"选项卡，在"显示"任务窗格中勾选"显示所有格式标记"复选框，如图 2-70 所示，最后单击"确定"按钮即可。

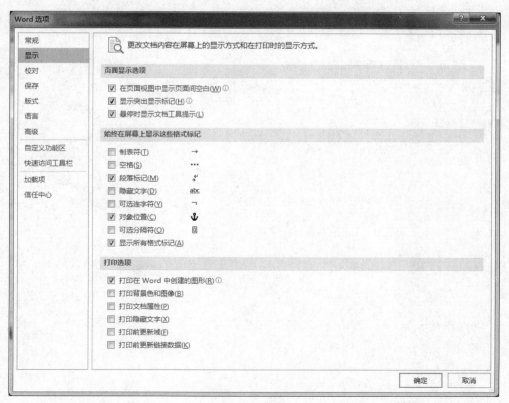

图 2-70　显示标记

学习小结

本项目案例利用 Word 的主控文档和子文档的功能来制作长文档。利用大纲视图编制长文档的纲目结构，将大纲中的标题指定为子文档，最后将子文档合并到主控文档中。

自我练习

1）根据学校的规章制度，制作班级管理手册。要求：

① 有封面、目录、正文。

② 设置大纲级别和样式。

2）根据你的专业制作一个长文档。例如，对于汽车专业，可以制作一个年度汽车行业报告；对于软件专业，可以制作一个可行性研究报告；对于营销专业，可以制作一个销售管理手册等。

项目 3 Excel 电子表格制作

作为 Microsoft Office 家族的重要组件之一，Excel 是一种以表格形式管理和分析数据的软件，能完成对表格中数据的录入、编辑、统计、检索和打印等工作，利用提供的公式和函数还能完成多种计算并生成图表。大量的实际应用经验表明，熟练地使用 Excel，将会大大提高学习和工作的效率。

项目案例 1 学生成绩表制作

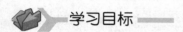 学习目标

1）能编辑 Excel 电子表格数据。
2）能设置 Excel 电子表格的格式。
3）能应用 Excel 电子表格的函数。
4）能使用 Excel 电子表格的条件格式。
5）了解工作簿和工作表的概念。

学习案例

学校期末考试结束后，电子工程 081 班班主任需要对班级学生的成绩进行汇总和分析，统计班级学生各门课程的总分及平均分，并对学生的总成绩进行排名，同时统计不及格人次及单科优秀人次。

案例分析：在 Excel 中要完成该案例需要使用数据有效性、填充柄、函数计算、排序和条件格式等功能。其具体操作可分为 4 个任务：新建工作簿和工作表、输入数据、格式化工作表、计算分析数据。

任务 1 新建工作簿和工作表

 任务说明

新建工作簿和工作表并对工作表进行重命名。

任务步骤

1）启动 Excel 2016 程序。

2）进入 Excel 2016 的工作界面，如图 3-1 所示。从标题栏可以看出，该工作簿的默认名称为"工作簿 1"，此工作簿包含 1 张默认的工作表名为 Sheet1。

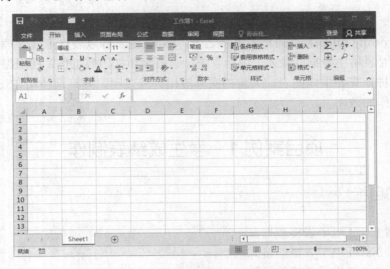

图 3-1　Excel 2016 的工作界面

3）若要新建工作簿，可以选择"文件"→"新建"命令，在打开的"可用模板"窗格中选择相应模块，单击"创建"按钮，如图 3-2 所示；或者使用【Ctrl】+【N】键来新建工作簿。

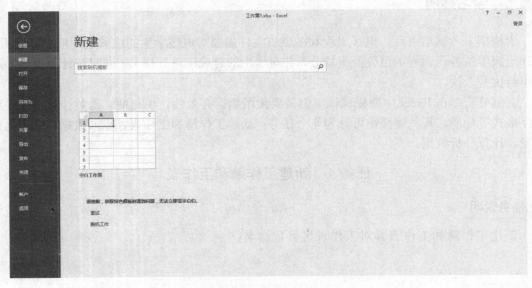

图 3-2　新建工作簿

4）若要新建工作表，可以单击"插入工作表"标签。

5）右击工作表标签"Sheet1"，在弹出的快捷菜单中选择"重命名"命令或者双击"Sheet1"，可以重命名工作表。将工作表"Sheet1"重命名为"学生成绩表"。

6）选择"文件"→"另存为"命令，在弹出的"另存为"对话框中选择保存位置，输入文件名"学生成绩表"，单击"保存"按钮。

任务 2 输 入 数 据

任务说明

将学生的基本信息及各门课程的成绩输入工作表中。在 Excel 中输入数据有多种方法，如直接输入法、利用填充柄进行编号、日期及其他有规律数据的快速填充法等，还可以利用数据有效性功能在尚未输入数据时进行预先设置，以保证输入数据的正确性。

任务步骤

1）选中 A1 单元格，输入"电子工程 081 班学生成绩表"。

2）在 A2:F2 单元格区域中分别输入"学号"、"姓名"、"性别"、"高数"、"外语"和"计算机"。

3）在 A3 单元格中输入学号"08632101"。若直接输入"08632101"，按【Enter】键后，学号前面的"0"会被自动删除。因为 Excel 程序将其默认为数值，数值前面的"0"是没有意义的。正确的方法是，先输入一个半角单引号（'），然后输入数据。此时 Excel 程序将其认为是文本，并在单元格的左上角出现一个绿色的三角标注，如图 3-3 所示。

图 3-3 输入文本类型数据

4）利用填充柄输入其他学号。选中 A3 单元格，将鼠标指针移动到 A3 单元格右下角的黑色方块上，当鼠标指针变成实心的黑色十字形时，向下拖动即可完成自动填充，如图 3-4 所示。

5）参照图 3-5，在 B 列输入学生姓名。

6）选中 C3:C14 单元格区域，选择"数据"→"数据工具"→"数据验证"→"数据验证"命令，如图 3-6 所示，弹出"数据验证"对话框，在"允许"下拉列表中选择"序列"选项，在"来源"输入框输入"男,女"，注意序列间的分隔符号必须使用英文输入法下的逗号，如图 3-7 所示。单击"确定"按钮，结果如图 3-8 所示。

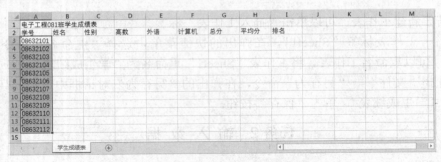

图 3-4　用填充柄输入学号

图 3-5　输入姓名

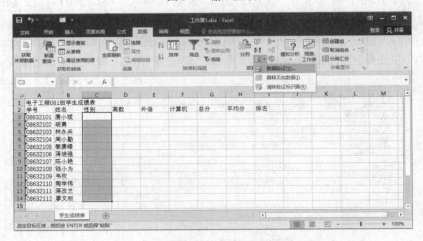

图 3-6　设置数据有效性

图 3-7　设置性别允许序列为"男,女"

图 3-8　输入学生性别

7）参照第6）步，设置 D3:F14 单元格区域数据有效性，允许数据为 0～100 的整数。

8）参照图 3-9，依次将 D 列、E 列、F 列的数据输入工作表中。

图 3-9　输入学生成绩

9）在 A15 单元格输入"最高分"，在 A16 单元格输入"最低分"。

任务 3　格式化工作表

📖**任务说明**

对表格中的文本和数据进行字体格式的设置，行高、列宽的调整，以及对单元格的边框和底纹的添加，使表格显得更加美观。

✒**任务步骤**

图 3-10　"行高"对话框

1）单击行号"1"，选择"开始"→"单元格"→"格式"→"行高"命令（或者右击行号，在弹出的快捷菜单中选择"行高"命令），在弹出的"行高"对话框中输入行高值"30"，单击"确定"按钮，如图 3-10 所示。

2）选中 A1:H1 单元格区域，单击"开始"→"对齐方式"右侧的对话框启动器，在弹出的"设置单元格格式"对话框（见图 3-11）的"对齐"选项卡中，设置水平对齐方式为"居中"，并勾选"合并单元格"复选框；再选择"字体"选项卡，设置字体为黑体、16 号，单击"确定"按钮。

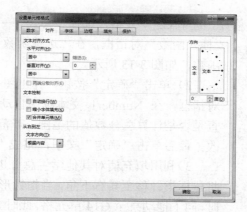

图 3-11　"设置单元格格式"对话框

3）参照第 1）步和第 2）步，将其他各行的行高均设置为 16，并将 A2:F14 单元格区域中的数据字号设置为 11 号，并居中显示。分别合并 A15：C15，A16：C16，D15：I15，D16：I16 单元格。

4）选中 A2:H14 单元格区域，选择"开始"→"字体"→"边框"→"其他边框"命令，在弹出的"设置单元格格式"对话框（见图 3-11）的"边框"选项卡中，设置"线条样式"为粗实线，单击"外边框"按钮，再选择细实线，单击"内部"按钮，单击"确定"按钮。

5）选中 A2:H2 单元格区域，选择"开始"→"字体"→"填充颜色"→"白色，背景 1，深色 35%"命令，如图 3-12 所示。

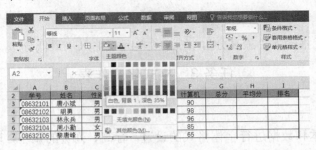

图 3-12　设置填充颜色

任务 4　计算分析数据

任务说明

通过调用 Excel 中的 SUM 函数和 AVERAGE 函数计算"总分"和"平均分"，利用 MAX 函数和 MIN 函数计算"最高分"和"最低分"，利用 RANK 函数计算"排名"。利用"条件格式"将低于 60 分的成绩用红色、加粗、倾斜的格式标记出来，同时将高于 90 分的成绩用蓝色、加粗、倾斜的格式标记出来。

任务步骤

1）用 SUM 函数计算总分。选中 G3 单元格，选择"公式"→"插入函数"命令，弹出"插入函数"对话框，在"选择函数"列表框中选择"SUM"函数，如图 3-13 所示。

图 3-13　"插入函数"对话框

2）单击"确定"按钮，弹出图 3-14 所示的"函数参数"对话框，在 Number1 文本框中自动出现一个求和的范围，检查是否是计算总分数值的范围。若范围不正确，可对其进行修改。最后单击"确定"按钮，完成"总分"的计算。

3）利用填充柄对其他学生总分进行计算。单击 G3 单元格，将鼠标指针移至其右下角，当指针形状变成实心的黑色十字形时，向下拖动直至 G14 单元格。此时完成所有学生总分的计算。

4）用 AVERAGE 函数计算平均分。选中 H3 单元格，选择"公式"→"插入函数"命令，弹出"插入函数"对话框，在"选择函数"列表框中选择"AVERAGE"函数，单击"确定"按钮，在弹出的"函数参数"对话框中将默认参数"D3:G3"修改为"D3:F3"，单击"确定"按钮。

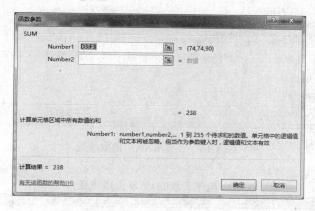

图 3-14　"函数参数"对话框

5）将"平均分"保留两位小数。选中 H3 单元格，选择"开始"→"数字"→"减少小数位数"命令，直到小数位数为两位即可，如图 3-15 所示。参照第 3）步用填充柄计算其他学生的平均分。

图 3-15　设置小数位数

6）用 MAX 函数计算最高分。选中 D15 单元格，选择"公式"→"插入函数"命令，弹出"插入函数"对话框，在"选择函数"列表框中选择"MAX"函数，单击"确定"按钮，在弹出的"函数参数"对话框中将默认参数修改为"G3:G14"，单击"确定"按钮。

7）用 MIN 函数计算最低分。选中 D16 单元格，选择"公式"→"插入函数"命令，弹出"插入函数"对话框，在"选择函数"列表框中选择"MIN"函数，单击"确定"按钮，在弹出的"函数参数"对话框中将默认参数修改为"G3:G14"，单击"确定"按钮。

8）用 RANK 函数计算排名。选中 I3 单元格，选择"公式"→"函数库"→"插入函数"命令，弹出"插入函数"对话框，在"选择函数"列表框中选择"RANK"函数，单击"确定"按钮，在弹出的"函数参数"对话框中设置函数参数，如图 3-16 所示。单击"确定"按钮，利用填充柄填充其他排名数据，以上所有项目计算分析结果如图 3-17 所示。

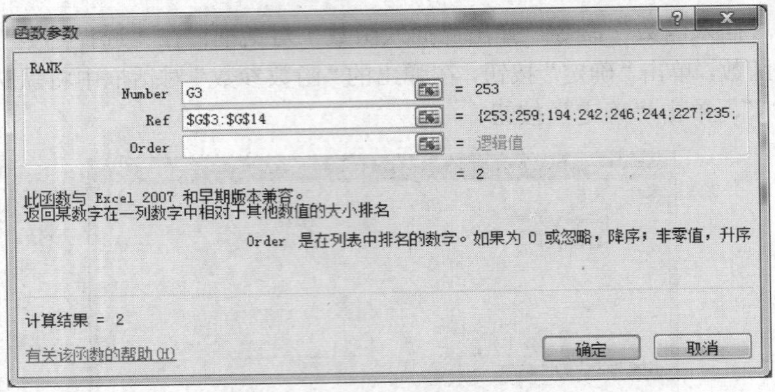

函数参数

RANK				
Number	G3		=	253
Ref	$G$3:$G$14		=	{253;259;194;242;246;244;227;235;
Order			=	逻辑值

= 2

此函数与 Excel 2007 和早期版本兼容。
返回某数字在一列数字中相对于其他数值的大小排名
　　　　Order 是在列表中排名的数字。如果为 0 或忽略，降序，非零值，升序

计算结果 = 2

有关该函数的帮助(H)　　　　　　　　　　　　　确定　　取消

图 3-16　设置 RANK 函数参数

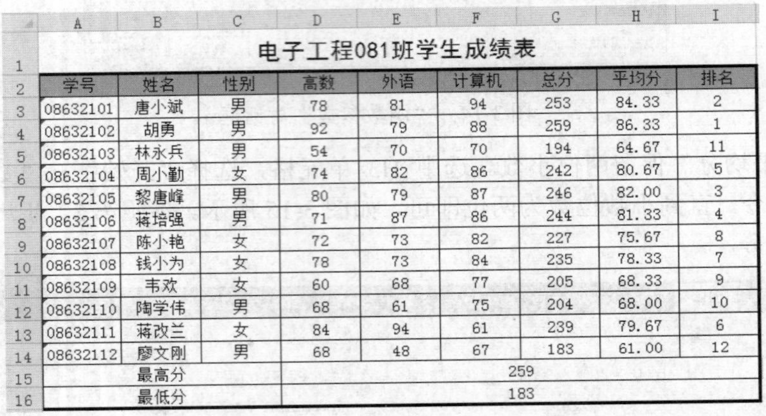

电子工程081班学生成绩表

学号	姓名	性别	高数	外语	计算机	总分	平均分	排名
08632101	唐小斌	男	78	81	94	253	84.33	2
08632102	胡勇	男	92	79	88	259	86.33	1
08632103	林永兵	男	54	70	70	194	64.67	11
08632104	周小勤	女	74	82	86	242	80.67	5
08632105	黎唐峰	男	80	79	87	246	82.00	3
08632106	蒋培强	男	71	87	86	244	81.33	4
08632107	陈小艳	女	72	73	82	227	75.67	8
08632108	钱小为	女	78	73	84	235	78.33	7
08632109	韦欢	女	60	68	77	205	68.33	9
08632110	陶学伟	男	68	61	75	204	68.00	10
08632111	蒋改兰	女	84	94	61	239	79.67	6
08632112	廖文刚	男	68	48	67	183	61.00	12
最高分						259		
最低分						183		

图 3-17　计算分析结果

　　注意：为什么在参数 G3 和 G14 单元格的列标和行号前都加上一个"$"符号呢？这是 Excel 中的绝对引用，其形式为在行号和列标的前面加上"$"。可以通过选中单元格地址后按【F4】键在相对地址、绝对地址和混合地址之间自动转换。单元格的绝对引用不会随着公式的变化而变化。这里是为了在利用填充柄进行公式的填充时使 G3:G14 单元格的位置保持不变。若此时使用相对引用（G3:G14），在利用填充柄进行公式的填充时将会得到错误的计算结果，或是错误提示。

　　9）选中 D3:F14 单元格区域，选择"开始"→"样式"→"条件格式"→"突出显示单元格规则"→"小于"命令，弹出"小于"对话框（见图 3-18），在文本框中输入"60"，在下拉列表中选择"自定义格式"选项，单击"确定"按钮。在弹出的"设置单元格格式"对话框中将字体的格式设置为红色、加粗、倾斜。

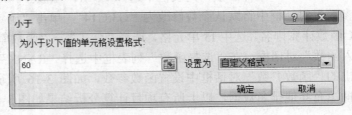

小于

为小于以下值的单元格设置格式：

60　　设置为　自定义格式...　▼

确定　　取消

图 3-18　"小于"对话框

10）选中 D3:F14 单元格区域，选择"开始"→"样式"→"条件格式"→"突出显示单元格规则"→"其他规则"命令，在弹出的"新建格式规则"对话框（见图 3-19）中设置"单元格值"为"大于或等于""90"，单击"格式"按钮，在弹出的"设置单元格格式"对话框中将字体的格式设置为蓝色、加粗、倾斜，单击"确定"按钮。

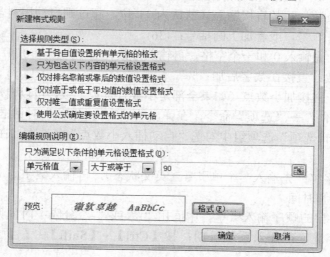

图 3-19　"新建格式规则"对话框

11）单击标题栏上的"保存"按钮，保存学生成绩表。

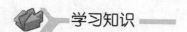 学习知识

1. 基本概念

1）工作簿：以文件的形式存在（扩展名为.xlsx），可以看作一个活页夹。

2）工作表：相当于活页夹中的其中一页，一个工作簿中工作表的数量受可用内存的限制，默认有 3 张工作表（Sheet1、Sheet2、Sheet3）。显示在当前屏幕上的称为活动工作表（或者称为当前工作表）。

3）单元格：工作表由若干个单元格组成，一个工作表最多可包含 16384（列）×1048576（行）个单元格。每个工作表只有一个单元格是活动的，称为活动单元格。

4）相对地址：用于表示单元格位置，形式为"列标+行号"，例如，B3 表示第 3 行第 2 列的单元格。

5）绝对地址：在列标、行号前加上"$"符号，如$B$3。

2. 工作表数据的输入

（1）输入文本型数据

文本型数据是指由汉字、英文字母或数字组成的字符串，例如，"星期一""1 季度""P5"等都属于文本型数据。默认情况下，在单元格中输入文本型数据时输入的内容为左对齐（如果输入的数据长度超出单元格长度，并且当前单元格右侧为空，则文本会扩展显示到其右侧

单元格中，如右侧不为空，则超出部分不显示，但在编辑栏内可以看到全部内容）。

（2）输入数值型数据

数值型数据由数字（0～9）、正负号、小数点、分数号、百分号、指数符号（E 或 e）、货币符号（¥或$）和千分位分隔号等组成，输入后自动右对齐。

1）输入正、负数：正数直接输入（默认为 11 位，超过则自动用科学记数法显示）；负数则在数字前加"–"号，或者加上圆括号：(36)。

2）输入分数：先输入 0 和一个空格，再输入分数。例如，输入 0 11/18 表示分数 11/18。

3）输入百分数：直接在数字后加"%"。

4）输入小数：直接加小数点（如果全部是小数且位数一致，可以自动设置小数点）。操作方法：选择"文件"→"选项"命令，在弹出的"Excel 选项"对话框中选择"高级"选项，在右侧的"编辑选项"选项组中勾选"自动插入小数点"复选框，在"位数"数值框中输入小数位数。

5）输入数字字符：先输入一个单引号（英文状态），再输入数字。

（3）输入日期和时间

日期可按年月日的顺序输入数字，中间用"/"或"-"分隔；时间则用"："分隔。按【Ctrl】+【;】组合键，可插入系统日期；按【Ctrl】+【Shift】+【;】组合键，可插入系统时间。

（4）自动填充数据

如果要在一列或一行相邻单元格中输入相同（或有规律）的数据，可先输入第 1（第 2）个数据，再按住填充柄（单元格右下角的黑色方块）拖动。还可以选择"开始"→"编辑"→"填充"命令进行其他方式的自动填充。

（5）使用快捷键填充相同的数据

选择要输入相同数据的单元格，输入数据，然后按【Ctrl】+【Enter】组合键。

3．工作表数据的编辑

（1）单元格的选择

1）选择一个单元格：单击即可。

2）选择一行：单击行号。

3）选择一列：单击列标。

4）选择连续单元格：拖动框选，或先单击开始单元格，再按住【Shift】键单击结束单元格。

5）选择不连续单元格：按住【Ctrl】键再单击各个要选择的单元格。

6）选择整个工作表：单击行号和列标的交叉处。

（2）单元格的编辑

1）单元格内容的复制：右击单元格，在弹出的快捷菜单中选择"复制"命令，再定位到目标单元格，同样操作选择"粘贴"命令，也可用快捷键【Ctrl】+【C】和【Ctrl】+【V】实现。

2）单元格内容的移动：执行右键快捷菜单"剪切"命令和右键快捷菜单"粘贴"命令，或选择单元格后按住边框拖动，也可以用快捷键【Ctrl】+【X】和【Ctrl】+【V】实现。

3）单元格内容的删除：选择要删除的单元格后按【Delete】键。

4）单元格的删除、插入：选中所要删除的单元格，右击，在弹出的快捷菜单中选择"删除"或"插入"命令。

5）行、列的删除、插入：右击行号（列标），在弹出的快捷菜单中选择"删除"或"插入"命令。

4．工作表常用操作

（1）重命名工作表

默认情况下，工作表名为"Sheet1""Sheet2""Sheet3"……为方便管理和使用，根据要求可以对其重命名，操作方法：双击工作表标签，输入新名称；或者右击工作表标签，在弹出的快捷菜单中选择"重命名"命令，输入新名称。

（2）移动和复制工作表

1）在同一工作簿中移动：拖动工作表标签到目标位置即可。

2）右击工作表标签，在弹出的快捷菜单中选择"移动或复制"命令，在弹出的"移动或复制工作表"对话框中进行操作即可。

（3）插入、删除和隐藏工作表

默认情况下，新建工作簿中只包含 3 张工作表，用户可以根据需要插入新工作表，或者将不需要的工作表删除，还可将工作表隐藏，起到保护重要数据的作用。

1）工作表的插入：右击工作表标签，在弹出的快捷菜单中选择"插入"命令即可；也可选择"开始"→"单元格"→"插入"→"工作表"命令。

2）工作表的删除：右击要删除的工作表标签，在弹出的快捷菜单中选择"删除"命令即可；或者选择"开始"→"单元格"→"删除"→"删除工作表"命令。

3）工作表的隐藏：选择要隐藏的工作表，然后选择"开始"→"单元格"→"格式"→"取消和隐藏"→"隐藏工作表"命令，即可将所选工作表隐藏起来。选择"开始"→"取消和隐藏"→"取消隐藏工作表"命令，可恢复显示。

（4）设置工作表标签颜色

为区分不同类型的工作表，用户可以设置工作表标签的颜色。操作方法：右击工作表标签，在弹出的快捷菜单中选择"工作表标签颜色"命令，在弹出的子菜单中设置所需的颜色。

（5）拆分与冻结工作表

如果工作表太大，行数过多，要查看工作表靠右侧或下边的数据时常常会忘记行标题或列标题。此外，若要比较工作表不同位置的数据，通过拖动滚动条查看也很麻烦。此时，可以将行标题或列标题冻结起来，或者将工作表拆分成两个部分。

1）拆分工作表：将鼠标指针移到水平拆分条（或垂直拆分条，分别在右上角或右下角）上并拖动。

2）冻结工作表：选择标题下的行（或列），选择"视图"→"窗口"→"冻结窗格"命令。

5．单元格常用操作

1）单元格的合并与取消：选中需要合并或取消合并的单元格区域，选择"开始"→"单元格"→"格式"→"设置单元格格式"命令，在弹出的"设置单元格格式"对话框中选择

"对齐"选项卡，勾选或取消勾选"合并单元格"复选框。

2）插入单元格、行与列：通过右击或"插入"选项卡设置。

3）删除单元格、行与列：通过右击或"开始"选项卡设置。

4）添加批注：利用 Excel 提供的批注功能可以为复杂的公式或特定的单元格添加批注。

操作方法：选择"审阅"→"批注"→"新建批注"命令可添加批注。右击有批注的单元格，在弹出的快捷菜单中选择"删除批注"命令可对其删除。

5）调整行高和列宽：直接拖动或在"开始"选项卡中进行设置。

6. 函数的使用

（1）函数的格式

函数是预先定义好的表达式，必须包含在公式中使用。每个函数都由函数名和参数组成。基本格式为"=函数名(参数 1,参数 2,…)"。一个函数只有唯一的一个名称，它决定了函数的功能和用途。函数名后是用圆括号括起来的参数，各参数之间用逗号分隔。参数可以是数字、文本、数组和单元格引用，也可以是常量、公式或其他函数。

（2）常用函数

1）COUNT 函数。

功能：统计参数列表含有数值数据的单元格个数。

格式：COUNT(Value1,Value2,Value3,…)。其中，"Value1,Value2,Value3,…"为包含或引用各种类型数据的参数（1～30 个），但只有含有的单元格才被统计。

2）COUNTIF 函数。

功能：统计某个单元格区域中符合条件的单元格数目。

格式：COUNTIF(Range,Criteria)。其中，"Range"为要统计单元格个数的单元格区域；"Criteria"为指定的条件表达式。

3）MAX 函数和 MIN 函数。

功能：分别返回参数列表中的最大值和最小值。

格式：MAX/MIN(Number1,Number2,Number3,…)。其中，"Number1,Number2,Number3,…"可以是数字、空白单元格、逻辑值或数字的文本表达式（1～30 个），如果没有参数，则函数返回值为 0。

4）RANK 函数。

功能：返回一个在数字列表中的排位。

格式：RANK(Number,Ref,Order)。其中，"Number"为需要排序的数值；"Ref"为要排序的单元格区域；"Order"为排序方式，如果参数为"0"或省略则按降序排列，否则按升序排列。

5）IF 函数。

功能：执行真假判断，根据逻辑值的真假返回不同结果。

格式：IF(Logical_test,Value_if_true,Value_if_false)。其中，"Logical_test"为选取的条件；"Value_if_true"为条件为真时返回的值；"Value_if_false"为条件为假时返回的值。

6）TODAY 函数。

功能：返回当前日期的序列号（以 1900 年 1 月 1 日开始计算，到当前的天数）。

格式：TODAY()，该函数不需要参数（如果系统日期改变了，可按【F9】键更新）。

学习小结

本项目案例是完成一个学生成绩表的制作。该项目案例通过数据的输入、表格的编辑、函数的运用、数据的排序及条件格式的设置等来完成。对于有规律的数据的输入及函数的复制，可以利用填充柄工具，以大大提高工作效率。

自我练习

1）根据案例本项目案例所学的知识，制作图 3-20 所示的报销单。

2）打开“自我练习”文件夹中的文档 EX01.xlsx，利用函数计算相关内容，其中奖金发放条件为销售量>5500，计算结果如图 3-21 所示。

F23

	A	B	C	D	E	F	G
1	×××公司员工外勤费用报销单						
2	姓名		所属部门		报销时间		备注
3	序列	费用种类	大写		小写		
4	1	交通费					
5	2	资料费					
6	3	补贴费					
7	4	其他费用					
8	共计						
9	经办人				审核人		
10							

图 3-20　报销单

	A	B	C	D	E	F	G	H	I
1	图书销售统计表								
2	图书系列	销售员A	销售员B	销售员C	销售员D	销售员E	系列图书平均销量	系列图书销量排行榜	发奖人数
3	精品教程	4200	4100	4600	4400	4010	4262	8	0
4	简明教程	6740	6640	7740	6340	6820	6856	2	5
5	实训教程	3900	4500	4100	3800	4470	4154	9	0
6	实例与操作	4890	5190	5490	4750	5220	5108	6	0
7	速成教程	5110	5310	5510	5320	5710	5392	5	2
8	现用现查	4760	4790	4980	4960	4780	4854	7	0
9	中职	8970	8470	7970	8500	8640	8510	1	5
10	高职高专	6840	6540	6040	6670	6840	6586	4	5
11	高教	6980	6480	6380	6610	6580	6606	3	5
12	销售员总销量	52390	52020	52810	51350	53070			
13	图书总销量	261640							
14	销量最大值	8970							
15	销量最小值	3800							

图 3-21　图书销售统计表

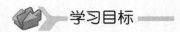

项目案例 2　员工工资表制作

学习目标

1）能应用 Excel 电子表格的公式。

2）能应用 Excel 电子表格的函数。

3）能筛选 Excel 电子表格的数据。

学习案例

2018 年 4 月初，某公司财务人员需要根据公司考勤记录完善 2018 年 3 月员工考勤记录表，并根据公司的各项规定计算员工 3 月的工资。

奖金计算办法：销售金额 100000 元以上含 100000 元，奖金=销售金额×1.2%；不到 100000元，奖金=销售金额×1%。

岗位工资计算办法："经理"岗位工资为 500 元，"主管"岗位工资为 300 元，其他职位没有岗位工资。

津贴计算办法：津贴按"24 元/（人·天）"进行计算。

扣薪计算方案：病假不扣薪，事假扣当日工资，旷工扣双倍工资，迟到、早退每次扣10 元。

社保计算方案：由"公积金"、"养老金"和"医保金"3 部分组成，分别占缴纳基数的"10%"、"7%"和"2%"。

案例分析：在 Excel 中要完成该项目案例需要将原始数据导入 Excel，再利用函数/公式计算各种款项，利用筛选功能分析销售员的销售情况及薪酬情况。其具体操作可分为 3 个任务：导入数据、计算数据和筛选数据。

任务 1　导 入 数 据

任务说明

将"2018 年 3 月考勤记录.txt"中的考勤信息导入"员工考勤记录表"工作表中，并完善"员工考勤记录表"中的员工基础信息。

任务步骤

1）打开案例素材文件夹下的"员工工资表.xlsx"文件，在"员工考勤记录表"中选定I2 单元格，选择"数据"→"获取外部数据"→"自文本"命令，在弹出的"导入文本文件"对话框中选中"2018 年 3 月考勤记录.txt"文件，单击"导入"按钮。在弹出的"文本导入向导-第 1 步，共 3 步"对话框中将"导入起始行"修改为 2，如图 3-22 所示，单击"下一步"按钮。在弹出的"文本导入向导-第 2 步，共 3 步"对话框中单击"下一步"按钮。在弹出的"文本导入向导-第 3 步，共 3 步"对话框中选中"数据预览"列表框中的第 1 列数据，单击"不导入此列（跳过）"单选按钮，选中第 2 列数据，单击"不导入此列（跳过）"单选按钮，如图 3-23 所示。单击"完成"按钮，在弹出的"导入数据"对话框中确认单元格信息，单击"确定"按钮，完成数据导入。

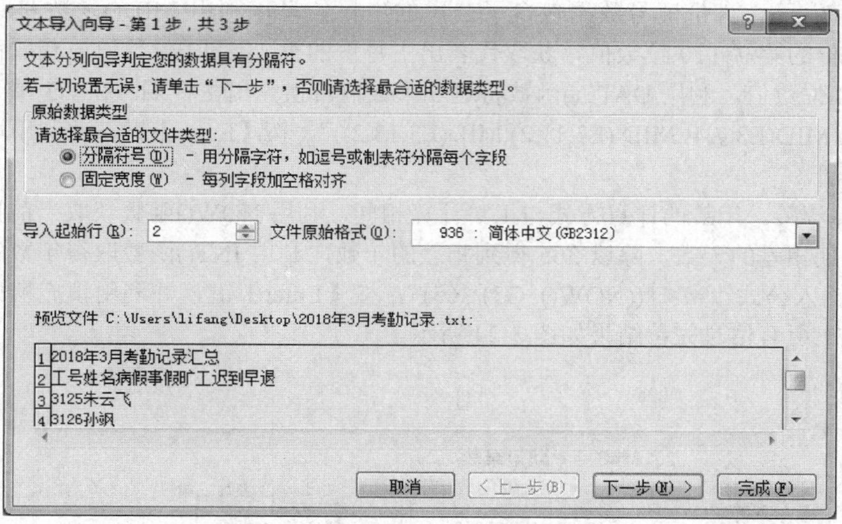

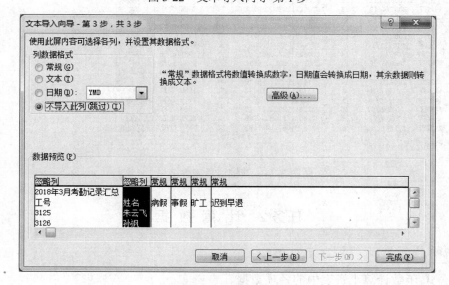

图 3-22　文本导入向导-第 1 步

图 3-23　文本导入向导-第 3 步

2）计算工龄。工龄可以根据入职时间来计算，利用 NOW() 函数获取当前日期，减去入职时间得到日期相差的天数，除以 365 得到相差的年数，利用 INT() 函数取得年数的整数。

在 D3 单元格输入公式 "=INT((NOW()-C3)/365)"，按【Enter】键，并利用填充柄填充其他员工工龄。

3）计算性别。身份证号数据包含了公民的性别信息，利用 MID()函数取出身份证号的第 17 位，利用 ISODD()函数判断该数是否为奇数，利用 IF()函数根据判断结果填充性别，如果结果是奇数填入"男"，否则填入"女"。在 F3 单元格输入公式 "=IF(ISODD(MID(E3,17,1)),"男","女")"，按【Enter】键，并利用填充柄填充其他员工性别。

4）计算生日。身份证号数据包含了公民的生日信息，利用 MID()函数获取身份证号代表出生年份的第 7～10 位数值，获取代表出生月份的第 11、12 位数值，获取代表出生日的第 13、14 位数值，利用 DATE()函数将这 3 个数值转换为出生日期。在 G3 单元格输入公式 "=DATE(MID(E3,7,4),MID (E3,11,2),MID(E3,13,2))"，按【Enter】键，并利用填充柄填充其他员工生日。

5）计算年龄。年龄的计算方式与工龄计算相同，利用 NOW()函数获取当前日期，减去生日得到日期相差的天数，除以 365 得到相差的年数，利用 INT()函数取得年数的整数。在 D3 单元格输入公式 "=INT((NOW()-G3)/365)"，按【Enter】键，并利用填充柄填充其他员工年龄。以上所有信息完善结果如图 3-24 所示。

H3				fx =INT((NOW()-G3)/365)							
	A	B	C	D	E	F	G	H	I	J	K	L
1					2018年3月考勤记录表							
2	工号	姓名	入职时间	工龄	身份证号	性别	生日	年龄	病假	事假	旷工	迟到早退
3	3125	朱云飞	2006/7/24	14	140928196705243898	男	1967/5/24	53		2		
4	3126	孙飒	2011/12/6	8	320481196709173039	男	1967/9/17	53				
5	3127	陈梓禹	2004/5/16	16	150927197604128482	女	1976/4/12	44	2			
6	3128	丁奎盛	2008/1/12	12	150928198403090567	女	1984/3/9	36				3
7	3129	刘为正	2007/4/19	13	210911198202069915	男	1982/2/6	38				
8	3130	吴倩	2009/9/12	11	210106198905270876	男	1989/5/27	31				
9	3131	刘莉	2008/5/12	12	210602197908177943	女	1979/8/17	41				
10	3132	吴凡	2005/7/30	15	110108197807246915	男	1978/7/24	42	1			
11	3133	张玉婷	2012/11/17	7	130427199303112825	女	1993/3/11	27				
12	3134	徐燕	2005/12/29	14	150426198706261345	女	1987/6/26	33				
13	3135	周慧敏	2009/6/28	11	220100198210034954	男	1982/10/3	37				1
14	3136	崔茜	2013/4/21	7	211282197207309499	男	1972/7/30	48				
15	3137	李雪维	2009/1/28	11	211421196602215438	男	1966/2/21	54		1		
16	3138	杨鹏媛	2012/6/8	8	211402198007116882	女	1980/7/11	40				
17	3139	黄文婷	2014/10/24	5	110116197601173629	女	1976/1/17	44				
18	3140	郭春红	2007/5/5	13	231181198302265646	女	1983/2/26	37				
19	3141	刘笑笑	2005/9/12	15	222406197108264729	女	1971/8/26	49			2	
20	3142	赵倩男	2013/11/9	6	320829196711231187	女	1967/11/23	52				
21												
22	本月实际工作天数		23									

图 3-24　基础信息完善结果

任务 2　计 算 数 据

任务说明

利用公式/函数计算工资表中的各项数据。

任务步骤

1）计算奖金。奖金需要根据销售金额进行计算，销售金额 100000 元以上（含 100000

元），奖金=销售金额×1.2%；不到 100000 元，奖金=销售金额×1%；在 F3 单元格输入公式 "=IF(E3>=100000,E3*1.2%,E3*1%)"，按【Enter】键，并利用填充柄填充其他员工奖金。

2）计算岗位工资。岗位工资计算办法为"经理"岗位工资为 500 元，"主管"岗位工资为 300 元，其他职位没有岗位工资，因此需要用到 IF 函数的嵌套。在 G3 单元格，输入公式 "=IF(C3="经理",500,IF(C3="主管",300,0))"，按【Enter】键，并利用填充柄填充其他员工岗位工资。

3）计算津贴。津贴按"24 元/人/天"进行计算。在 H3 单元格，输入公式 "=24*(员工考勤记录表!\$C\$22-SUM(员工考勤记录表!I3:K3))"，按【Enter】键，并利用填充柄填充其他员工津贴。

4）计算应发工资。选中 J3 单元格，输入公式 "=SUM(D3,F3:H3)"，按【Enter】键，并利用填充柄填充其他员工应发工资。

5）计算扣薪。按照病假不扣薪、事假扣当日工资、旷工扣双倍工资、迟到早退每次扣 10 元进行计算。在 J3 单元格，输入公式 "=I3/员工考勤记录表!\$C\$22*(员工考勤记录表!J3+ 员工考勤记录表!K3*2)+员工考勤记录表!L3*10"，按【Enter】键，并利用填充柄填充其他员工扣薪。

6）计算社保。社保由"公积金"、"养老金"和"医保金"3 部分组成，分别占缴纳基数的"10%"、"7%" 和"2%"。在 K3 单元格，输入公式 "=I3*0.1+I3*0.07+I3*0.02"，按【Enter】键，并利用填充柄填充其他员工社保。

7）计算实发工资。在 L3 单元格，输入公式 "=I3-J3-K3"，按【Enter】键，并利用填充柄填充其他员工应发工资。

8）选中 D3:L20 单元格区域，选择"开始"→"数字"→"货币"命令。以上所有计算结果如图 3-25 所示。

工号	姓名	职位	基本工资	销售金额	奖金	岗位工资	津贴	应发工资	扣薪	社保	实发工资
				2018年3月工资表							
3125	朱云飞	经理	¥5,500.00	¥120,000.00	¥1,440.00	¥500.00	¥504.00	¥7,944.00	¥690.78	¥1,509.36	¥5,743.86
3126	孙飒	主管	¥4,000.00	¥80,000.00	¥800.00	¥300.00	¥552.00	¥5,652.00	¥0.00	¥1,073.88	¥4,578.12
3127	陈梓禹	职员	¥2,800.00	¥110,000.00	¥1,320.00	¥0.00	¥504.00	¥4,624.00	¥0.00	¥878.56	¥3,745.44
3128	丁銮盛	主管	¥3,500.00	¥75,000.00	¥750.00	¥300.00	¥552.00	¥5,102.00	¥30.00	¥969.38	¥4,102.62
3129	刘为正	经理	¥4,800.00	¥68,000.00	¥680.00	¥500.00	¥552.00	¥6,532.00	¥0.00	¥1,241.08	¥5,290.92
3130	吴倩	职员	¥3,600.00	¥135,000.00	¥1,620.00	¥0.00	¥552.00	¥5,772.00	¥0.00	¥1,096.68	¥4,675.32
3131	刘莉	主管	¥3,800.00	¥96,000.00	¥960.00	¥300.00	¥552.00	¥5,612.00	¥0.00	¥1,066.28	¥4,545.72
3132	吴凡	职员	¥3,000.00	¥85,000.00	¥850.00	¥0.00	¥528.00	¥4,378.00	¥0.00	¥831.82	¥3,546.18
3133	张玉婷	主管	¥3,500.00	¥105,000.00	¥1,260.00	¥300.00	¥552.00	¥5,612.00	¥0.00	¥1,066.28	¥4,545.72
3134	徐燕	职员	¥3,000.00	¥76,000.00	¥760.00	¥0.00	¥552.00	¥4,312.00	¥0.00	¥819.28	¥3,492.72
3135	周慧敏	职员	¥3,000.00	¥89,500.00	¥895.00	¥0.00	¥552.00	¥4,447.00	¥10.00	¥844.93	¥3,592.07
3136	崔茜	职员	¥3,000.00	¥100,000.00	¥1,200.00	¥0.00	¥552.00	¥4,752.00	¥0.00	¥902.88	¥3,849.12
3137	李雪维	主管	¥3,500.00	¥60,000.00	¥600.00	¥300.00	¥528.00	¥4,928.00	¥214.26	¥936.32	¥3,777.42
3138	杨鹏媛	职员	¥3,500.00	¥78,000.00	¥780.00	¥0.00	¥552.00	¥4,832.00	¥0.00	¥918.08	¥3,913.92
3139	黄文婷	职员	¥2,600.00	¥112,000.00	¥1,344.00	¥0.00	¥552.00	¥4,496.00	¥0.00	¥854.24	¥3,641.76
3140	郭香红	职员	¥2,500.00	¥123,000.00	¥1,476.00	¥0.00	¥552.00	¥4,528.00	¥0.00	¥860.32	¥3,667.68
3141	刘奖奖	职员	¥3,200.00	¥89,000.00	¥890.00	¥0.00	¥504.00	¥4,594.00	¥798.96	¥872.86	¥2,922.18
3142	赵倩男	职员	¥3,000.00	¥76,000.00	¥760.00	¥0.00	¥552.00	¥4,312.00	¥0.00	¥819.28	¥3,492.72

图 3-25　工资计算结果

任务 3　筛 选 数 据

任务说明

利用自动筛选功能，筛选出"销售金额"数值范围为 80000～110000 元的记录；用高级筛选功能，筛选出基本工资大于 3500 元或销售金额大于 80000 元的员工信息。

任务步骤

1）单击行号"2"，即选中第 2 行所有数据。选择"数据"→"排序和筛选"→"筛选"命令，此时会发现标题行上的每一个列字段单元格的右侧都出现了一个"自动筛选"按钮，如图 3-26 所示。

工号	姓名	职位	基本工资	销售金额	奖金	岗位工资	津贴	应发工资	扣薪	社保	实发工资
				2018年3月工资表							
3125	朱云飞	经理	¥5,500.00	¥120,000.00	¥1,440.00	¥500.00	¥504.00	¥7,944.00	¥690.78	¥1,509.36	¥5,743.86
3126	孙飒	主管	¥4,000.00	¥80,000.00	¥800.00	¥300.00	¥552.00	¥5,652.00	¥0.00	¥1,073.88	¥4,578.12
3127	陈梓禹	职员	¥2,800.00	¥110,000.00	¥1,320.00	¥0.00	¥504.00	¥4,624.00	¥0.00	¥878.56	¥3,745.44
3128	丁奎盛	主管	¥3,500.00	¥75,000.00	¥750.00	¥300.00	¥552.00	¥5,102.00	¥30.00	¥969.38	¥4,102.62
3129	刘为正	经理	¥4,800.00	¥68,000.00	¥680.00	¥500.00	¥552.00	¥6,532.00	¥0.00	¥1,241.08	¥5,290.92
3130	吴倩	职员	¥3,600.00	¥135,000.00	¥1,620.00	¥0.00	¥552.00	¥5,772.00	¥0.00	¥1,096.68	¥4,675.32
3131	刘莉	主管	¥3,800.00	¥96,000.00	¥960.00	¥300.00	¥552.00	¥5,612.00	¥0.00	¥1,066.28	¥4,545.72
3132	吴凡	职员	¥3,000.00	¥85,000.00	¥850.00	¥0.00	¥528.00	¥4,378.00	¥0.00	¥831.82	¥3,546.18
3133	张玉婷	主管	¥3,500.00	¥105,000.00	¥1,260.00	¥300.00	¥552.00	¥5,612.00	¥0.00	¥1,066.28	¥4,545.72
3134	徐燕	职员	¥3,000.00	¥76,000.00	¥760.00	¥0.00	¥552.00	¥4,312.00	¥0.00	¥819.28	¥3,492.72
3135	周慧敏	职员	¥3,000.00	¥89,500.00	¥895.00	¥0.00	¥552.00	¥4,447.00	¥10.00	¥844.93	¥3,592.07
3136	崔茜	职员	¥3,000.00	¥100,000.00	¥1,200.00	¥0.00	¥552.00	¥4,752.00	¥0.00	¥902.88	¥3,849.12
3137	李雪维	主管	¥3,500.00	¥60,000.00	¥600.00	¥300.00	¥528.00	¥4,928.00	¥214.26	¥936.32	¥3,777.42
3138	杨鹏嫒	职员	¥3,500.00	¥78,000.00	¥780.00	¥0.00	¥552.00	¥4,832.00	¥0.00	¥918.08	¥3,913.92
3139	黄文婷	职员	¥2,600.00	¥112,000.00	¥1,344.00	¥0.00	¥552.00	¥4,496.00	¥0.00	¥854.24	¥3,641.76
3140	郭春红	职员	¥3,000.00	¥123,000.00	¥1,476.00	¥0.00	¥552.00	¥4,528.00	¥0.00	¥860.32	¥3,667.68
3141	刘笑笑	职员	¥3,200.00	¥89,000.00	¥890.00	¥0.00	¥504.00	¥4,594.00	¥798.96	¥872.86	¥2,922.18
3142	赵倩男	职员	¥3,000.00	¥76,000.00	¥760.00	¥0.00	¥552.00	¥4,312.00	¥0.00	¥819.28	¥3,492.72

图 3-26　自动筛选

2）单击列标题"销售金额"右侧的自动筛选按钮，弹出相应的下拉列表，并从中选择"数字筛选"→"介于"选项，如图 3-27 所示，在弹出的"自定义自动筛选方式"对话框中设置图 3-28 所示的筛选条件。

图 3-27　自定义筛选　　　　　　　　图 3-28　设置自动筛选条件

3）单击"确定"按钮，此时会发现工作表中只显示"销售金额"数值在 80000～110000元的记录，如图 3-29 所示。

4）利用高级筛选功能筛选出基本工资大于 3500 元或销售金额大于 80000 元的员工信息。

5）选择一个空白单元格，如 A23 单元格，输入"基本工资"，依次在 B23 单元格中输入"销售金额"，在 A24 单元格中输入">3500"，在 B25 单元格中输入">80000"，如图 3-30 所示，为高级筛选设置条件区域。

	A	B	C	D	E	F	G	H	I	J	K	L
1				2018年3月工资表								
2	工号	姓名	职位	基本工资	销售金额	奖金	岗位工资	津贴	应发工资	扣薪	社保	实发工资
4	3126	孙飒	主管	¥4,000.00	¥80,000.00	¥800.00	¥300.00	¥552.00	¥5,652.00	¥0.00	¥1,073.88	¥4,578.12
5	3127	陈梓禹	职员	¥2,800.00	¥110,000.00	¥1,320.00	¥0.00	¥504.00	¥4,624.00	¥0.00	¥878.56	¥3,745.44
9	3131	刘莉	主管	¥3,800.00	¥96,000.00	¥960.00	¥300.00	¥552.00	¥5,612.00	¥0.00	¥1,066.28	¥4,545.72
10	3132	吴凡	职员	¥3,000.00	¥85,000.00	¥850.00	¥0.00	¥528.00	¥4,378.00	¥0.00	¥831.82	¥3,546.18
11	3133	张玉婷	主管	¥3,500.00	¥105,000.00	¥1,260.00	¥300.00	¥552.00	¥5,612.00	¥0.00	¥1,066.28	¥4,545.72
13	3135	周慧敏	职员	¥3,000.00	¥89,500.00	¥895.00	¥0.00	¥552.00	¥4,447.00	¥10.00	¥844.93	¥3,592.07
14	3136	崔茜	职员	¥3,000.00	¥100,000.00	¥1,200.00	¥0.00	¥552.00	¥4,752.00	¥0.00	¥902.88	¥3,849.12
19	3141	刘笑笑	职员	¥3,200.00	¥89,000.00	¥890.00	¥0.00	¥504.00	¥4,594.00	¥798.96	¥872.86	¥2,922.18

图 3-29　自定义筛选结果

6）选中任意空白单元格，选择"数据"→"排序和筛选"→"高级"命令，弹出"高级筛选"对话框，单击"将筛选结果复制到其他位置"单选按钮，设置高级筛选参数，如图 3-31 所示，单击"确定"按钮。高级筛选结果如图 3-32 所示。

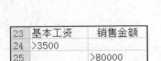

23	基本工资	销售金额
24	>3500	
25		>80000

图 3-30　条件区域

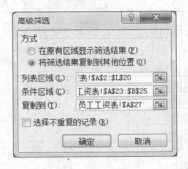

图 3-31　设置高级筛选参数

	工号	姓名	职位	基本工资	销售金额	奖金	岗位工资	津贴	应发工资	扣薪	社保	实发工资
27												
28	3125	朱云飞	经理	¥5,500.00	¥120,000.00	¥1,440.00	¥500.00	¥504.00	¥7,944.00	¥690.78	¥1,509.36	¥5,743.86
29	3126	孙飒	主管	¥4,000.00	¥80,000.00	¥800.00	¥300.00	¥552.00	¥5,652.00	¥0.00	¥1,073.88	¥4,578.12
30	3127	陈梓禹	职员	¥2,800.00	¥110,000.00	¥1,320.00	¥0.00	¥504.00	¥4,624.00	¥0.00	¥878.56	¥3,745.44
31	3129	刘为正	经理	¥4,800.00	¥68,000.00	¥680.00	¥500.00	¥552.00	¥6,532.00	¥0.00	¥1,241.08	¥5,290.92
32	3130	吴倩	职员	¥3,600.00	¥135,000.00	¥1,620.00	¥0.00	¥552.00	¥5,772.00	¥0.00	¥1,096.68	¥4,675.32
33	3131	刘莉	主管	¥3,800.00	¥96,000.00	¥960.00	¥300.00	¥552.00	¥5,612.00	¥0.00	¥1,066.28	¥4,545.72
34	3132	吴凡	职员	¥3,000.00	¥85,000.00	¥850.00	¥0.00	¥528.00	¥4,378.00	¥0.00	¥831.82	¥3,546.18
35	3133	张玉婷	主管	¥3,500.00	¥105,000.00	¥1,260.00	¥300.00	¥552.00	¥5,612.00	¥0.00	¥1,066.28	¥4,545.72
36	3135	周慧敏	职员	¥3,000.00	¥89,500.00	¥895.00	¥0.00	¥552.00	¥4,447.00	¥10.00	¥844.93	¥3,592.07
37	3136	崔茜	职员	¥3,000.00	¥100,000.00	¥1,200.00	¥0.00	¥552.00	¥4,752.00	¥0.00	¥902.88	¥3,849.12
38	3139	黄文婷	职员	¥2,600.00	¥112,000.00	¥1,344.00	¥0.00	¥552.00	¥4,496.00	¥0.00	¥854.24	¥3,641.76
39	3140	郭春红	职员	¥2,500.00	¥123,000.00	¥1,476.00	¥0.00	¥552.00	¥4,528.00	¥0.00	¥860.32	¥3,667.68
40	3141	刘笑笑	职员	¥3,200.00	¥89,000.00	¥890.00	¥0.00	¥504.00	¥4,594.00	¥798.96	¥872.86	¥2,922.18

图 3-32　高级筛选结果

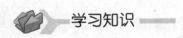 学习知识

1. 公式的应用

公式是工作表中用于对单元格进行计算的表达式，利用公式可以对同一工作表的各单元格、同一工作簿中不同工作表的单元格，以及不同工作簿的工作表中单元格的数据进行各种运算。

1）公式使用方法：在单元格中输入"="，再输入计算数或单元格地址和运算符（不以"="开头将会作为文本型数据进行处理）。内容可以是常量、单元格地址和函数等。

2）算术运算符：用于完成基本的数学运算。算术运算符有"+"、"－"、"*"、"/"、"%"和"^"。

3）比较运算符：用于比较两个数值并产生逻辑值。比较运算符有">"、">="、"<"、"<="、"="和"<>"。

4）文本运算符：使用文本运算符"&"可将两个或多个文本值串接起来产生一个连续的文本值。

5）引用运算符：有3个，作用是将单元格区域进行合并计算，如表3-1所示。

表3-1　引用运算符

引用运算符	含义	实例
:（冒号）	区域运算符，用于引用单元格区域	B5:D15
,（逗号）	联合运算符，用于引用多个单元格区域	B5:D15,F5:H15
（空格）	交叉运算符，用于引用两个单元格区域的交叉部分	B5:D15 D5:F10

运算符的优先级如表3-2所示。

表3-2　运算符的优先级

运算符	含义	优先级
:（冒号）		
（空格）	引用运算符	1
,（逗号）		
－（负号）	负数	2
%（百分号）	百分比	3
^（脱字号）	乘方	4
*和/	乘和除	5
+和-	加和减	6
&	字符连接符	7
=		
<和>		
<=	比较运算符	8
>=		
<>		

若要改变运算的次序，可使用括号（注意：没有大括号、中括号，一律以小括号代替）。

2. 单元格的引用

通过单元格的引用，可以在一个公式中使用工作表不同部分的数据，或者在多个公式中使用同一单元格中的数据，还可以引用同一工作簿中不同工作表中的单元格，甚至还可以引用不同工作簿中的数据。

（1）引用单元格和单元格区域

在 Excel 中，每个单元格都有一个地址，用户可以通过该地址引用单元格，引用单元格举例说明如表3-3所示。

表 3-3　引用单元格举例说明

引用的单元格区域	说明
A1:A5	引用单元格 A1～A5 的区域
B2:F2	引用单元格 B2～F2 的区域
3:3	引用第 3 行的所有单元格
E:E	引用第 E 列的所有单元格
A1:C3,E5	引用单元格 A1～C3 之间的区域和 E5 单元格

（2）相对引用、绝对引用和混合引用

相对引用：当引用单元格的公式被复制时，新公式引用的单元格的位置会发生变化。

绝对引用：在单元格地址的行号和列标前分别加上"$"，这种对单元格引用的方式是绝对的，即一旦成为绝对引用，无论公式如何被复制，采用绝对引用的单元格的引用位置是不会改变的。

混合引用：具有绝对列和相对行，或相对列和绝对行的引用。如果公式所在单元格的位置改变，则相对引用改变，绝对引用不变。如果多行或多列地复制公式，相对引用自动调整，绝对引用不调整。

例如，B5 为相对引用，$B$5 为绝对引用，B$5 或者$B5 为混合引用。编辑公式时输入单元格地址后，按【F4】键，可在三者间切换。

（3）引用不同工作表或工作簿中的单元格

单元格的引用也可以跨工作表或工作簿进行。具体引用形式如下：①工作表名!单元格地址；②[工作簿名]工作表名!单元格地址。

例如，"Sheet2!A1"为引用同一工作簿不同工作表，"[学生成绩表.xls]Sheet1!$D$14"为引用不同工作簿。

3．审核公式

（1）公式错误代码

公式错误代码含义如表 3-4 所示。

表 3-4　公式错误代码含义

代码	含义
###	输入的数据或计算结果太长
#DIV/0!	除数引用了零值单元格或空单元格
#N/A	公式中没有可用数值，或缺少函数参数
#NAME?	公式中引用了无法识别的名称，或删除了公式中正使用的名称
#NULL!	使用了不正确的区域运算符或引用的单元格区域的交集为空
#NUM!	公式产生的结果数字太大或太小，Excel 无法表达出来
#RTF	公式引用的单元格被删除，并且系统无法自动调整
#VALUE	公式或函数中的参数数据类型不匹配

（2）使用公式审核工具栏

使用该工具栏可以非常方便地对单元格中的公式进行错误检查。具体操作方法如下：选择"视图"→"工具栏"→"公式审核"命令，打开"公式审核"工具栏。它提供了一些数据审查工具，如"错误检查"、"追踪引用单元格"和"公式求值"。

1）"错误检查"与语法检查程序类似，用特定的规则检查公式中存在的问题，可以查找并发现常见错误，用户可以在"选项"对话框的"错误检查"选项卡中启用或关闭这些规则。

2）"追踪引用单元格"可以用蓝色箭头等标出公式引用的所有单元格，追踪结束后可以使用"移去单元格追踪箭头"按钮将标记去掉。

3）"公式求值"可以调出一个对话框，用逐步执行方式查看公式计算顺序和结果，就能够清楚了解复杂公式的计算过程。

学习小结

本项目案例是完成一个员工工资表的制作。该项目案例的主要任务包括 Word 数据的导入，利用自行编写的公式计算员工的奖金、应发工资、扣款等，以及利用自动筛选功能和高级筛选功能筛选出符合要求员工的信息。

自我练习

打开"自我练习"文件夹中的文档 EX02.xlsx，按照要求完成下列操作并以原文件名保存文档，计算结果如图 3-33 所示。

	A	B	C	D	E
1	商品编号	商品名	一月份销售金额	二月份销售金额	三月份销售金额
2	001	高压锅	680	340	680
3	002	冰箱	83400	69500	83400
4	003	音响	63000	84000	63000
5	004	女大衣	27420	20565	31076
6	005	彩电	190000	140600	171000
7	006	热水瓶	1280	320	832
8	007	西装	32470	38200	19100
9	008	护肤霜	960	800	1280
10	009	空调	168000	168000	72800
11	010	洗发水	2925	2925	2080
12					

图 3-33　销售汇总结果

1）在工作表"商品销售"中，设置标题"商品销售统计表"在 A1:G1 区域内跨列居中，文字格式为加粗、16 号字。

2）在工作表"商品销售"的 G 列使用公式计算商品销售金额（销售金额=单价×数量）。

3）在工作表"销售汇总"中，使用公式引用工作表"商品销售"G 列的数据，填写一月、二月、三月销售金额，使得"商品销售"的销售金额发生变化时，"销售汇总"的对应数据同步更新。

项目案例3　销售统计表制作

学习目标

1）能保护 Excel 电子表格的工作表、工作簿。

2）能分类汇总 Excel 电子表格的数据。

3）能创建与编辑 Excel 电子表格的图表。

4）能制作 Excel 电子表格的数据透视表。

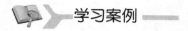 学习案例

　　某公司是一家进口商品代理公司，2015 年 6 月初，公司需要根据某卖场终端机所传送的数据，对旗下代理的各类商品在该卖场第一季度中的销售数量及销售金额进行汇总分析，并制作图表直观反映销售情况，同时分析各销售员的销售业绩，以确定下一步的合作方案。

　　案例分析：在 Excel 中要完成该项目案例需要使用保护工作表、分类汇总、图表创建、数据透视表等功能。其具体操作可分为 4 个任务：保护工作表、分类汇总数据、创建与编辑图表和创建数据透视表。

任务 1　保护工作表

任务说明

　　通过保护工作表内容、隐藏工作表数据或为工作簿设置密码的方式，可对相关内容进行保护。本任务是对商品销售汇总数据进行保护。

任务步骤

　　1）打开案例素材"商品销售分析表.xlsx"。选择数据区域中任意单元格，选择"数据"→"数据工具"→"删除重复项"命令，在弹出的"删除重复项"对话框中单击"确定"按钮，如图 3-34 所示。

　　2）复制两份"商品销售统计"工作表，将"商品销售统计（2）"工作表重命名为"商品销售汇总"，将"商品销售统计（3）"工作表重命名为"商品销售分析"。

　　3）选中"商品销售统计"工作表，选择"审阅"→"更改"→"保护工作表"命令，弹出"保护工作表"对话框，在"取消工作表保护时使用的密码"文本框中输入密码，如图 3-35 所示，单击"确定"按钮，在弹出的"确认密码"对话框中再次输入密码，单击"确定"按钮。

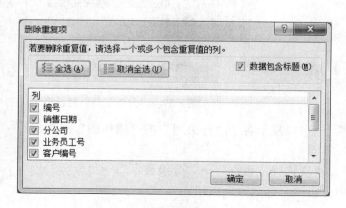

图 3-34　"删除重复项"对话框

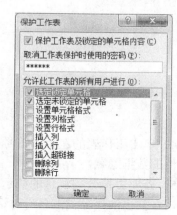

图 3-35　"保护工作表"对话框

任务2　分类汇总数据

任务说明

在对数据进行分析时，可以用 Excel 提供的"分类汇总"功能，按要求进行汇总。在分类汇总之前，一定要对数据先进行排序。这里的排序是针对汇总字段进行的。如果对单个字段进行分类汇总，就要对该字段进行排序。如果要对多个字段进行分类汇总，就要先对相应的多个字段分别进行排序。本任务是对"商品销售汇总"表中的数据按"分公司"对"销售额"进行"求和"汇总。

任务步骤

1）选中"商品销售汇总"工作表，将数据按"分公司"进行排序。将光标定位在表格数据任意单元格，选择"数据"→"排序和筛选"→"排序"命令，在弹出的"排序"对话框中设置"主要关键字"为"分公司"，如图3-36所示，单击"确定"按钮。

2）将光标置于数据区域内，选择"数据"→"分级显示"→"分类汇总"命令，弹出"分类汇总"对话框。

3）在"分类字段"下拉列表中选择"分公司"选项，在"汇总方式"下拉列表中选择"求和"选项，在"选定汇总项"下拉列表中勾选"销售额"复选框，如图3-37所示，单击"确定"按钮，完成分类汇总，结果如图3-38所示。

图 3-36　排序关键字　　　　　　　　　　　　图 3-37　"分类汇总"对话框

4）单击工作表的左上方符号"2"，则可以显示各个"分公司"的"销售额"汇总，而将其他的数据隐藏。

5）若要去掉分类汇总的显示信息，再次选择"数据"→"分级显示"→"分类汇总"命令，在弹出的"分类汇总"对话框中单击"全部删除"按钮。

1 2 3		A	B	C	D	E	F	G	H	I
·	13	201505043	2015/5/17	北京公司	1038	1043	RC-H-90720894	¥1,880.00	55	¥103,400.00
·	14	201505045	2015/5/21	北京公司	1038	1043	RC-H-92963354	¥923.00	70	¥64,610.00
·	15	201505046	2015/5/22	北京公司	1036	1003	RC-H-92963354	¥923.00	55	¥50,765.00
·	16	201505057	2015/5/25	北京公司	1036	1078	RC-H-94460697	¥1,410.00	55	¥77,550.00
·	17	201505062	2015/5/29	北京公司	1040	1003	RC-H-90720894	¥1,880.00	55	¥103,400.00
·	18	201505064	2015/5/29	北京公司	1036	1099	RC-H-94460697	¥1,410.00	55	¥77,550.00
·	19	201505065	2015/5/29	北京公司	1036	1078	RC-H-90720894	¥1,880.00	10	¥18,800.00
−	20			北京公司　汇总						¥994,410.00
·	21	201505006	2015/5/3	成都公司	3039	2020	RC-H-94460697	¥1,440.00	25	¥36,000.00
·	22	201505007	2015/5/4	成都公司	3039	2020	RC-H-94460697	¥1,440.00	40	¥57,600.00
·	23	201505010	2015/5/5	成都公司	3035	2020	RC-H-92963354	¥1,023.00	40	¥40,920.00
·	24	201505021	2015/5/9	成都公司	3039	2095	RC-H-90720894	¥1,998.00	40	¥79,920.00
·	25	201505022	2015/5/9	成都公司	3039	2020	RC-H-90720894	¥1,998.00	10	¥19,980.00
·	26	201505023	2015/5/15	成都公司	3039	2020	RC-H-92963354	¥1,023.00	55	¥56,265.00
·	27	201505032	2015/5/15	成都公司	3035	2020	RC-H-92963354	¥1,023.00	40	¥40,920.00
·	28	201505034	2015/5/16	成都公司	3039	2095	RC-H-90720894	¥1,998.00	40	¥79,920.00
·	29	201505042	2015/5/17	成都公司	3039	2020	RC-H-92963354	¥1,023.00	25	¥25,575.00
·	30	201505047	2015/5/23	成都公司	3039	2020	RC-L-87359177	¥978.00	55	¥53,790.00
·	31	201505050	2015/5/23	成都公司	3039	2020	RC-H-94460697	¥1,440.00	70	¥100,800.00
·	32	201505052	2015/5/24	成都公司	3035	2095	RC-H-94460697	¥1,440.00	70	¥100,800.00
·	33	201505055	2015/5/25	成都公司	3039	2095	RC-L-87359177	¥978.00	55	¥53,790.00
·	34	201505056	2015/5/25	成都公司	3039	2095	RC-H-94460697	¥1,440.00	55	¥79,200.00
·	35	201505063	2015/5/29	成都公司	3039	2095	RC-C-94497761	¥1,298.00	25	¥32,450.00
·	36	201505068	2015/5/31	成都公司	3039	2020	RC-C-94497761	¥1,298.00	10	¥12,980.00
−	37			成都公司　汇总						¥870,910.00
	38	201505001	2015/5/3	上海公司	2035	3013	RC-C-94497761	¥1,298.00	40	¥51,920.00

商品销售统计表　商品销售汇总　商品销售分析　（+）

图 3-38　分类汇总后的结果

任务 3　创建与编辑图表

任务说明

在分析数据或展示数据时可以使用图表功能。本任务是根据分公司的销售总额生成簇状柱形图，用于反映各分公司的销售情况。

任务步骤

1）在分级显示结果中选中商品汇总项，按住【Ctrl】键的同时选中"分公司"数据和"销售额"的汇总结果，按【Alt】+【;】组合键，如图 3-39 所示。

1 2 3		A	B	C	D	E	F	G	H	I
	1	编号	销售日期	分公司	业务员工号	客户编号	产品编号	销售价	销售数量	销售额
+	20			北京公司　汇总						¥994,410.00
+	37			成都公司　汇总						¥870,910.00
+	72			上海公司　汇总						¥1,810,520.00
−	73			总计						¥3,675,840.00

图 3-39　选择图表数据源

2）选择"插入"→"图表"→"柱形图"→"簇状柱形图"命令，即可生成图表，如图 3-40 所示。

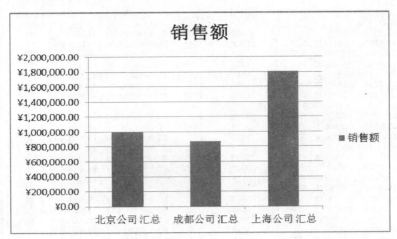

图 3-40 "销售额"图表

3）单击图表标题区，将"销售额"更改为"分公司销售对比"，并适当调整图表大小。

4）选中图表，选择"图表工具-设计"→"数据"→"选择数据"命令，在弹出的"选择数据源"对话框中单击"水平（分类）轴标签"的"编辑"按钮，如图 3-41 所示。在弹出的"轴标签"对话框的"轴标签区域"文本框中输入"北京公司,成都公司,上海公司"，如图 3-42 所示。单击"确定"按钮，将水平（分类）轴标签修改为"北京公司""成都公司""上海公司"。

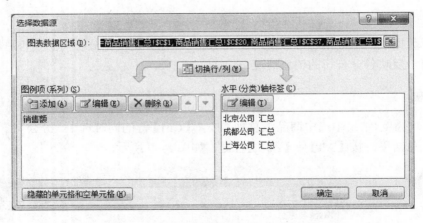

图 3-41 "选择数据源"对话框

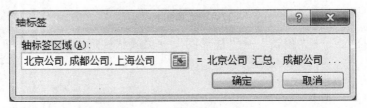

图 3-42 "轴标签"对话框

5）选中图表，选择"图表工具-布局"→"标签"→"图例"→"无"命令，去掉图例。

6）选中图表，选择"图表工具-布局"→"标签"→"数据标签"→"数据标签外"命令，在数据点结尾之外添加数据标签。结果如图 3-43 所示。

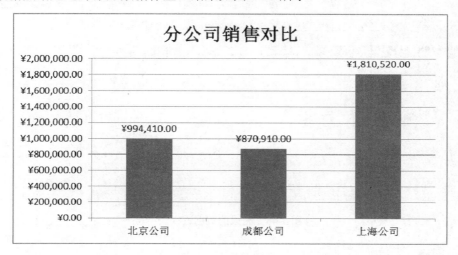

图 3-43　"分公司销售对比"图表

任务 4　创建数据透视表

任务说明

数据透视表是一种交互式表，可以进行某些计算，如求和与计数等。本任务将"分公司"字段作为"报表筛选"，将"业务员工号"作为"行标签"，将"产品编号"作为"列标签"，将"销售额"作为"数值"进行数据透视。

任务步骤

1）选择"商品销售分析"工作表，将光标置于数据区域中，选择"插入"→"表格"→"数据透视表"→"数据透视表"命令，弹出"创建数据透视表"对话框，如图 3-44 所示，单击"确定"按钮。

2）拖动"数据透视表字段列表"中的"分公司"字段到下方"报表筛选"区域中。按照同样的方法，分别将"业务员工号"字段拖到"行标签"区域，将"产品编号"字段拖动到"列标签"区域，将"销售额"拖动到"数值"区域，数据透视表效果如图 3-45 所示。

图 3-44　"创建数据透视表"对话框

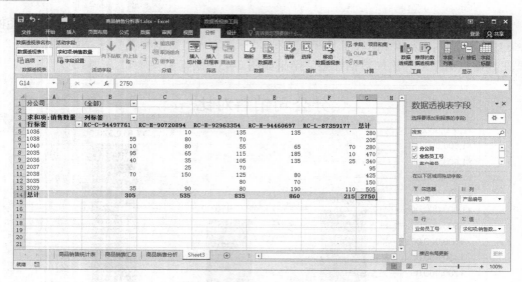

图 3-45　完成的数据透视表

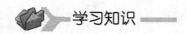 学习知识

1. 保护工作簿

打开工作簿，选择"审阅"→"更改"→"保护工作簿"命令。

2. 分类汇总

分类汇总是把数据表中的数据分门别类地统计处理，可以对各类别的数据进行求和、求平均值等计算，并显示分级汇总的结果。对工作表的数据进行分类汇总时应注意以下事项。

1）因为分类汇总是按字段名进行的，所以要进行分类汇总的数据表的第 1 行必须有列标签，并且数据区域中没有空行或空列。

2）在分类汇总前必须先对数据按分类字段进行排序。

分类汇总包括以下几种。

1）简单分类汇总：对数据表中的某一列以一种汇总方式进行分类汇总。

2）多重分类汇总：对工作表中的某列数据按照两种或两种以上的汇总方式或汇总项进行汇总。多重分类汇总每次的分类字段总是相同的，汇总方式或汇总项则不同。

3）嵌套分类汇总：在一个已经建立了分类汇总的工作表中再进行另外一种分类汇总，两次分类汇总的分类字段是不同的。在建立嵌套分类汇总前同样要先对工作表中需要进行分类汇总的字段进行排序，排序的主要关键字应该是第 1 级汇总关键字，排序时的次要关键字应该是第 2 级汇总关键字，其他的依此类推。

3. 图表的使用

利用 Excel 提供的图表功能，可以形象直观地反映工作表中的数据。图表以图形化的方式直观地表示工作表中的数据，它是在表格数据的基础上创建的，并随着表格数据的变化而变化，方便用户查看数据的差异和预测趋势。

（1）常用图表的类型

1）柱形图和条形图：显示一段时间内的数据变化或显示各项之间的比较情况。一般水平方向为类别，垂直方向为数值。

2）折线图：显示在相等时间间隔下数据的变化趋势。

3）饼图：显示一个数据系列中各项的大小与各项总和的比例。

4）XY 散点图：显示若干数据系列中各数值之间的关系，或者将两组数绘制为 XY 坐标的一个系列。

5）面积图：强调幅度随时间的变化，也可用于引起人们对总值趋势的注意。

6）圆环图：显示各个部分与整体之间的关系。

7）雷达图：比较若干数据系列的总和值。

8）曲面图：显示两组数据之间的最佳组合。

9）气泡图：将序列显示为一组符号，不同的值由相应点在图表空间中的位置及符号的大小表示。

10）股价图：用来描绘价格走势。

11）圆锥、圆柱和棱锥图：与柱形图和条形图类似。

（2）图表的创建

使用"插入"→"图表"命令创建，也可以使用图表向导创建。

（3）图表的编辑

更改图表类型：在图表空白处右击，在弹出的快捷菜单中选择"图表类型"命令。

更改数据源：在图表的数据系列上右击，在弹出的快捷菜单中选择"选择数据"命令，在弹出的"选择数据源"对话框中设置数据区域。

行列数据对换：选中图表后，选择"图表工具-设计"→"数据"→"切换行/列"命令。

设置图表选项：包括修改图表标题、添加网格线、更改图例、添加数据标志等。

设置图表格式：包括设置图表标题格式、设置坐标轴格式、设置数据系列格式、设置图表区和绘图区格式等。

（4）数据透视表

数据透视表是一种对大量数据快速汇总和建立交叉列表的交互式表格，用户可以交换其行或列，以查看对数据源的不同汇总，还可以通过显示不同的行标签来筛选数据，或者显示所关注区域的明细数据。并非所有工作表都有建立数据透视表的必要，一般记录数据众多、以流水账形式记录、结构复杂的工作表才有建立数据透视表的必要。为确保数据可用于数据透视表，应注意以下几方面。

1）在源表中删除所有空行或空列。

2）在源表中删除所有自动小计。

3）确保第 1 行只包含各列的描述性标题（列标题）。

4）确保各列只包含一种类型的数据，而不能是文本与数字的混合。

数据透视表"布局"对话框中有 4 个不同的区域。拖放到"行标签"区域的字段将占一行，拖放到"列标签"区域的字段将占一列，"行"和"列"相当于 X 轴和 Y 轴，它们确定了一个二维表格；"报表筛选"则相当于 Z 轴（它不是必需的），Excel 将根据"报表筛选"区域中的字段对透视表进行分页；"数值"区域用来放置需要计算或汇总的字段。

学习小结

本项目案例是对商品销售数据进行分析，主要利用 Excel 中的分类汇总、图表和数据透视表功能实现。在进行分类汇总时，除了可以对"分公司"进行分类外，还可以对"业务员工号"或"产品编号"等项进行分类，汇总的方式除"求和"外，还可以选择"平均值""最大值"等，从而获得多种不同的信息。在创建图表时，选择不同数据、不同图表类型可以得到不同的效果。在创建数据透视表时，应注意数据透视表中布局的选择，字段拖放在不同位置也将产生不同的信息。

自我练习

打开"自我练习"文件夹中的文档 EX03.xlsx，按照要求完成下列操作并以原文件名保存文档，生成的图如图 3-46 所示。

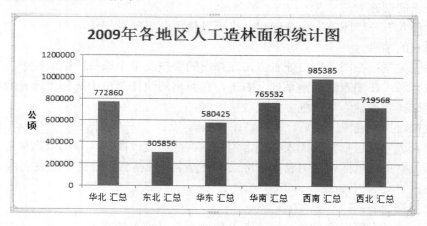

图 3-46　人工造林面积统计图

1）在"造林情况"工作表 A1 单元格中，输入标题"2009 年各地区造林面积"，并设置其在 A1:F1 区域合并及居中，文字格式为蓝色、加粗、20 号字。

2）在"造林情况"工作表的 F 列，利用公式分别计算各省（市）造林总面积（造林总面积为前 3 列之和）。

3）在"造林情况"工作表中，按地区分类汇总，分别统计华北、东北、华东、华南、西南、西北地区的人工造林总面积，要求汇总项显示在数据下方。

4）根据"造林情况"工作表中的华北、东北、华东、华南、西南、西北地区的人工造林总面积，生成一张"簇状柱形图"，要求将"主要纵坐标轴标题"设置为"竖排标题"类型，内容为"公顷"，无图例，数据标签设置为"数据标签外"，图表标题为"2009 年各地区人工造林面积统计图"，图表标题格式为 18 号字、红色。

项目案例 4 学时统计表制作

学习目标

1）能使用 Excel 电子表格的 VLOOKUP 函数。
2）能使用 Excel 电子表格的选择性粘贴。
3）能使用 Excel 电子表格的 IF 函数。

学习案例

江苏商学院信息 02 班在学期末对学生的选修学时进行统计。有些学生既有科学类选修学时，又有艺术类选修学时，而有些学生只有科学类选修学时或者只有艺术类选修学时，现在需要将两张学时统计表合并成一张表。由于两张表中的学生互有交叉，可以使用 VLOOKUP 函数进行查找引用，结合 IF 函数完成两张表的数据合并。

案例分析：在 Excel 中要完成该项目案例需要使用函数查找、选择性粘贴、查找和替换等功能。其具体操作可分为 3 个任务：查找引用数据、合并和替换数据、删除重复记录。

任务 1 查找引用数据

任务说明

利用 VLOOKUP 函数按列查找数据，完善"学时统计表 1"和"学时统计表 2"。

任务步骤

1）打开案例素材"学时统计表.xlsx"，选择"学时统计表 1"工作表。
2）选中 C2 单元格，选择"公式"→"插入函数"命令，在弹出的"插入函数"对话框中选择"VLOOKUP"函数，如图 3-47 所示。

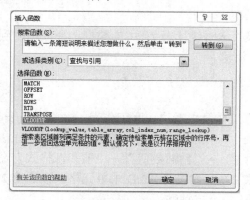

图 3-47 "插入函数"对话框

3）单击"确定"按钮，弹出"函数参数"对话框。在 Lookup_value 文本框中输入"A2"；在 Table_array 文本框中输入"学时统计表2!$A$2:$C$21"；在 Col_index_num 文本框中输入"3"；在 Range_lookup 文本框中输入"FALSE"，如图 3-48 所示。含义是在学时统计表 2 的 A2:C21 单元格区域中查找与 A2 值相同的那行，将该行第 3 列的数值填充到学时统计表 1 的 C2 单元格中。

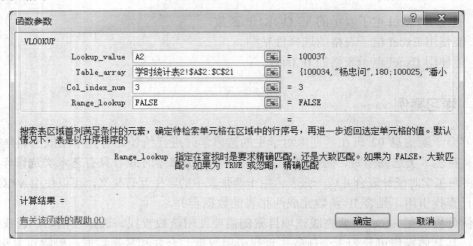

图 3-48　"函数参数"对话框

4）单击"确定"按钮，使用填充柄自动填充其他"科学类"数据。此时由于两个工作表中的人员并不全部相同，"学时统计表 1"中部分单元格的值在"学时统计表 2"中找不到，显示的内容为"#N/A"。

5）选择"学时统计表 2"，在 D2 单元格输入"=VLOOKUP(A2,学时统计表1!$A$2:$D$16, 4,FALSE)"，按【Enter】键。

6）使用填充柄自动填充其他"艺术类"数据。

任务 2　合并和替换数据

任务说明

将"学时统计表 1"及"学时统计表 2"中的数据选择性粘贴到新的工作表中，并将"合并"工作表中的"#N/A"清除。

任务步骤

1）在"学时统计表"工作簿中新建一张工作表，并将工作表重命名为"合并"。

2）复制"学时统计表 1"中的所有数据，单击"合并"工作表的 A1 单元格，选择"开始"→"剪贴板"→"粘贴"→"粘贴数值"→"值和源格式"命令，如图 3-49 所示。

3）复制"学时统计表 2"工作表的 A2:D21 单元格，参照第 2）步在"合并"工作表的 A17 单元格以"值和源格式"方式粘贴。

4）在"合并"工作表中选中 C2:D36 单元格，选择"开始"→"编辑"→"查找和选择"→"替换"命令，弹出"查找和替换"对话框。在"查找内容"文本框中输入"#N/A"，单击"全部替换"按钮，命令结果如图3-50所示。

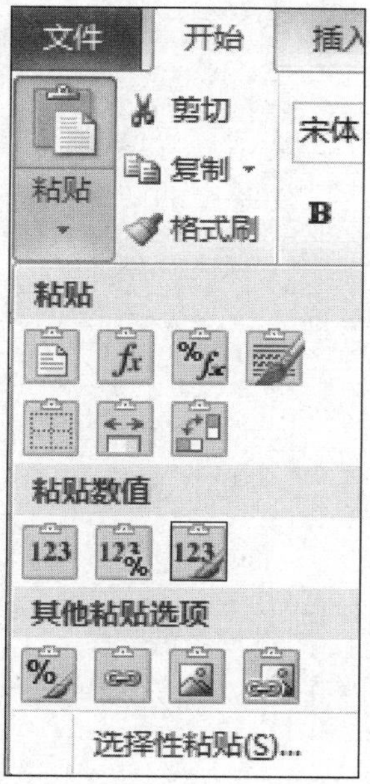

图3-49 选择性粘贴

	A	B	C	D	E
1	学号	姓名	科学类	艺术类	
2	100037	章蓓		60	
3	100015	刘欢		56	
4	100011	顾明		170	
5	100022	纪凯艳		150	
6	100025	潘小岐	120	80	
7	100033	叶桃		46	
8	100012	程耀明	150	135	
9	100047	朱艳丽	110	120	
10	100020	王菲	145	90	
11	100034	杨忠问	180	100	
12	100029	杨健	170	138	
13	100026	彭飞	90	126	
14	100030	王福嫒	90	124	
15	100023	李紫芳		40	
16	100017	戚莹		68	
17	100034	杨忠问	180	100	
18	100025	潘小岐	120	80	
19	100046	朱江洁	180		
20	100012	程耀明	150	135	
21	100019	束长晨	180		
22	100029	杨健	170	138	
23	100018	钱天一	110		
24	100021	黄达伟	180		

学时统计表1 学时统计表2 合并

图3-50 合并结果

任务3 删除重复记录

任务说明

由于两张工作表中的人员有部分重复，所以在"合并"工作表中有部分人员出现了两次，需要删除重复记录。利用IF函数将"合并"工作表中的重复记录删除。

任务步骤

1）将"合并"工作表中的数据按学号升序排序。

2）在"合并"工作表E1单元格输入"重复否1"，在F1单元格输入"重复否2"。

3）在E2单元格输入公式"=IF(A3=A2,"是","否")"，拖拉填充柄至E36单元格。

4）复制E2:E36单元格数据，以"值"的方式选择性粘贴到F列。

5）删除"重复否1"列，按"重复否2"列升序排序，此时第29～36行即为重复记录。

注意：若直接按"重复否1"列升序排序，则会发现"重复否1列"数据会全部变成"否"，那是因为该列数据是利用函数计算得到的，当重新排序后会按照新的引用单元格内容重新计算，因而得到了错误的结果，这也是为什么需要将"重复否1"列数据以"值"的方式选择性粘贴到"重复否2"列，再按"重复否2"列升序排序的原因。

6）删除第29～36行，删除"重复否2"列，学习统计表如图3-51所示。

	A	B	C	D	E
1	学号	姓名	科学类	艺术类	
2	100037	章蓓		60	
3	100015	刘欢		56	
4	100011	顾明		170	
5	100022	纪凯艳		150	
6	100025	潘小岐	120	80	
7	100033	叶桃		46	
8	100012	程耀明	150	135	
9	100047	朱艳丽	110	120	
10	100020	王菲	145	90	
11	100034	杨忠问	180	100	
12	100029	杨健	170	138	
13	100026	彭飞	90	126	
14	100030	王福婷	90	124	
15	100023	李紫芳		40	
16	100017	戚莹		68	
17	100046	朱江洁	180		
18	100019	束长晨	180		
19	100018	钱天一	110		
20	100021	黄达伟	180		
21	100028	王艳芳	140		
22	100013	刘丹杰	150		
23	100024	刘梦瑶	180		
24	100035	张昌勤	120		

学时统计表1　学时统计表2　合并

图 3-51　学习统计表

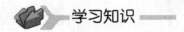学习知识

1. VLOOKUP 的语法

VLOOKUP 函数是纵向查找函数，它与 LOOKUP 函数和 HLOOKUP 函数属于一类函数。VLOOKUP 按列查找，最终返回该列所需查询列序所对应的值；与之对应的 HLOOKUP 是按行查找的。

语法格式：

```
VLOOKUP(lookup_value,table_array,col_index_num,range_lookup)
```

VLOOKUP 函数的参数如表 3-5。

表 3-5　VLOOKUP 函数的参数

参数	简单说明	输入数据类型
Lookup_value	要查找的值	数值、引用或文本字符串
Table_array	要查找的区域	数据表区域
Col_index_num	返回数据在查找区域的第几列数	正整数
Range_lookup	模糊匹配	True（或不填）/False

2. 参数说明

Lookup_value 为需要在数据表第 1 列中进行查找的数值。Lookup_value 可以为数值、引用或文本字符串。

Table_array 为需要在其中查找数据的数据表，使用对区域或区域名称的引用。

Col_index_num 为 Table_array 中查找数据的数据列序号。Col_index_num 为 1 时，返回 Table_array 第 1 列的数值；Col_index_num 为 2 时，返回 Table_array 第 2 列的数值；以此类推。如果 Col_index_num 小于 1，则函数 VLOOKUP 返回错误值#VALUE!；如果 Col_index_num 大于 Table_array 的列数，则函数 VLOOKUP 返回错误值#REF!。

Range_lookup 为一逻辑值，指明函数 VLOOKUP 查找时是精确匹配，还是近似匹配。如果其为 False 或 0，则返回精确匹配；如果找不到，则返回错误值#N/A。如果 Range_lookup 为 True 或 1，函数 VLOOKUP 将查找近似匹配值，也就是说，如果找不到精确匹配值，则返回小于 Lookup_value 的最大数值。如果 Range_lookup 省略，则默认为近似匹配。

3. VLOOKUP 的错误值处理

如果找不到数据，函数总会传回一个这样的错误值——#N/A，这个错误值其实也是很有用的。

例如，如果我们想这样来做处理：如果找到数据，就传回相应的值；如果找不到数据，就自动设定它的值等于 0，则函数可以写成

```
=IF(ISERROR(VLOOKUP(1,2,3,0)),0,VLOOKUP(1,2,3,0))
```

在 Excel 2007 以上版本中，以上公式等价于

```
=IFERROR(VLOOKUP(1,2,3,0),0)
```

其含义是，如果 VLOOKUP 函数返回的值是一个错误值（找不到数据），就等于 0；否则就等于 VLOOKUP 函数返回的值（即找到的相应的值）。

其中，IFERROR 函数的语法是 IFERROR(Value)，即判断括号内的值是否为错误值，如果是错误值，就返回 True，否则就返回 False。

学习小结

本项目案例是完成一个学时统计表的制作。该项目利用 VLOOKUP 函数将两张互有交集但不完全相同的工作表合并为一张工作表，再利用 IF 函数将合并后工作表中的重复记录删除，大大提高了工作效率。

自我练习

打开"自我练习"文件夹中的文档 EX04.xlsx，将 Sheet2 工作表中的电话填入 Sheet1 工作表的 F 列中。

项目 4　PowerPoint 演示文稿制作

作为 Microsoft Office 家族的重要组件之一，PowerPoint 可以轻松地将文字、图形、图像、图表、声音等多种媒体信息集成在一起，制作出能够充分突出主题且表现形式灵活的幻灯片系列，因此被广泛应用于多媒体教学和各种设计方案的展示。

项目案例 1　校园活动策划演示文稿制作

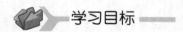
学习目标

1）能创建和编辑幻灯片。
2）能在幻灯片中插入结构图、表格和图表等。
3）能通过主题、背景、母版等方式对幻灯片美化。
4）能设置动画效果、超链接和切换等方式。
5）能设置幻灯片的切换效果和放映方式。
6）了解 PowerPoint 演示文稿的功能和特点。

学习案例

小李是江苏商学院宣传部干事，小李接到通知要策划校园艺术文化节相关事宜。为了展示丰富的艺术气息和文化氛围，小李决定使用演示文稿图文并茂地从各个角度介绍相关活动内容和组织策划方案。他从创建和编辑幻灯片开始入手，通过幻灯片各种元素的编辑并对幻灯片进行美化、切换和放映方式等效果设置，较好地展示了校园活动策划方案。

案例分析：在 PowerPoint 中完成该案例需要使用艺术字、SmartArt 图形、表格图形、动画效果、超链接、背景美化等功能。其具体操作可分为 4 个任务：新建和编辑幻灯片、美化幻灯片、设置幻灯片、放映幻灯片。

任务 1　新建和编辑幻灯片

任务说明

新建空白演示文稿，在其中创建"标题"版式和"标题和内容"版式的幻灯片；通过插入艺术字和设置美化效果，使用 SmartArt 图形展示层次结构图，使用表格展示本次活动各种项目支出费用情况，并使用图表直观地展示各种费用支出数据分布情况，在放映过程中更加引人注目且有层次感，以达到综合美化文本演示效果。

任务步骤

1）启动 PowerPoint 2016 程序。

2）系统默认显示一张空白的"标题"版式的幻灯片，分别输入标题"校园文化艺术节策划方案"和副标题"主办单位：学工处、团委；承办单位：大学生艺术中心"，如图 4-1 所示。

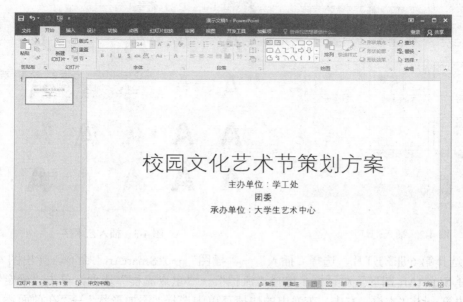

图 4-1　空白的标题幻灯片

3）选择"开始"→"幻灯片"→"新建幻灯片"→"标题和内容"命令，添加一张"标题和内容"版式的幻灯片。

4）按第 2）步方法再创建一张"标题和内容"版式的幻灯片。

5）在第 2 张幻灯片的标题处输入"目录"，在文本框中输入"活动主题、活动目的、活动时间、活动流程、组织机构、经费预算、活动宣传、节目设计、文艺会演"，在第 3 张幻灯片的标题处输入"活动主题"。

6）选中最后一张幻灯片，选择"开始"→"幻灯片"→"新建幻灯片"→"幻灯片（从大纲）"命令（见图 4-2），在弹出的"插入大纲"对话框中选择案例素材"活动方案.pptx"，单击"插入"按钮，即可将"活动方案.pptx"中的幻灯片插入当前幻灯片的末尾。

7）在第 3 张幻灯片中录入文本"青春飞扬，放飞梦想"，选择"绘图工具-格式"→"艺术字样式"→"应用于形状中的所有文字"→"填充-橙色，着色 2，轮廓-着色 2"命令，如图 4-3 所示，并设置为 66 号字。选择艺术字，选择"绘图工具-格式"→"艺术字样式"→"文本效果"→"阴影"→"内部"→"内部居中"命令；选择"绘图工具-格式"→"艺术字样式"→"文本效果"→"映像"→"映像变体"→"全映像，4pt 偏移量"命令；用相同的方法还可以设置"发光"、"棱台"、"三维旋转"和"转换"等效果，可以根据具体需要设置合适的效果，如图 4-4 所示。

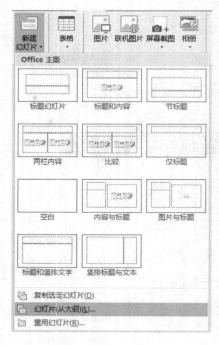

图 4-2 插入幻灯片

图 4-3 插入艺术字

8）选择第 6 张幻灯片，选择"插入"→"插图"→"SmartArt"命令，弹出图 4-5 所示的"选择 SmartArt 图形"对话框，选择"流程"→"重点流程"选项，单击"确定"按钮。选择左边第一个文本框，右击，在弹出的快捷菜单中选择"添加形状"→"在前面添加形状"

图 4-4 设置艺术字效果

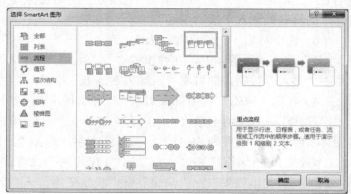

图 4-5 "选择 SmartArt 图形"对话框

命令，在 4 个文本框中一次输入"海选""初赛""复赛""决赛"及各个赛段的时间。选择该流程图，选择"SmartArt 工具-设计"→"SmartArt 样式"→"更改颜色"→"彩色-强调文字颜色"命令，再选择"SmartArt 工具-设计"→"SmartArt 样式"→"三维"→"鸟瞰场景"命令，效果如图 4-6 所示。

图 4-6　设置流程图样式

9）选择第 7 张幻灯片，使用同样的方法插入 SmartArt 图形，在弹出的"选择 SmartArt 图形"对话框中选择"层次结构"→"层次结构"选项，输入 3 层结构内容，然后分别设置其"更改颜色""SmartArt 样式"，如图 4-7 所示。

图 4-7　插入层次结构图

10）选中第 8 张幻灯片，选择"插入"→"表格"→"表格"命令，创建一张 9 行 3 列的表格。打开"案例 1 素材"文件夹中的"表格素材.docx"，根据素材完善表格内容，如图 4-8 所示。

经费预算

项目名称	经费预算	备注
演讲比赛	800	
歌唱比赛	1200	
乐器比赛	600	
舞蹈比赛	1000	
礼仪比赛	800	
趣味运动会	2500	
艺术节庆典	1500	
合计	8400	

图 4-8　插入表格

11）选中第 9 张幻灯片，选择"插入"→"插图"→"图表"命令，在弹出的"插入图表"对话框中选择"柱形图"→"簇状柱形图"选项。将上一张幻灯片中表格素材中的数据复制到打开的 Excel 表格中的空白处，选择"图表工具-设计"→"数据"→"选择数据"命令，在弹出的"选择数据源"对话框中单击压缩框按钮，重新选择数据源，如图 4-9 所示，单击"确定"按钮，生成图表，然后根据具体需要设置图表的样式，如图 4-10 所示。

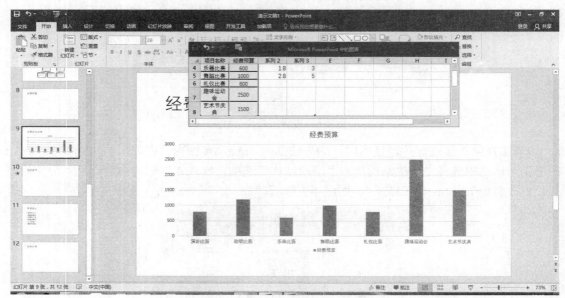

图 4-9　选择数据源

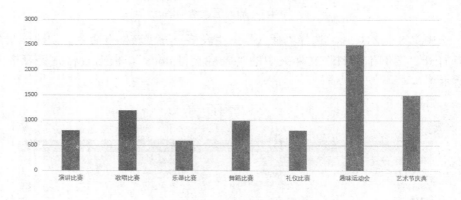

图 4-10　插入柱形图

12）选中第 10 张幻灯片，插入"案例 1 素材"文件夹中的"活动宣传.jpg"、"活动 11.jpg"和"活动 12.jpg"几张图片，调整其位置和大小，如图 4-11 所示。用相同的方法在最后一张幻灯片"活动庆典"中插入 4 张图片，并调整大小和位置。

图 4-11　插入图片

任务 2　美化幻灯片

任务说明

设置幻灯片大小，在幻灯片中插入自动更新的日期时间、页脚及幻灯片编号，并通过主题将一组设置好的颜色、字体和图形外观效果整合到一起，也可以设置背景来更改效果，再通过幻灯片母版为演示文稿设置统一的效果。

任务步骤

1）通常幻灯片默认比例是 4 : 3，当前常用的大多数是 16 : 9，也可以根据需求设置其他大小。例如，设置为 35 毫米幻灯片，选择"设计"→"自定义"→"幻灯片大小"→"自定义幻灯片大小"命令，在弹出的"幻灯片大小"对话框中单击"幻灯片大小"下拉按钮，在打开的下拉列表中选择"35 毫米幻灯片"选项，单击"确定"按钮，如图 4-12 所示。

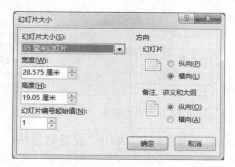

图 4-12　设置幻灯片大小

2）选择"插入"→"文本"→"页眉和页脚"命令，在弹出的"页眉和页脚"对话框中勾选"日期和时间"复选框，单击"自动更新"单选按钮，将日期样式设置为"2018/4/25"。勾选"幻灯片编号"复选框和"页脚"复选框，在"页脚"文本框内输入文字"文化艺术节"，勾选"标题幻灯片中不显示"复选框，单击"全部应用"按钮，如图 4-13 所示。

图 4-13　"页眉和页脚"对话框

3）选择"设计"→"主题"→"回顾"命令；选择"设计"→"变体"→"颜色"→"黄色"命令，则可改变主题的内置颜色，用相同的方法设置内置字体，如图 4-14 所示。

（a）设置内置颜色

（b）设置内置字体

图 4-14　设置内置颜色和内置字体

4）单击"设计"→"设置背景格式"，弹出"设置背景格式"窗格，单击"渐变填充"单选按钮，设置"预设颜色"为"顶部聚光灯一个性色 2"，"类型"为"矩形"，"方向"为"从左上角"，如图 4-15 所示。对话框下方有 3 个按钮，分别为"重置背景"按钮（背景需要重新设置）、"关闭"按钮（此次背景设置应用于当前页幻灯片）、"全部应用"按钮（此次背景设置应用于所有页幻灯片）。根据实际需求单击相应按钮。选择第 4 张幻灯片，单击"设计"→"背景"右侧的对话框启动器，弹出"设置背景格式"对话框，选择"填充"选项卡，单击"图片或纹理填充"单选按钮，设置"纹理"为"纸莎草纸"，"透明度"为 50%。

　　5）选择"视图"→"母版视图"→"幻灯片母版"命令，打开幻灯片母版，选择"标题幻灯片 版式：由幻灯片 1 使用"，设置"标题"格式为华文新魏、红色、66 号字、加粗，"副标题"格式为华文新魏、红色、44 号字；选择"标题和内容版式：由幻灯片 2 使用"，设置标题格式为微软雅黑、深红、54 号字，设置文本格式为微软雅黑、黑色、32 号字。选择"插入"→"插图"→"图片"命令，在弹出的"插入图片"对话框中选择素材文件夹中的图片"学校图标"，调整大小和位置，如图 4-16 所示。

图 4-15　"设置背景格式"窗格

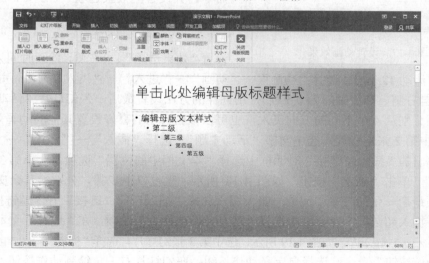

图 4-16　设置幻灯片母版

任务 3　设置幻灯片

任务说明

为了能让幻灯片在播放过程中更加丰富生动，常常需要结合动画、超链接和切换效果来强化效果。对幻灯片设置动画效果，使幻灯片的各个内容逐次动态地显示出来，然后根据需要对动画效果的效果选项进行设置，给演示文稿的幻灯片创建超链接分别至本幻灯片、互联网上的地址和素材文件夹中的文档；再设置动作按钮，改变放映顺序，设置幻灯片的切换方式，控制切换效果的声音等。

任务步骤

1) 选中第 10 张幻灯片的标题"活动宣传"，选择"动画"→"动画"→"进入"→"轮子"命令，在"效果选项"下拉列表中选择"4 轮辐图案（4）"选项。选择"动画"→"高级动画"→"动画窗格"命令，打开动画窗格，查看当前幻灯片的动画设置。单击动画"标题"右侧的下拉按钮，在打开的下拉列表中选择"效果选项"选项，弹出对应的效果设置对话框。在"效果"选项卡中，设置"声音"为"锤打"，在"计时"选项卡中，设置"期间"为"快速（1秒）"，"延迟"为"1 秒"，单击"确定"按钮，如图 4-17 所示。选中图片"活动宣传.jpg"，选择"动画"→"动画"→"退出"→"缩放"命令，并设置"效果选项"（对象中心，持续时间为 1 秒）；选中图片"活动 11.jpg"，选择"动画"→"动画"→"进入"→"飞入"命令，并设置"效果选项"（自左侧，持续时间为 0.5 秒）；

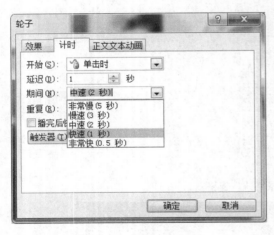

图 4-17　设置动画效果

选中图片"活动 12.jpg"，选择"动画"→"动画"→"进入"→"飞入"命令，并设置"效果选项"（自右侧，持续时间为 0.5 秒），用同样的方法设置最后一张幻灯片"活动庆典"中图片的动画分别从 4 个不同的方向飞入，也可以根据自己的喜好设置其他的动画效果。

2) 选中第 2 张幻灯片，选中文字"活动主题"，选择"插入"→"链接"→"超链接"命令，在弹出的"插入超链接"对话框中选择"本文档中的位置"选项，选择第 3 张幻灯片"活动主题"，单击"确定"按钮，如图 4-18 所示。重复以上步骤，分别给其余文字插入超链接。选中最后一张幻灯片中间的一张大图，选择"插入"→"链接"→"超链接"命令，在弹出的"插入超链接"对话框中选择"现有文件或网页"选项，在"地址"文本框中输入"http://www.zgzyz.org.cn/"，如图 4-19 所示。选中第 3 张幻灯片，选择"插入"→"插图"→"形状"→"动作按钮"命令，选择自定义动作按钮，在幻灯片右下角绘制动作按钮，弹出"动作设置"对话框，设置"单击鼠标时的动作"为"超链接到""幻灯片"，在弹出的"超链接到幻灯片"对话框中选择幻灯片"目录"，单击"确定"按钮，如图 4-20 所示。勾选"播放声音"复选框,选择"风铃"声,单击"确定"按钮,如图 4-21 所示。右击刚才插入的动作按钮,在弹出的快捷菜单中选择"编辑文字"命令,在动作按钮文本框内输入文字"返回"。重复以上步骤可以给余下的幻灯片设置需要的动作按钮。

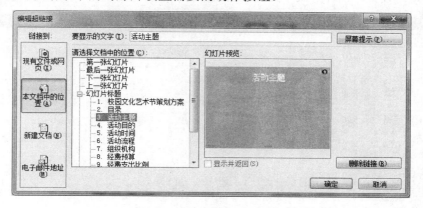

图 4-18 "编辑超链接"对话框

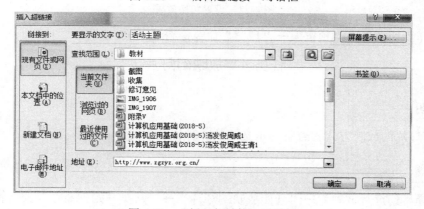

图 4-19 "插入超链接"对话框

图 4-20 "动作设置"对话框

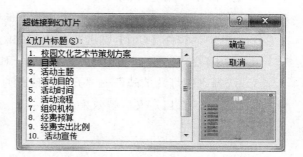

图 4-21 "超链接到幻灯片"对话框

3）设置幻灯片切换效果。选择"切换"→"切换到此幻灯片"→"形状"命令，并设置切换效果为"涟漪"，如图 4-22 所示；在"声音"下拉列表中选择"风铃"选项，单击"全部应用"按钮。设置"换片方式"为"单击鼠标时"。

图 4-22　设置切换效果

4）选择"切换"→"预览"→"预览"命令，查看效果。

任务 4　放映幻灯片

任务说明

设置幻灯片的放映方式和查看演示文稿的 4 种视图方式。

任务步骤

1）选择"幻灯片放映"→"开始放映幻灯片"→"从头开始"命令，或者按【F5】键观看演示文稿，默认从第一张幻灯片开始放映，也可以选择"幻灯片放映"→"开始放映幻灯片"→"从当前幻灯片开始"命令，从当前的幻灯片开始放映。播放过程中按【Esc】键可以结束放映，也可右击，在弹出的快捷菜单中选择"结束放映"命令结束放映。

2）选择"幻灯片放映"→"开始放映幻灯片"→"自定义幻灯片放映"→"自定义放映"命令，弹出"自定义放映"对话框，单击"新建"按钮，弹出"定义自定义放映"对话框，在"幻灯片放映名称"文本框中输入名称"播放的幻灯片"，在"在演示文稿中的幻灯片"列表框中，按住【Ctrl】键选取要放映的幻灯片，单击"添加"按钮，再单击"确定"按钮，如图 4-23 所示。返回"自定义放映"对话框，单击"关闭"按钮。

3）选择"幻灯片放映"→"开始放映幻灯片"→"自定义幻灯片放映"→"播放的幻灯片"命令，观看自定义放映效果。

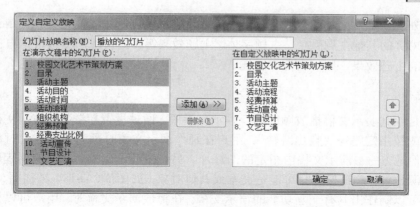

图 4-23　"定义自定义放映"对话框

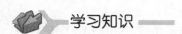

1. 演示文稿和幻灯片

一个 PowerPoint 文件称为一个演示文稿，通常它由一系列幻灯片构成。制作演示文稿的过程实际上就是制作一张张幻灯片的过程。幻灯片中可以包含文字、表格、图片、声音、图像等。制作完成的演示文稿可以通过计算机屏幕、Internet、黑白或彩色投影仪等发布出来。使用 PowerPoint 2016 制作的演示文稿扩展名为.pptx。

2. 占位符

标题、文本、图片及图标在幻灯片上所占的位置称为占位符。占位符的大小和位置一般取决于幻灯片所用的版式。对于标题、文本占位符，一般有编辑状态和选定状态。

1）在占位符内单击，会显示由斜线虚框围成的矩形区域，此时进入编辑状态。

2）在虚框上单击，占位符变成点状虚框，即可进入选定状态，选定状态下即可进行复制、删除等操作。

3. 幻灯片版式

"版式"用于确定幻灯片所包含的对象以及各对象之间的位置关系。版式由占位符构成，而不同的占位符可以放置不同的对象。例如，标题和内容占位符可以放置文字，内容占位符可以放置表格、图片、图表、剪贴画等。

4. 母版

在 PowerPoint 中，母版是一张特殊的幻灯片，当需要演示文稿中每张幻灯片都具有统一的外观效果时，如标题和正文的位置和大小、背景图案、页脚内容等，就可以在母版中设置。PowerPoint 提供了幻灯片母版、讲义母版和备注母版。

5. 主题

PowerPoint 提供了多种内置的主题效果，用户可以直接选择内置的主题效果为演示文稿设置统一的外观。如果对内置的主题效果不满意，用户还可以在线使用其他 Office 主题，或者配合使用内置的其他主题颜色、主题字体、主题效果等。如果用户希望根据自己的需要设计不同风格的主题效果，则可自定义主题。

6. 超链接

超链接是控制演示文稿播放顺序的一种重要手段。通过设置超链接，演示文稿可以实时地顺序播放或按指定路径"自由跳转"。用户在制作演示文稿时预先为幻灯片对象创建超链接，指向其他地方——演示文稿内指定的幻灯片、另一个演示文稿、某个应用程序，甚至是某个网络资源地址。超链接本身可能是文本或其他对象，如图片、图形、结构图、艺术字等。使用超链接可以制作出具有交互功能的演示文稿。在播放演示文稿时，用户可以根据自己的需要单击某个超链接，进行相应内容的跳转。

7. 添加 SmartArt 图形

为了使图形功能更易用、更强大，PowerPoint 添加了 SmartArt 功能。SmartArt 图形包括列表、流程、循环、层次结构、关系、矩阵、棱锥图和图片等。此外，PowerPoint 2010 新增了将现有图片创建为 SmartArt 图形的功能。选择幻灯片中的一个或多个图片，然后单击功能区中的"图片工具-格式"→"图片样式"→"图片版式"下拉按钮，在打开的下拉列表中选择一种图形布局，这样就可以将所选择的图片转换成 SmartArt 图形。

8. 动画效果

动画效果是指当放映幻灯片时，幻灯片中的各个对象不是一次全部显示，而是按照设定的顺序，以动画的形式显示出来。用户可以使用预定义的动画方案，直接为幻灯片设置动画效果，也可以自定义动画，使幻灯片中的不同对象以独特的动画效果显示。PowerPoint 2010 增强了动画效果高级设置功能，如设置动画触发器、使用"动画刷"复制动画、设置动画计时、重新排序动画等，用户可以为对象动画效果进行更高级的设置。

9. 背景效果

为了使幻灯片背景效果更加美观，可以将图片设置为幻灯片的背景，并且可以调整背景图片的效果，如图片的锐化和柔化、饱和度、色调等。

10. 放映幻灯片

放映幻灯片的方式有很多种，包括从头开始放映、从当前幻灯片开始放映、广播幻灯片等。此外，针对不同的场合或观众，用户还可以为演示文稿进行自定义设置，设置放映内容或调整幻灯片放映的顺序。

学习小结

本项目案例是制作一份图文并茂的幻灯片，包含文字、图片、SmartArt 图形、表格和图表等，这些元素会使演示文稿看上去更加丰富多彩，然后通过母版、样式、背景等美化幻灯片。此外，还设置超链接、动作按钮及幻灯片的切换、放映方式等，最后设置幻灯片的播放顺序，使演示文稿的展示更加灵活多样。

自我练习

打开"自我练习"文件夹中的文档 PT01.pptx，按照要求完成下列操作并以原文件名保存文档。

1）所有幻灯片应用内置主题"华丽"，所有幻灯片切换效果为摩天轮。

2）在第 1 张幻灯片中插入图片"冰壶.jpg"，设置图片高度为 10 厘米，宽度为 12 厘米；设置图片的位置：水平方向距离左上角 10 厘米，垂直方向距离左上角 5 厘米；设置该图片的动画效果为"单击时向上浮入"。

3）为第 3 张幻灯片中带项目符号的文字创建超链接，分别指向具有相应标题的幻灯片。

4）除标题幻灯片外，在其他幻灯片中插入页脚"体育运动"。

5）参考样张，在最后一张幻灯片的右下角插入"第一张"动作按钮，单击时超链接到第 1 张幻灯片，并伴有微风声。

项目案例 2 最美无锡景区演示文稿制作

学习目标

1）能通过自定义的方式设置母版。

2）能在幻灯片中设置组合动画效果。

3）能在幻灯片中插入音视频对象并设置效果。

4）掌握演示文稿保存、打包和打印的方法。

学习案例

李明是 2018 年考入江苏商学院旅游管理专业的一名学生，他想全方位给朋友介绍无锡的旅游景点。他首先收集了无锡著名景点的相关介绍资料，为了使演示文稿更生动，他通过综合动画效果来增强幻灯片的效果，最后还加入独具特色的音视频来丰富幻灯片的效果。

案例分析：在 PowerPoint 中完成该案例需要使用自定义母版、设置组合动画效果、插入音视频和打包演示文稿等功能。其具体操作可分为 4 个任务：自定义母版、设置组合动画效果、插入音视频、打包演示文稿。

任务 1 自定义母版

任务说明

通过自定义母版来设置母版格式，统一演示文稿图文框架。

任务步骤

1）打开案例素材"项目案例 2 最美无锡景区.pptx"，选择"视图"→"母版视图"→"幻灯片母版"命令，在左侧列表中选择"标题幻灯片 版式：由幻灯片 1 使用"选项，选择"插入"→"图像"→"图片"命令，在弹出的"插入图片"对话框中选择案例素材中图片"市花.jpg"，单击"插入"按钮，并调整至合适的大小和位置，选中图片，右击，在弹出的快捷菜单中选择"置于底层"→"置于底层"命令，选择"动画"→"动画"→"缩放"命令，设置"效果选项"为"对象中心"，"持续时间"为 2 秒，"开始"为"与上一动画同时"；选择"动画"→"高级动画"→"添加动画"→"强调"→"脉冲"命令，选择"动画"→"高级动画"→"动画窗格"命令，打开动画窗格，单击"脉冲"动画右侧下拉按钮，在打开的下拉列表中选择"效果选择"选项，在弹出的"脉冲"对话框中选择"计时"选项卡，设置"开始"为"与上一动画同时"，"期间"为"慢速（3 秒）"，"重复"为"5"，如图 4-24 所示。设置"标题"格式为华文彩云、红色、66 号字、加粗，设置"副标题"格式为华文新魏、红色、44 号字。

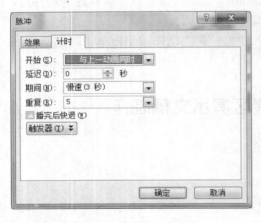

图 4-24　设置动画效果

2）在左侧列表中选择"标题和内容版式：由幻灯片 2-7 使用"选项，按第 1）步同样操作插入案例素材中图片"太湖 1.jpg"，并调整至合适的大小和位置，选中图片，右击，在弹出的快捷菜单中选择"置于底层"→"置于底层"命令，按照第 1）步插入"飞入"动画，设置"效果选项"为"自右侧"，"持续时间"为 3 秒，"开始"为"与上一动画同时"；选择"动画"→"高级动画"→"添加动画"→"强调"→"脉冲"命令，选择"动画"→"高级动画"→"动画窗格"命令，打开动画窗格，单击"脉冲"动画右侧下拉按钮，选择"效果选择"选项，在弹出的"脉冲"对话框中选择"计时"选项卡，设置"开始"为"与上一动画同时"，"期间"为"中速（2 秒）"，"重复"为"直到下一次单击"。设置标题为微软雅黑、深红、54 号字，设置文本为微软雅黑、黑色、32 号字。

任务 2　设置组合动画效果

任务说明

在同一个内容元素上添加多个动画效果，并设置每个动画的效果选项，使每个动画之间有机衔接，从而达到丰富幻灯片的演示效果。

任务步骤

1）选择第 3 张幻灯片标题文本框"美丽太湖"，按任务 1 操作为其设置"擦除"动画，并设置"效果选项"为"自左侧"，"持续时间"为 2 秒，"开始"为"上一动画之后"；选择

"动画"→"高级动画"→"添加动画"→"强调"→"加粗闪烁"命令，打开动画窗格，单击"脉冲"动画右侧下拉按钮，在打开的下拉列表中选择"效果"选项，在弹出的"脉冲"对话框中选择"效果"选项卡，设置"动画播放后"为"蓝色"，"动画文本"为"按字母"；选择"计时"选项卡，设置"开始"为"上一动画之后"，"延迟"为"0.5 秒"，"期间"为"中速（2 秒）"，"重复"为"2"，如图 4-25 所示。

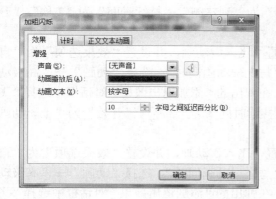
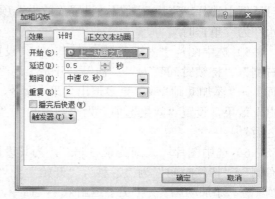

图 4-25　设置加粗闪烁效果

2）选择"动画"→"高级动画"→"添加动画"→"更多进入效果"命令，在弹出的"添加进入效果"对话框中选择"棋盘"效果，如图 4-26 所示，设置"效果选项"为"跨越"，"持续时间"为"1 秒"，"开始"为"上一动画之后"，"延迟"为"0.5 秒"。选择"动画"→"高级动画"→"添加动画"→"更多退出效果"命令，在弹出的"添加退出效果"对话框中选择"棋盘"效果，如图 4-27 所示，设置"效果选项"为"跨越"，"持续时间"为"1 秒"，"开始"为"单击时"。

图 4-26　"添加进入效果"对话框　　　　　图 4-27　"添加退出效果"对话框

3）插入案例素材中"太湖美景 1.jpg""太湖美景 2.jpg""太湖美景 3.jpg""太湖美景 4.jpg""太湖美景 5.jpg""太湖美景 6.jpg"图片，调整图片的大小和位置。

4）选中图片"太湖美景 1.jpg"，为其设置"飞入"动画，并设置"效果选项"为"自右侧"，"持续时间"为"2 秒"，"开始"为"上一动画之后"，"延迟"为"0.5 秒"。选择"动画"→"高级动画"→"添加动画"→"更多退出效果"命令，在弹出的"添加退出效果"对话框中选择"飞出"效果，设置"效果选项"为"到左侧"，"持续时间"为"2 秒"，"开始"为"单击时"。

5）选中图片"太湖美景 2.jpg"，为其设置"飞入"动画，并设置"效果选项"为"自右侧"，"持续时间"为"2 秒"，"开始"为"与上一动画同时"；选择"动画"→"高级动画"→"添加动画"→"更多退出效果"命令，在弹出的"添加退出效果"对话框中选择"飞出"效果，设置"效果选项"为"到左侧"，"持续时间"为"2 秒"，"开始"为"上一动画之后"。

6）选中图片"太湖美景 3.jpg"，为其设置"飞入"动画，并设置"效果选项"为"自右侧"，"持续时间"为"2 秒"，"开始"为"与上一动画同时"；选择"动画"→"高级动画"→"添加动画"→"更多退出效果"命令，在弹出的"添加退出效果"对话框中选择"飞出"效果，设置"效果选项"为"到左侧"，"持续时间"为"2 秒"，"开始"为"上一动画之后"。

图 4-28　动画窗格

7）选中图片"太湖美景 4.jpg"，为其设置"飞入"动画，并设置"效果选项"为"自右侧"，"持续时间"为"2 秒"，"开始"为"与上一动画同时"；选择"动画"→"高级动画"→"添加动画"→"更多退出效果"命令，在弹出的"添加退出效果"对话框中选择"飞出"效果，设置"效果选项"为"到左侧"，"持续时间"为"2 秒"，"开始"为"上一动画之后"。

8）选中图片"太湖美景 5.jpg"，为其设置"飞入"动画，并设置"效果选项"为"自右侧"，"持续时间"为"2 秒"，"开始"为"与上一动画同时"；选择"动画"→"高级动画"→"添加动画"→"更多退出效果"命令，在弹出的"添加退出效果"对话框中选择"飞出"效果，设置"效果选项"为"到左侧"，"持续时间"为"2 秒"，"开始"为"上一动画之后"。

9）选中图片"太湖美景 6.jpg"为其设置"飞入"动画，并设置"效果选项"为"自右侧"，"持续时间"为"2 秒"，"开始"为"与上一动画同时"。

10）参照第 1）～9）步，选择"灵山大佛""荣氏梅园""央视基地"幻灯片，分别插入对应的图片并根据需求设置丰富的组合动画效果，也可以根据自己的喜好设置个人喜欢的动画效果。动画窗格如图 4-28 所示。

11）选择第 2 张"目录"幻灯片，分别设置"美丽太湖""灵山大佛""荣氏梅园""央视基地"等内容链接到相应的幻灯片。

任务3　插入音视频

任务说明

在幻灯片中插入音视频对象，并对插入音视频文件进行剪裁、设置音视频播放选项等。

任务步骤

1）选中第1张幻灯片，选择"插入"→"媒体"→"音频"→"文件中的音频"命令，在弹出的"插入音频"对话框中选择案例素材中的"太湖美.mp3"。

2）选中第1张幻灯片中的音频图标，选择"音频工具-播放"→"编辑"→"剪裁音频"命令，在弹出的"剪裁音频"对话框中分别设置"开始时间"和"结束时间"，单击"确定"按钮，剪裁所需音频，如图4-29所示。

图4-29　剪裁音频

3）选中第1张幻灯片中的音频图标，在音频标记下方的播放控制工具栏的播放进度条的合适位置单击，选择"音频工具-播放"→"书签"→"添加书签"命令，即可在该位置处添加标签，它在播放进度中显示为一个圆圈，如图4-30所示。选择播放进度条中的书签，选择"音频工具-播放"→"书签"→"删除书签"命令则可以删除音频中的书签。

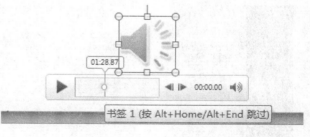

图4-30　添加书签

4）选中幻灯片中的音频图标，单击"音频工具-播放"→"音频选项"→"音量"下拉按钮，在打开的下拉列表中选择合适的音量，如图4-31所示。在"音频选项"选项组中勾选"放映时隐藏""循环播放，直到停止""播完返回开头"复选框，在"开始"下拉列表中选择"自动"选项，则可实现放映时隐藏音频图标、循环播放等功能，如图4-32所示。

5）和插入音频相同的方法，在最后一张幻灯片中插入案例素材中的视频"缘来是你.mp4"，编辑和设置方法与音频的方法完全相同。

图 4-31 选择音量

图 4-32 设置音频选项

任务 4 打包演示文稿

任务说明

演示文稿可以保存为 PDF 文档，也可以打包成网页上传。本任务主要将演示文稿转换成 PDF 文档、打包成 CD 及打印输出。

任务步骤

1）选择"文件"→"导出"→"创建 PDF/XPS 文档"选项，如图 4-33 所示，单击"创建 PDF/XPS"按钮。

2）在弹出的"发布为 PDF 或 XPS"对话框中修改文件名为"最美无锡景区.pdf"，单击"发布"按钮。

3）选择"文件"→"导出"→"将演示文稿打包成 CD"选项，单击"打包成 CD"按钮。

4）在弹出的"打包成 CD"对话框中选择"最美无锡景区.pptx"，单击"添加"按钮，如图 4-34 所示。

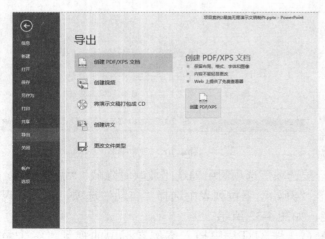

图 4-33 创建 PDF 文档

图 4-34 "打包成 CD"对话框

5）单击"复制到 CD"按钮，在弹出的询问是否要包含超链接的对话框中单击"是"按钮，则可在已安装了刻录机的计算机上将演示文稿打包成 CD。

6）选择"文件"→"打印"→"设置"→"打印全部幻灯片"命令，在"幻灯片"下方的第一个下拉列表中选择"讲义"→"6 张水平放置的幻灯片"选项，其他设置不变，单击"打印"按钮。

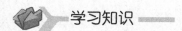 学习知识

1. 电子相册

利用 PowerPoint 相册功能可以很容易地制作电子相册，使用该功能可以快速创建一个包含大量图片的演示文稿，而且这些图片是以预先指定好的格式排列在幻灯片中。

2. 演示文稿的打包

PowerPoint 演示文稿通常包含各种独立的文件，如音乐文件、视频文件、图片文件和动画文件等。由于运用上的需要，有时候不得不将这些文件综合起来共同使用，也正是因为各种文件都是独立的，尽管已将它们综合在了一起，难免也会存在部分文件损坏或丢失的可能，导致整体无法发挥作用。为此，PowerPoint 提供了一种功能，即打包功能。所谓打包，指将独立的已综合起来共同使用的单个或多个文件集成在一起，生成一种独立于运行环境的文件。

学习小结

通过自定义设置母版，并对幻灯片中图文元素进行组合动画、设置插入音视频等操作，使演示文稿看上去更加生动有趣，吸引观众的注意力。演示文稿的打包可生成一种独立于运行环境的文件，从而解决运行环境的限制和文件损坏或无法调用的不可预料的问题。

自我练习

打开"自我练习"文件夹中的文档 PT02.pptx，按照要求完成下列操作并以原文件名保存文档。

1）所有幻灯片应用内置主题"奥斯汀"，所有幻灯片切换效果为自左侧推进。

2）为第 3 张幻灯片中带项目符号的文字创建超链接，分别指向具有相应标题的幻灯片。

3）在第 3 张幻灯片中插入图片"乐器.jpg"，设置图片高度、宽度缩放比例均为 90%，动画效果为：单击时自左侧飞入，并伴有照相机声音。

4）除标题幻灯片外，在其他所有幻灯片中插入自动更新的日期（样式为"××××年××月××日"）。

5）在最后一张幻灯片中插入艺术字"谢谢欣赏"，设置艺术字样式为"渐变填充-橙色、强调文字颜色6、内部阴影"。

项目案例3　校园知识竞赛演示文稿制作

学习目标

1）能在演示文稿中设置控件。

2）了解 PowerPoint 中的 VBA 功能。

3）了解 VBA 的简单代码。

学习案例

江苏商学院即将组织一场关于奥运小知识的竞赛。为了使竞赛不仅具有知识性，而且具有趣味性，组织者决定采用现场计算机答题的方式。张明明同学是"计算机爱好者"社团的一名干事，他的任务是使用 PowerPoint 自带的 VBA 语言把竞赛试题以演示文稿的方式显示出来，竞赛试题包括选择题、填空题和是非题，实现交互式练习题的现场答题。为了方便统计参赛选手的成绩，他决定设计简单的计算器来辅助完成。

案例分析：在 PowerPoint 中完成该案例，需要使用 VBA 功能来制作交互式测试题。其具体操作可分为4个任务：添加 VBA 开发工具、制作选择题、制作填空题、制作是非题。

任务1　添加 VBA 开发工具

任务说明

在 PowerPoint 2016 中添加 VBA 开发工具选项卡。

任务步骤

1）打开一个空白演示文稿，在第1张幻灯片标题处输入文字"奥运小知识趣味竞赛"，设置其字体为"华文琥珀"，字号为"40"，字体颜色为"红色"，幻灯片主题为"角度"。

2）选择"文件"→"选项"命令，在弹出的"PowerPoint 选项"对话框中选择"自定义功能区"选项卡。在"主选项卡"列表框中勾选"开发工具"复选框，如图4-35所示，单击"确定"按钮。

3）保存演示文稿，文件名为"交互题演示文稿"，文件类型为"启用宏 PowerPoint 的演示文稿（*.pptm）"。

图 4-35　添加 VBA 开发工具

任务 2　制作选择题

任务说明

通过在幻灯片中添加选项按钮和命令按钮来实现单选题和多选题的制作。

任务步骤

1）插入一张新的"标题和内容"版式的幻灯片，在标题处输入文字"单选题"，在文本框内输入试题文字"从哪一届奥运会开始赚钱的？"。

2）单击"开发工具"→"控件"→"选项按钮"图标，在试题下方绘制出该按钮。选中该按钮，右击，在弹出的快捷菜单中选择"属性"命令，在打开的"属性"任务窗格中，将"Caption"的值改为"A:"，如图 4-36 所示。

3）在选项按钮旁添加一个文本框，输入文字"1984 年洛杉矶奥运会"。

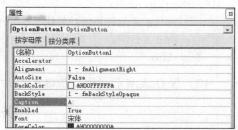

图 4-36　"属性"任务窗格

4）按照同样方法添加 B、C、D 选项按钮，并修改它们的"Caption"值分别为"B:""C:""D:"，添加相应的文本框并输入文字。

5）单击"开发工具"→"控件"→"命令按钮"图标，在试题右方绘制出该按钮。选中该按钮，右击，在弹出的快捷菜单中选择"属性"命令，在打开的"属性"任务窗格中，将"Caption"的值改为"检验"。

6）双击"检验"按钮，在打开的代码窗口中输入如下代码：

```
Private Sub CommandButton1_Click()
    If OptionButton1.Value = True Then
        x = MsgBox("答对了", vbOKOnly, "提示")
    Else
        x = MsgBox("答错了", vbOKOnly, "提示")
    End If
End Sub
```

7）保存该演示文稿，放映幻灯片。

8）插入一张新的"标题和内容"版式的幻灯片。在标题处输入文字"多选题"，在文本框内输入试题文字"北京奥运会火炬传递创造了哪些奥运之最？"。

9）单击"开发工具"→"控件"→"复选框"图标，在试题下方绘制出该复选框。选中该按钮，右击，在弹出的快捷菜单中选择"属性"命令，在打开的"属性"任务窗格中，将"Caption"的值改为"A:"。在复选框旁添加一个文本框，在其中输入文字"里程最远"。

10）按照同样方法添加 B、C、D 复选框，并修改它们的"Caption"值分别为"B:""C:""D:"。添加相应的文本框并输入文字。

11）单击"开发工具"→"控件"→"命令按钮"图标，在试题右方绘制出该按钮。选中该按钮，右击，在弹出的快捷菜单中选择"属性"命令，在打开的"属性"任务窗格中，将"Caption"的值改为"检验"。

12）双击"检验"按钮，在打开的代码窗口中输入如下代码：

```
Private Sub CommandButton1_Click()
    If CheckBox1.Value = True And CheckBox2.Value = True And CheckBox3.Value
    = True And CheckBox4.Value = True Then
        x = MsgBox("答对了", vbOKOnly, "提示")
    Else
        x = MsgBox("答错了", vbOKOnly, "提示")
    End If
End Sub
```

13）保存该演示文稿，放映幻灯片。

任务 3 制作填空题

任务说明

通过在幻灯片中添加文本框和命令按钮来实现填空题的制作。

任务步骤

1）插入一张新的"标题和内容"版式的幻灯片，在标题处输入文字"填空题"，在文本框内输入试题文字"北京奥运会总投入为亿人民币？"。

2）单击"开发工具"→"控件"→"文本框"图标，在试题文字中间空白处绘制出该文本框。

3）单击"开发工具"→"控件"→"命令按钮"图标，在试题右方绘制出该按钮。选中该按钮，右击，在弹出的快捷菜单中选择"属性"命令，在打开的"属性"任务窗格中，将"Caption"的值改为"检验"。

4）双击"检验"按钮，在打开的代码窗口中输入如下代码：

```
Private Sub CommandButton3_Click()
    If TextBox1.Value = 5200 Then
        x = MsgBox("答对了", vbOKOnly, "提示")
    Else
        x = MsgBox("答错了", vbOKOnly, "提示")
    End If
End Sub
```

5）保存该演示文稿，放映幻灯片，效果如图 4-37 所示。

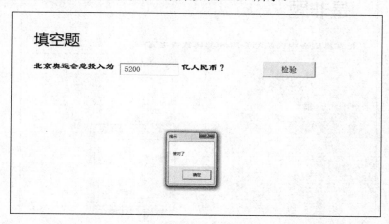

图 4-37 添加填空题

任务 4 制作是非题

任务说明

通过在幻灯片中添加选项按钮和命令按钮来实现是非题的制作。

任务步骤

1）插入一张新的"标题和内容"版式的幻灯片，在标题处输入文字"是非题"，在文本框内输入试题文字"北京奥运会中国队金牌和奖牌数排名第一"。

2）单击"开发工具"→"控件"→"选项按钮"图标，在试题下方绘制出该按钮。选中该按钮，右击，在弹出的快捷菜单中选择"属性"命令，在打开的"属性"任务窗格中，将"Caption"的值改为空。

3）在选项按钮旁添加一个文本框，在其中输入文字"是"，按照同样方法再添加一个选项按钮，并修改它的"Caption"值为空，添加相应的文本框并输入"非"。

4）单击"开发工具"→"控件"→"命令按钮"图标，在试题右方绘制出该按钮。选中该按钮，右击，在弹出的快捷菜单中选择"属性"命令，在打开的"属性"任务窗格中，将"Caption"的值改为"检验"。

5）双击"检验"按钮，在打开的代码窗口中输入如下代码：

```
Private Sub CommandButton1_Click()
    If OptionButton1.Value = True Then
        x = MsgBox("答对了",vbOKOnly,"提示")
    Else
        x = MsgBox("答错了", vbOKOnly, "提示")
    End If
End Sub
```

6）保存该演示文稿，放映幻灯片，效果如图 4-38 所示。

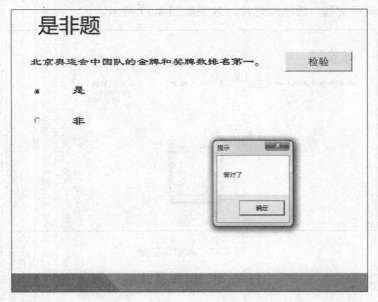

图 4-38　添加是非题

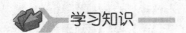学习知识

VBA（visual basic for application，VBA），是 Microsoft 公司在其开发的应用程序中共享的通用自动化语言。它是一种自动化语言，可以使常用的应用实现自动化，可以创建自定义

的解决方案。VBA 是以 Visual Basic 语言为基础，经过修改并运行于 Microsoft Office 的应用程序，是 Microsoft Office 系列软件的内置编程语言，是应用程序开发语言 Visual Basic 的子集。它功能强大，面向对象，可极大地增加 Office 系列软件的交互性。

1. 标识符

1）定义：标识符是一种标识变量、常量、过程、函数、类等语言构成单位的符号，利用它可以完成对变量、常量、过程、函数、类等的引用。

2）命名规则：①以字母开头，由字母、数字和下划线组成，如 A987b_23Abc；②字符长度小于 40；③不能与 Visual Basic 保留字重名，如 public、private、dim、goto、next、with、integer、single 等。

2. 运算符

定义：运算符是代表 Visual Basic 某种运算功能的符号。

1）赋值运算符：=。

2）数学运算符：&、+（字符连接符）、+（加）、-（减）、mod（取余）、\（整除）、*（乘）、/（除）、-（负号）、^（指数）。

3）逻辑运算符：not（非）、and（与）、or（或）、xor（异或）、eqv（相等）、imp（隐含）。

4）关系运算符：=（相同）、<>（不等）、>（大于）、<（小于）、>=（不小于）、<=（不大于）、like、is。

3. 数据类型

VBA 共有 12 种数据类型，如表 4-1 所示。此外，用户还可以用 Type 自定义数据类型。

表 4-1　VBA 数据类型

数据类型	类型标识符	字节
字符串型（String）	$	字符长度（0～65400）
字节型（Byte）	无	1
布尔型（Boolean）	无	2
整数型（Integer）	%	2
长整数型（Long）	&	4
单精度型（Single）	!	4
双精度型（Double）	#	8
日期型（Date）	无	8
货币型（Currency）	@	8
小数点型（Decimal）	无	14
变体型（Variant）	无	以上任意类型，可变
对象型（Object）	无	4

4. 变量与常量

1）VBA 允许使用未定义的变量，默认是变体变量。

2）在模块通用说明部分，加入 Option Explicit 语句可以强迫用户进行变量定义。

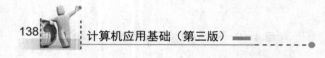

3）变量定义语句及变量作用域如下：

```
Dim         变量 as 类型    '定义为局部变量，如 Dim       xyz as integer
Private     变量 as 类型    '定义为私有变量，如 Private   xyz as byte
Public      变量 as 类型    '定义为公有变量，如 Public    xyz as single
Global      变量 as 类型    '定义为全局变量，如 Globlal   xyz as date
Static      变量 as 类型    '定义为静态变量，如 Static    xyz as double
```

一般变量作用域的原则是，在哪部分定义就在哪部分起作用，在模块中定义则在该模块中起作用。

4）常量为变量的一种特例，用 Const 定义，且定义时赋值，程序中不能改变值，作用域也如同变量作用域。

5. 数组

数组是包含相同数据类型的一组变量的集合，对数组中的单个变量引用通过数组索引下标进行。数组在内存中表现为一个连续的内存块，必须用 Global 或 Dim 语句来定义。定义规则如下：

```
Dim 数组名([lower to ]upper [, [lower to ]upper, ….]) as type
```

其中，lower 默认为 0，二维数组按行列排列。

例如：

```
Dim X(9) as String
```

声明了一个 10 个元素的数组，即 X(0)~X(9)，如果没有指定 lower，则默认 lower=0。

除了以上固定数组外，VBA 还有一种功能强大的动态数组，定义时无大小维数声明；在程序中，可利用 Redim 语句来重新改变数组大小，原来数组内容可以通过加 preserve 关键字来保留。

例如：

```
Dim array1() as double : Redim array1(5) : array1(3)=250 : Redim preserve
    array1(5,10)
```

6. 注释和赋值语句

1）注释语句用来说明程序中某些语句的功能和作用。注释语句不会被执行。VBA 中用两种方法来标识注释语句。

① 单引号（'）：可以位于别的语句之尾，也可单独一行。例如：

```
'定义全局变量；
```

② Rem：只能单独一行。例如：

```
Rem 定义全局变量；
```

2）赋值语句是用于对变量或对象属性赋值的语句，采用赋值号 "="，例如：

```
X=123：Form1.caption="我的窗口"
```

对对象的赋值采用 set myobject=object 或 myobject:=object。

7. 判断语句

（1）If…Then…Else 语句
语法格式：

```
If condition Then [statements][Else elsestatements]
```

condition 是一个判断条件：当 condition 为真（True）时，就执行 Then 后面的 statements 语句；当 condition 为假（False）时，执行 elsestatements 语句。

例如：

```
If A>B And C<D Then A=B+2 Else A=C+2
If x>250 Then x=x-100
```

另外，可以使用块形式的语法，即 If…Then…Else 语句可以嵌套：

```
If condition Then
    [statements]
[ElseIf condition-n Then
    [elseifstatements] …
[Else
    [elsestatements]]
End If
```

例如：

```
If Number < 10 Then
    Digits = 1
ElseIf Number < 100 Then
    Digits = 2
Else
    Digits = 3
End If
```

（2）Select Case…Case…End Case 语句
例如（用 Pid 的取值来决定执行不同的语句）：

```
Select Case Pid
Case "A101"
    Price=200     '当 Pid 的实际值是"A101"时，就执行 Price=200，后面的以此类推
Case "A102"
    Price=300
……
Case Else
    Price=900
End Case
```

8. 循环语句

1）For Next 语句：以指定次数来重复执行一组语句。

语法格式：

```
For counter = start To end [Step step]        ' step 默认为 1
    [statements]
    [Exit For]
    [statements]
Next[counter]
```

另外，for 语句也可以嵌套，例如，实现两重 for 循环：

```
For Words = 10 To 1 Step -1            ' 建立 10 次循环
    For Chars = 0 To 9                 ' 建立 10 次循环
        MyString = MyString & Chars    ' 将数字添加到字符串中
    Next Chars                         ' Increment counter
    MyString = MyString & " "          ' 添加一个空格
Next Words
```

2）For Each…Next 语句：主要功能是对一个数组或集合对象进行遍历，让所有元素重复执行一次，即遍历一遍数组或集合对象中的所有元素。

语法格式：

```
For Each element In group
'group 为必要参数，对象集合或数组的名称（用户定义类型的数组除外）
    statements
    [Exit for]
    statements
Next [element]
```

例如：

```
For Each rang2 In range1
    With range2.interior
        .colorindex=6
        .pattern=xlSolid
    End With
Next
```

这里用到了 With…End With 语句，目的是省去对象多次调用，加快速度。其语法如下：

```
With object
    [statements]
End With
```

3）Do…Loop 语句：在条件为 True 时，重复执行区块命令。

语法格式：

```
Do {while |until} condition        ' while 为当型循环，until 为直到型循环
statements
Exit do
statements
Loop
```

或者使用下面的语法：

```
Do                                 ' 先执行一次再判断
Statements
Exit do
statements
Loop {while |until} condition
```

4）while...wend 语句：只要条件为 True，循环就执行。
语法格式：

```
while condition                    'while I<50
    [statements]                   'I=I+1
wend
```

学习小结

　　学习制作交互式练习题演示文稿，用户需先了解控件的使用方法，学会设置控件的相关属性，初步学会在 VBA 编辑器中编程，从而掌握简单的交互式试题的制作。

自我练习

　　在本项目案例的基础上增加关于"奥运知识"的题目。要求将其添加在单选题、多选题、填空题和是非题各自所在的幻灯片上并分别达到 10 个题目。注意保持控件名称和 VBA 程序的对应。

第2篇 基础知识

项目5 计算机软硬件基础

计算机系统由计算机硬件和计算机软件两个子系统组成。其中，计算机硬件是组成计算机的各种物理设备的总称；计算机软件是人与硬件的接口，指挥和控制着硬件的工作过程。

单元1 计算机硬件基础

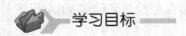 学习目标

1）掌握计算机的组成与分类。
2）了解 CPU 的结构与性能指标。
3）掌握 PC 主机的组成和常用的 I/O 设备。
4）掌握外存储器的类别和各自的特点。

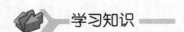 学习知识

一、计算机的组成与分类

1. 计算机的发展

电子计算机是 20 世纪人类伟大的技术发明之一。它具有高速、准确、可靠的计算机能

力，以及能够模拟人类分析、判断、逻辑思维和记忆等能力。ENIAC（electronic numerical integrator and computer，电子数值积分计算机）被广泛认为是世界上第一台现代意义上的计算机，它是 1946 年在美国宾夕法尼亚大学摩尔学院研制的，用于炮弹弹道轨迹的计算。多年来，计算机获得了突飞猛进的发展。人们根据计算机的性能和当时的硬件技术，将计算机的发展分成了几个阶段，每一阶段在技术上都是一次新的突破，在性能上都是一次质的飞跃。

第一阶段（1964～1957 年）：电子管计算机。此阶段采用电子管作为基本逻辑部件，体积大，耗电量大，寿命短，可靠性低，成本高。

第二阶段（1958～1964 年）：晶体管计算机。此阶段采用晶体管作为基本逻辑部件，体积减小，质量减小，成本下降，运算速度和可靠性都有所提高。

第三阶段（1965～1969 年）：集成电路计算机。此阶段采用中、小规模集成电路制作各种逻辑部件，从而使计算机体积变得更小，质量更轻，功耗更低，运算速度有了更大的提高。

第四阶段（1970 年至今）：大规模、超大规模集成电路计算机。采用大规模、超大规模集成电路作为基本逻辑部件，体积、质量、成本均大幅下降，性能有了很大提高。

2. 计算机的逻辑组成

经过多年的发展，计算机的功能不断增强，应用不断扩展，计算机系统也变得越来越复杂。但无论系统多复杂，它们的基本组成和工作原理还是大体相同的。

计算机系统由硬件和软件两部分组成。计算机硬件是计算机系统中所有实际物理装置的总称。计算机软件是指在计算机中运行的各种程序及其处理的对象数据和相关文档。从逻辑功能上来讲，计算机硬件主要包括中央处理器（central processing unit，CPU）、内存储器、外存储器、输入设备和输出设备，它们通过总线互相连接。

（1）CPU

能高速执行指令，完成二进制数据的算术或逻辑运算和数据传送等操作的部件称为处理器。因为体积较小，这样的处理器又称为微处理器。现代计算机一般包含多个（微）处理器，它们各有不同的分工和任务，用于执行系统软件和应用软件的处理器称为中央处理器（CPU）。CPU 是计算机必不可少的核心组成部件。

通常，个人计算机（personal computer，PC）只有 1 个 CPU。现在，大部分 PC 虽然仍只有 1 个 CPU 芯片，但其内部包含 2 个、4 个或 6 个 CPU（多核）。为了提高计算机的处理速度，PC 可以包含多个 CPU（2 个、4 个、8 个，甚至几百个、几千个），使用多个 CPU 以实现超高速计算的技术称为"并行处理"。

（2）内存储器和外存储器

计算机能够把程序和数据存储起来，具有这种功能的部件就是存储器。存储器分为内存储器（也称为内存或主存）和外存储器（也称为外存或辅存）两大类。

（3）输入设备

输入设备是向计算机输入数据和信息的设备。输入设备有多种，如数字和文字输入设备（键盘、写字板等）、位置和命令输入设备（鼠标、触摸屏等）、图形输入设备（扫描仪、数码照相机等）、声音输入设备（麦克风、MIDI 演奏器等）、视频输入设备（摄像机）、温度、压力输入设备（温度、压力传感器）等。不论信息的原始形态如何，输入计算机中的信息都使用二进制位来表示。

（4）输出设备

输出设备是计算机的终端设备，用于把经计算机处理的各种计算结果数据或信息以数字、字符、图像、声音等形式表示出来。常见的输出设备有显示器、打印机、绘图仪、影像输出系统、语音输出系统、磁记录设备等。

（5）总线与 I/O 接口

1）总线。用于在 CPU、内存储器、外存储器和各种 I/O 设备之间传输信息的一个共享的信息传输通路及其控制部件称为总线。有些计算机把用于连接 CPU 和内存储器的总线称为 CPU 总线（或前端总线），把连接内存储器和 I/O 设备的总线称为 I/O 总线。

2）I/O 接口。I/O 接口的功能是负责实现 CPU 通过系统总线把 I/O 电路和外部设备联系在一起。常用的 I/O 接口有并行口、串行口、视频口、USB 接口等。

3. 计算机的分类

计算机的分类有多种方法，按计算机的性能、用途和价格来分通常把计算机分为四大类，即巨型计算机、大型计算机、小型计算机和个人计算机。

二、CPU 的结构及性能指标

1. CPU 的结构

CPU 的任务是执行指令，并按照指令的要求完成对数据的运算和处理。CPU 由寄存器组、运算器和控制器 3 部分组成。

1）寄存器组。它由十几个甚至几十个寄存器组成。寄存器的速度很快，用来临时存放参加运算的数据和运算得到的中间（最后）结果。

2）运算器。运算器用来对数据进行各种算术运算和逻辑运算，所以又称算术逻辑部件（arithmetic and logic unit，ALU）。

3）控制器。这是 CPU 的指挥中心。它有一个指令计数器，用来存放 CPU 正在执行指令的地址，CPU 将按照地址从内存储器读取所要执行的指令。多数情况下，指令是顺序执行，所以 CPU 每执行一条指令后，指令计数器就加 1。控制器中还有一个指令寄存器，用来保存当前正在执行的指令，通过译码器解释该指令的含义，控制运算器的操作，记录 CPU 的内部状态等。

2. 指令与指令系统

在计算机内部，程序是由一连串指令组成的，指令是构成程序的基本单位。指令采用二进制表示，用来规定计算机执行的操作。大多数情况下，指令由两部分组成：操作码+操作数地址。操作码指明该指令要完成的操作的类型或性质，如取数、做加法或输出数据等。操作数地址指明操作对象的内容或所在的存储单元地址。

CPU 可执行的全部指令称为该 CPU 的指令系统，即它的机器语言。每一种 CPU 都有其独特的一组指令。不同公司生产不同的 CPU 产品，一般互不兼容，同一公司同一系列的 CPU 具有向下兼容性。

3. CPU 的性能指标

（1）字长

字长是指 CPU 中通用寄存器和定点运算器的宽度（二进制整数运算的位数）。字长越大，表示数的有效位数越多，计算机处理数据的精度也就越高。定点运算器的宽度决定了地址码位数的多少，而地址码的长度决定了 CPU 可以访问存储器的最大空间。多年来 PC 使用的 CPU 大多是 32 位处理器，近些年使用的 Core2 和 Corei3/i5/i7 则是 64 位处理器。

（2）主频

主频指 CPU 芯片中电子线路（门、触发器）的工作频率，它决定着 CPU 芯片内部数据传输与操作速度的快慢，单位是 MHz。主频越高，计算机的运算速度就越快。目前大多数 CPU 的主频为 1～4GHz。

（3）CPU 总线传输速率

CPU 总线（前端总线）传输速率决定着 CPU 与内存储器之间传输数据速度的快慢。

（4）高速缓冲存储器（cache）的容量与结构

程序运行过程中，cache 有利于减少 CPU 访问内存储器的次数。通常，cache 容量越大，级数越多，其效用就越明显。

（5）指令系统

指令的类型、数目和功能等都会影响程序的执行速度。

（6）逻辑结构

逻辑结构有 CPU 包含的定点运算器和浮点运算器的数目、采用的流水线结构和级数、指令分支预测的机制、执行部件的数目等。

（7）内核个数

为了提高 CPU 的性能，现在 CPU 芯片往往包含 2 个、4 个、6 个，甚至更多 CPU 内核，每个内核都是一个独立的 CPU，在操作系统的支持下多个 CPU 内核并行工作。

三、PC 主机的组成

1. 主板和芯片组与 BIOS

（1）主板

主板又称主机板（main board）、系统板（system board）或母板（mother board），它安装在机箱内，是计算机较基本的、较重要的部件之一。主板一般为矩形电路板，上面安装了组成计算机的主要电路系统，一般有 BIOS 芯片、I/O 控制芯片、键盘和面板控制开关接口、指示灯插接件、扩充插槽、主板及插卡的直流电源供电插接件等元件。

为了便于不同 PC 主板的互换，主板的物理尺寸已经标准化。现在使用的主要是 ATX 和 BTX 规格的主板。

CPU 和存储器芯片分别通过主板上的 CPU 插座和存储器插座安装在主板上。随着集成电路的发展和计算机设计技术的进步，许多扩充卡的功能可以部分或全部集成在主板上。例如，串行口、并行口、声卡、网卡、显卡等控制电路都可以集成在主板上。

主板上还有两块特别有用的集成电路：一块是只读存储器（read-only memory，ROM），其中存放的是基本输入/输出系统（basic input/output system，BIOS）；另一块是 CMOS 存储器，其中存放着用户对计算机硬件所设置的一些参数（称为"配置信息"），需用电池供电。

（2）芯片组

芯片组（chipset）是主板的核心组成部分，联系 CPU 和其他周边设备的运作。芯片组一般由两块超大规模集成电路组成：北桥芯片和南桥芯片。北桥芯片是存储控制中心，决定主板上可用的最大内存储器的容量、速度和类型。南桥芯片是 I/O 控制中心。CPU 的时钟信号也由芯片组提供。

（3）BIOS

BIOS 是存放在主板上 ROM 芯片中的一组机器语言程序，具有诊断计算机故障、启动计算机工作、控制基本外部设备的输入/输出操作（键盘、鼠标、磁盘读写、屏幕显示等）的功能。

BIOS 主要包含 4 个部分的程序，即加电自检程序、系统自举程序、CMOS 设置程序和基本外部设备的驱动程序（driver），可实现对键盘、显示器和硬盘等常用外部设备输入/输出操作的控制。

2. 内存储器

内存储器存取速度快而容量相对较小（成本较高），外存储器存取速度慢而容量相对较大。

内存储器与 CPU 高速连接，用于存放已经启动运行的程序和需要立即处理的数据。CPU 工作时它所执行的指令及处理的数据都是从内存储器中取出的，产生的结果一般也存放在内存储器中。外存储器也称为辅助存储器，它能长期存放计算机系统中的绝大部分信息。计算机执行程序时，外存储器中的程序和相关数据必须先传送到内存储器，然后才能被 CPU 存取和使用。

内存储器的特点是速度快、价格贵、容量小，断电后其中的数据会丢失。外存储器的特点是价格低、容量大、速度慢，断电后其中数据不会丢失。

内存储器由称为存储器芯片的半导体集成电路组成。半导体存储器芯片按是否能随机地进行读写，分为以下两大类。

1）ROM：断电后信息不会丢失。ROM 按其内容是否可以在线改写分为以下两类。

① 不可在线改写内容的 ROM，如掩模 ROM、EPROM。

② 在一定的电压下可改写内容的 ROM，如 Flash ROM（闪烁存储器，简称闪存）。

2）RAM（random access memory，随机存取存储器）：断电后信息会丢失。RAM 目前多由 MOS 型半导体集成电路芯片组成，又分为 DRAM 和 SRAM 两种。

① DRAM（dynamic RAM，动态随机存取存储器）：电路简单，集成度高，功耗小，成本低，速度慢。

② SRAM（static RAM，静态随机存取存储器）：电路复杂，集成度低，功耗大，成本高，速度快。

3. I/O 总线与 I/O 接口

I/O 操作的任务就是将输入设备输入的信息送到内存储器的指定区域，或者将内存储器指定区域的内容送到输出设备。

（1）I/O 总线

总线（bus）是计算机各种功能部件之间传送信息的公共通信干线，它是由导线组成的传输线束。按照计算机所传输的信息种类，计算机的总线可以划分为数据总线、地址总线和控制总线，分别用来传输数据、数据地址和控制信号。总线的主要技术指标如下。

1）总线的带宽（总线数据传输速率）。总线的带宽指的是单位时间内总线上传送的数据量，即每秒传送的最大稳态数据传输率。与总线密切相关的两个因素是总线的位宽和总线的工作频率，它们之间的关系如下：总线带宽（Mb/s）=数据线宽度/8×总线工作频率（MHz）×每个总线周期的传输次数。

2）总线的位宽。总线的位宽指的是总线能同时传送二进制数据的位数，或数据总线的位数。总线的位宽越宽，数据传输率越大，总线的带宽越宽。

3）总线的工作频率。总线的工作频率以 MHz 为单位，工作频率越高，总线工作速度越快，总线带宽越宽。

（2）I/O 接口

I/O 接口是 I/O 设备与主机之间的连接器，包括插头/插座的形式、通信规程和电气特性等。

按数据传输方式，I/O 接口分为串行接口（一次只传输 1 位）和并行接口（多位一起进行传输）；按是否能连接多个设备，分为总线式接口（可连接多个设备）和独占式接口（只能连接一个设备）；按是否符合标准，分为标准接口（通用接口）和专用接口。常用的 I/O 接口及其性能参数如表 5-1 所示。

表 5-1　常用的 I/O 接口及其性能参数

名称	数据传输方式	数据传输速率	标准	插头/插座形式	可连接的设备数目	通常连接的设置
串行接口	串行，双向	50～19200b/s	EIA-232 或 EIA-422	BD25F 或 DB9F	1	鼠标、调制解调器
并行接口（增强式）	并行，双向	1.5Mb/s	IEEE 1284	DB25M	1	打印机、扫描仪
USB（1.0）USB（1.1）	串行，双向	1.5Mb/s（慢速）1.5Mb/s（全速）	USB-IF	A 型、B 型	最多 127	键盘、鼠标、数码照相机、移动盘等
USB（2.0）	串行，双向	60Mb/s（高速）	USB-IF	A 型、B 型、Mini 型	最多 127	外接硬盘、数字视频设备、扫描仪等
IEEE 1394a IEEE 1394b	串行，双向	50Mb/s、100Mb/s、200Mb/s	FireWire（i.Link）		最多 63	数字视频设备
IDE	并行，双向	66Mb/s 100Mb/s 133Mb/s	Ultra ATA/66 Ultra ATA/100 Ultra ATA/133	E-IDE	1～4	硬盘、光驱
SATA	串行，双向	150Mb/s 300 Mb/s	SATA 1.0 SATA 2.0	7 针插头/插座	1	硬盘
显示器输出接口	并行，双向	200～500Mb/s	VGA	HDB15	1	显示器
PS/2 接口	串行，双向	低速	IBM		1	键盘或鼠标
红外线接口（IrDA）	串行，双向	115Kb/s 或 4Mb/s	红外线数据协会	不需要	1	键盘、鼠标、打印机等

USB 是通用串行总线（universal serial bus）的缩写，它是一种高速、可连接多个设备的总线式串行接口。

USB 接口使用 4 线连接器，体积小，符合即插即用规范。使用 USB 集线器扩展机器的 USB 接口最多连接 127 个设备。通过 USB 接口还可由主机向外部设备提供电源（+5V，100～500mA）。

USB 1.1 版的传输速率可达到 1.5Mb/s 和 12Mb/s，USB 2.0 版传输速率最高达 480Mb/s（60Mb/s），USB 3.0 版传输速率最高达 3.2Gb/s（400Mb/s）。

四、常用输入设备

1. 键盘

键盘是计算机最常用的输入设备，用于向计算机输入字符、汉字等。目前，键盘上的按键大多数是电容式的。键盘与主机的接口有 PS/2 接口、USB 接口和无线接口。键盘控制键功能如表 5-2 所示。

表 5-2　键盘控制键功能

控制键名称	主要功能
Alt	Alternate 的缩写，它与另一个（些）键一起按时，将发出一个命令，其含义由应用程序决定
Break	经常用于终止或暂停一个 DOS 程序的执行
Ctrl	Control 的缩写，它与另一个（些）键一起按时，将发出一个命令，其含义由应用程序决定
Delete	删除光标右侧的一个字符，或删除一个（些）已选择的对象
End	一般用于把光标移动到行末
Esc	Escape 的缩写，经常用于退出一个程序或操作
F1～F12	共 12 个功能键，其功能由操作系统及运行的应用程序决定
Home	通用于把光标移动到开始位置，如一个文档的起始位置或一行的开始处
Insert	输入字符时有覆盖方式和插入方式两种，Insert 键用于在两种方式之间进行切换
Num Lock	数字小键盘可用做计算器键盘，也可用做光标控制键，由此键进行切换
Page Up	使光标向上移动若干行（向上翻页）
Page Down	使光标向下移动若干行（向下翻页）
Pause	临时性地挂起一个程序或命令
Print Screen	记录当时的屏幕映像，将其复制到剪贴板中

2. 鼠标

鼠标用于控制屏幕上的鼠标指针，使其准确地定位在指定的位置，然后通过单击或右击发出命令，完成各种操作。

鼠标的工作过程：用户拖动鼠标时，借助于机械或光学原理，将鼠标在 X 方向和 Y 方向移动的距离变换成脉冲信号输入计算机。计算机中的鼠标驱动程序把接收到的脉冲信号转换成水平方向和垂直方向的位移量，继而控制屏幕上鼠标指针的移动。

鼠标指针的常见形状及含义如表 5-3 所示。

表 5-3　鼠标指针的常见形状及含义

鼠标指针的形状	含义	鼠标指针的形状	含义
↖	标准选择	↕	调整窗口垂直大小
I	文字选择	↔	调整窗口水平大小
↖?	帮助选择	↘	调整窗口对角线
↖⧖	后台操作	↗↙	调整窗口对角线
⧖	忙	✛	移动对象

鼠标的结构经过了几次演变，最早的是机械式鼠标，接着出现的是光机式鼠标，现在流行的是光电鼠标。

鼠标与主机的接口形式主要有两种，即 PS/2 接口和 USB 接口。无线鼠标也流行起来，有些产品作用距离可达 10m。

3. 触摸屏

触摸屏常用于便携式数字设备，如平板式计算机、智能手机、播放器、GPS 定位仪等。触摸屏是在液晶面板上覆盖一层触摸面板，压感式触摸板对压力很敏感，当手或塑料笔尖施压其上时会有电流产生，以确定压力源的位置，并可对其跟踪，用以取代机械式的按钮面板。近两年开始流行一种"多点触摸屏"，可以同时感知屏幕上多个触控点。用户除了能进行单击、双击、平移等操作外，还可以使用双手（或多个手指）对指定的屏幕对象进行缩放等操作。

4. 扫描仪

扫描仪是一种将原稿（图片、照片、底片、书稿）输入计算机的输入设备。

1）扫描仪的分类。

① 平板式扫描仪：主要扫描反射式稿件，适用范围较广。其扫描速度、精度、质量比较好。

② 滚筒式和胶片专用扫描仪：属于高分辨率的专业扫描仪，技术性能很高，多用于专业印刷、排版领域。

③ 手持式扫描仪：扫描头较窄，只适用于扫描较小的图件。

2）扫描仪的性能指标。

① 光学分辨率：反映了扫描仪扫描图像的清晰程度，用每英寸生成的像素数目（dpi）来表示，如 600×1200dpi、1200×2400dpi。

② 色彩位数（色彩深度）：反映了扫描仪对图像色彩的辨析能力，位数越多，扫描仪所

能反映的色彩就越丰富，扫描的图像效果也越真实，如 24bit、32bit、36bit、42bit、48bit。

③ 扫描幅面：容许原稿的最大尺寸，如 A4 幅面、A3 幅面、…、A0 幅面。

④ 与主机的接口类型，如 SCSI、USB、IEEE 1394 接口等。

5. 数码照相机

数码照相机（digital camera）是扫描仪之外的另一种重要的图像输入设备。与传统照相机相比，它不需要胶卷，能直接将照片以数字形式记录下来，并输入计算机进行处理，或通过打印机打印出来，或与电视机连接进行观看。

数码照相机拍出来的照片多采用 JPEG 格式。

目前，数码照相机使用的成像芯片多采用 CCD（或者 CMOS）器件。成像芯片像素数目决定了数字图像能够达到的最高分辨率。数码照相机大多采用由闪烁存储器组成的存储卡，如 MMC 卡、SD 卡、CF 卡、记忆棒等。

五、常用输出设备

1. 显示器

显示器是计算机必不可少的图文输出设备，它能将数字信号转化为光信号，使文字和图像在屏幕上显示出来。

计算机显示器由两部分组成：显示器和显示控制器。

1）显示器。计算机使用的显示器主要有两类：CRT 显示器和液晶显示器（LCD）。

CRT 显示器目前多用于专业领域，如军事、医疗、科研、航空等，普通用户级 CRT 显示器已经逐渐退出市场。

液晶显示器的优点在于，工作电压低，没有辐射，功耗小，体积小，适合于大规模集成电路驱动。它广泛用于计算机、数码照相机、电视等上。

2）显示控制器。它在个人计算机中多半做成扩充卡的形式，所以又称显示卡、图形卡或者视频卡。有些 PC 的主板上已集成有显卡。独立显卡具有高速图像处理和图形绘制的绘图处理器（GPU），还有专门的显示存储器。

3）显示器的性能指标。

① 显示器的尺寸。目前常用的显示器有 15in、17in、19in、21in 等。显示器的宽高比：通常普通屏为 4：3，宽屏为 16：10 或 16：9。

② 显示分辨率。分辨率是衡量显示器的一个重要指标，它指的是整屏可显示像素的多少，一般用水平像素个数乘以垂直像素个数来表示，如 1920×1200 像素、1280×1024 像素、1024×768 像素等。

③ 刷新速率。刷新速率指画面每秒更新的次数。刷新速率越高，图像稳定性越好。

④ 可显示颜色数目。一个像素可显示多少种颜色，由表示这个像素的二进制数的位数决定。彩色显示器的彩色是由三原色 R、G、B 合成而得到的，因此 R、G、B 三原色的二进制数的位数之和决定了可显示颜色的数目。例如，R、G、B 分别用 8 位表示，则它就有 2^{24}（≈1680 万）种不同的颜色。

2．打印机

1）打印机的分类。打印机（printer）是计算机的输出设备之一，用于将计算机处理结果打印在相关介质上。目前使用较广的打印机有针式打印机、激光打印机和喷墨打印机 3 种。

① 针式打印机，属于击打式打印机。优点是耗材成本低，能多层套打，适合于票据打印；缺点是打印质量不高，工作噪声很大，速度慢。其主要应用在银行、证券、邮电、商业等领域。

② 激光打印机，属于非击打式打印机，是激光技术与复印技术的结合。它的优点是分辨率较高，打印质量好，速度高，噪声低，价格适中；缺点是彩色输出价格比较高。激光打印机过去采用并行接口，目前流行使用 USB 接口。

③ 喷墨打印机，属于非击打式打印机，大多为彩色打印。它的优点是可以打印近似全彩色图像，效果好，低噪声，使用低电压，经济、环保；缺点是墨水成本高，消耗快。喷墨打印机的关键技术是喷头。

2）打印机的性能指标。

① 打印精度（分辨率）：用每英寸多少点（像素）表示，单位为 dpi。一般产品为 400dpi、600dpi、800dpi，高的甚至达 1000dpi 以上。

② 打印速度：通常为 3～10 页/分。

③ 色彩表现能力（彩色数目）。

④ 可打印幅面大小：A3、A4 等。

⑤ 与主机的接口：并行口、SCSI 口、USB 接口。

⑥ 其他：如打印成本、噪声、功耗等。

六、常用外存储器

1．硬盘存储器

硬盘存储器是磁盘存储器的一个分类，是以磁盘为存储介质的存储器。硬盘的盘片由铝合金或玻璃材料制成，盘片的上下两面都涂有磁性材料，盘片表面由外向里分成许多同心圆，每个圆称为一个磁道，每条磁道还划分成几千个扇区，每个扇区的容量一般为 512B 或 4KB（容量超过 2TB 的硬盘）。通常一块硬盘由 1～5 张盘片组成。

1）硬盘容量的计算。硬盘上的一块数据要用 3 个参数定位：柱面号、扇区号和磁头号。硬盘容量的计算公式为硬盘容量=磁头数×柱面数×扇区数×512B。

2）硬盘的主要性能指标。

① 容量：以 GB 为单位，目前硬盘单碟容量为几百吉字节。

② 平均存取时间：为几毫秒至几十毫秒，由硬盘的旋转速度、磁头寻道时间和数据传输速率决定。

③ 缓存容量：原则上越大越好，通常为几兆字节至几十兆字节。

④ 数据传输速率：外部传输速率指主机从（向）硬盘缓存读出（写入）数据的速度，与采用的接口类型有关；内部传输速率指硬盘在盘片上读写数据的速度，转速越高，内部传输速率越快。

⑤ 与主机的接口：以前使用并行 ATA（PATA）接口，当前流行串行 ATA（SATA）接口。

2. 移动存储器

目前广泛使用的移动存储器有 U 盘和移动硬盘两种。

1）U 盘。U 盘又称"闪存盘"，采用 Flash 存储器（闪存）芯片，体积小、质量轻，容量按需要而定（几十兆字节至几十吉字节），具有写保护功能，数据保存安全、可靠，使用寿命长；使用 USB 接口，即插即用，支持热插拔（必须先停止工作），读写速度比较快，可以模拟光驱和硬盘启动操作系统。

2）移动硬盘。移动硬盘是计算机之间交换大容量数据、强调便携性的存储产品。移动硬盘多采用 USB、IEEE 1394 等传输速度较快的接口，可以较高的速度与系统进行数据传输。

移动硬盘的优点是容量大，兼容性好，即插即用，速度快，体积小、质量轻，安全可靠。

3. 光盘存储器

光盘存储器具有记录密度高、存储容量大、采用非接触方式读写信息、信息可长期保存等优点。

1）光盘存储器的发展如表 5-4 所示。

表 5-4　光盘存储器的发展

发展阶段	年份	名称	激光类型	存储容量
第 1 代	1982	CD 光盘存储器	红外光	650MB
第 2 代	1995	DVD 光盘存储器	红光	4.7GB
第 3 代	2006	BD 光盘存储器	蓝光	25GB

2）光驱的类型：CD 只读光驱、CD 刻录机、DVD 只读光驱、DVD 刻录机、由 DVD 只读/CD 刻录机组合而成的"康宝"、BD（blue-ray disc）只读光驱、BD 刻录机等。

3）光盘片的类型。

① CD 盘片：包括只读盘片（CD-ROM）、一次性可写盘片（CD-R）、可擦写盘片（CD-RW）。

② DVD 盘片：包括只读盘片（DVD）、一次性可写盘片（DVD-R，DVD+R）、可擦写盘片（DVD-RW、DVD+RW、DVD-RAM）。

③ 蓝光盘片：包括只读盘片（BD）、一次性可写盘片（BD-R）、可擦写盘片（BD-RE）。

学习小结

计算机硬件是指计算机系统中由电子、机械和光电元件等组成的各种物理装置的总称。这些物理装置按系统结构的要求构成一个有机整体，为计算机软件运行提供物质基础。本单元对计算机硬件进行了介绍，通过学习可了解它们在计算机的实际应用中起到的重要作用。

自我练习

一、是非题

1．CD-ROM 盘片表面有许多极为微小的、长短不等的凹坑，所记录的信息与此有关。

2．在 PC 中，硬盘与主存之间的数据传输必须经由 CPU 才能进行。

3．光盘存储器的数据读出速度和传输速度比硬盘慢。

4．计算机中往往有多个处理器，其中承担系统软件和应用软件运行任务的处理器，称为中央处理器。

5．智能手机、数码照相机、MP3 播放器等产品中一般含有嵌入式计算机。

二、单选题

1．若某台计算机没有硬件故障，也没有被计算机病毒感染，但执行程序时总是频繁读写硬盘，造成系统运行缓慢，则首先需要考虑给该计算机扩充＿＿＿＿＿＿。

    A．内存　　　　　　B．硬盘　　　　　　C．寄存器　　　　　　D．CPU

2．键盘、显示器和硬盘等常用外部设备在操作系统启动时都需要参与工作，所以它们的基本驱动程序都必须预先存放在＿＿＿＿＿＿中。

    A．硬盘　　　　　　B．BIOS ROM　　　　C．RAM　　　　　　D．CPU

3．下列关于 CMOS 的叙述中，错误的是＿＿＿＿＿＿。

    A．CMOS 是一种非易失性存储器，其存储的内容是 BIOS 程序

    B．CMOS 是一种易失性存储器，关机后需电池供电

    C．用户可以更改 CMOS 中的信息

    D．CMOS 中存放机器工作时所需的硬件参数

4．下面关于内存储器的叙述中，错误的是＿＿＿＿＿＿。

    A．内存储器与外存储器相比，容量较小且速度较慢

    B．CPU 当前正在执行的指令与数据都必须存放在内存储器中，否则就不能进行处理

    C．内存储器速度快而容量相对较小，外存储器则速度较慢而容量相对很大

    D．cache 也是内存储器的组成部分

5．计算机硬件系统中指挥、控制计算机工作的核心部件是＿＿＿＿＿＿。

    A．输入设备　　　　B．输出设备　　　　C．存储器　　　　　D．CPU

6．与 CRT 显示器相比，LCD 显示器有若干优点，但不包括＿＿＿＿＿＿。

    A．工作电压低，功耗小　　　　　　　　B．较少辐射危害

    C．不闪烁，体积轻薄　　　　　　　　　D．成本较低，不需要使用显示卡

7．PC 主板上所能安装的内存储器最大容量及可使用的内存储器类型主要取决于＿＿＿＿＿＿。

    A．CPU 主频　　　B．北桥芯片　　　　C．I/O 总线　　　　D．南桥芯片

8．一般来说，＿＿＿＿＿＿不需要启动 CMOS 设置程序对 CMOS 内容进行设置。

    A．PC 组装好之后第一次加电时　　　　B．CMOS 内容丢失或被错误修改时

    C．更换 CMOS 电池时　　　　　　　　D．重装操作系统时

9. BIOS 的中文名是基本输入/输出系统。下列说法错误的是_____。

    A．BIOS 中包含系统主引导记录的装入程序

    B．BIOS 中的程序是可执行的二进制程序

    C．BIOS 是存放在主板上 CMOS 存储器中的程序

    D．BIOS 中包含加电自检程序

10. 下列关于计算机指令系统的叙述中，正确的是_____。

    A．用于解决某一问题的一个指令序列称为指令系统

    B．计算机指令系统中的每条指令都是 CPU 可执行的

    C．不同类型的 CPU，其指令系统完全一样

    D．不同类型的 CPU，其指令系统完全不一样

11. U 盘和存储卡都是采用_____芯片做成的。

    A．DRAM   B．闪烁存储器

    C．SRAM   D．cache

12. 自 20 世纪 90 年代起，PC 使用的 I/O 总线类型主要是_____，它可用于连接中、高速外部设备，如以太网卡、声卡等。

    A．PCI（PCI-E）   B．PS/2

    C．VESA   D．ISA

13. 下列不属于显示器组成部分的是_____。

    A．显示控制器（显卡）   B．CRT 或 LCD 显示器

    C．CCD 芯片   D．VGA 接口

14. 下列设备中：①触摸屏；②传感器；③数码照相机；④麦克风；⑤音箱；⑥绘图仪；⑦显示器。_____均可作为输入设备。

    A．④⑤⑥⑦   B．③④⑤⑥

    C．①②⑤⑦   D．①②③④

15. PC 中 BIOS 是_____。

    A．一种操作系统   B．一种应用软件

    C．一种总线   D．基本输入/输出系统

三、填空题

1. 当 Caps Lock 指示灯不亮时，按_____键的同时按字母键，可以输入大写字母。

2. 当用户移动鼠标器时，所移动的_____和方向将分别变换成脉冲信号输入计算机，从而控制屏幕上鼠标指针的运动。

3. CD-ROM 盘片的存储容量大约为 650_____。

4. 半导体存储芯片，主要可分为 DRAM 和 SRAM 两种，其中_____适合用做 cache（高速缓冲存储器）。

5. _____计算机大多包含数以百计、千计甚至万计的 CPU，它的运算处理能力极强，在军事和科研等领域有重要的作用。

单元 2　计算机软件基础

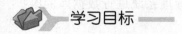　学习目标

1）掌握计算机软件的概念和分类。
2）理解操作系统的作用、功能和分类。
3）了解算法的基本概念。
4）理解程序设计语言的分类和常用程序设计语言。

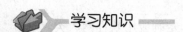　学习知识

一、计算机软件概述

1. 软件的概念及分类

一个完整的计算机系统有两个基本组成部分，即计算机硬件和计算机软件。计算机硬件是组成计算机的各种物理设备的总称；而计算机软件指的是指示（指挥）计算机完成特定任务的、以电子格式存储的程序、数据和相关的文档。

1）程序。程序是告诉计算机做什么和如何做的一组指令（语句），这些指令（语句）都是计算机能够理解并执行的一些命令。

2）数据。程序所处理的对象和处理后得到的结果统称为数据（分别称为输入数据和输出数据）。

3）文档。文档指的是与程序开发、维护及操作有关的一些资料（如设计报告、维护手册和使用指南等）。

4）知识产权。软件是智力活动的成果，受到知识产权（版权）法的保护。版权授予软件作者（版权所有者）享有下列权益：复制、发布、修改、署名、出售等。购买一个软件，用户仅仅得到了该软件的使用权，并没有获得它的版权。随意进行软件复制和发布是一种违法行为。

2. 软件的分类

计算机软件分为系统软件和应用软件两大类。

（1）系统软件

系统软件是指控制和协调计算机及外部设备，支持应用软件开发和运行的系统，是无须用户干预的各种程序的集合。其主要功能是调度、监控和维护计算机系统；负责管理计算机系统中各种独立的硬件，使它们可以协调工作。它主要包括操作系统、语言处理系统、数据库管理系统、各类服务性程序等。系统软件的核心是操作系统。

1）操作系统。目前，微型计算机常用的操作系统有 Windows、UNIX、Linux 等。

2）语言处理系统。它是对软件语言进行处理的程序子系统。其作用是把用软件语言书写的各种程序处理成可在计算机上执行的程序，或最终的计算结果或其他中间形式。

3）数据库管理系统。它是一种操纵和管理数据库的大型软件，用于建立、使用和维护数据库。它对数据库进行统一的管理和控制，以保证数据库的安全性和完整性。用户通过数据库管理系统访问数据库中的数据，数据库管理员通过数据库管理系统进行数据库的维护工作。

4）服务性程序。它是一类辅助性的程序，提供各种运行所需的服务。例如，用于程序的装入、连接、编辑和调试用的装入程序、连接程序、编辑程序及调试程序，以及故障诊断程序、纠错程序等，包括编辑程序、纠错程序、连接程序等。

（2）应用软件

应用软件是为满足用户不同领域、不同问题的应用需求而提供的一部分软件。它可以拓宽计算机系统的应用领域，放大硬件的功能。

从其服务对象的角度来看，应用软件可分为通用应用软件和定制应用软件两大类。通用应用软件支持最基本的应用，应用范围较为广泛，可以在市场上购买，如 Office 办公软件。定制应用软件只应用于某一专业领域，解决某个应用领域的具体问题，市场上没有现成的软件，需要专门人员进行开发。

3. 商品软件、共享软件、自由软件和免费软件

1）商品软件：付费后才能得到使用权。

2）共享软件：又称试用软件，具有版权，可免费试用一段时间，允许复制和散发（但不可修改），试用期满后需交费才能继续使用。

3）自由软件：又称开放源代码软件，用户可共享，并允许随意复制、修改其源代码，允许销售和自由传播。但是，对软件源代码的任何修改都必须向所有用户公开，还必须允许此后的用户享有进一步复制和修改的自由。

4）免费软件：无须付费即可获得的软件。很多自由软件是免费软件，免费软件不全是自由软件。

4. 操作系统

操作系统（operating system，OS）是计算机中最重要的一种系统软件，是许多程序模块的集合，它能以尽量有效、合理的方式组织和管理计算机的软硬件资源，合理地安排计算机的工作流程，控制和支持应用程序的运行，并向用户提供操作服务，确保整个计算机系统高效率地运行。

（1）操作系统的作用

操作系统主要有以下 3 个方面的重要作用。

1）为运行的程序管理和分配各种软硬件资源。

2）为用户提供友善的人机界面。

3）为开发和运行应用程序提供高效率的平台。

（2）操作系统的组成

操作系统通常由内核和其他许多附加的配套软件所组成，包括图形用户界面程序、常用

的应用程序（如日历、计算器等）和实用程序（任务管理器、磁盘清理程序等），以及为支持应用软件而开发的各种软件构件。

（3）操作系统的功能

从资源管理的角度来看，操作系统的功能包括处理机管理、存储管理、文件管理、设备管理和作业管理 5 个方面。

1）处理机管理。现在操作系统使用多任务机制，计算机可以同时执行多个任务，因此进程管理的主要任务是对处理机的时间进行合理分配。"任务"指的是要计算机做的一件事，计算机执行一个任务通常就对应着运行一个应用程序。为了提高 CPU 的利用率，操作系统一般允许计算机同时执行多个任务，一个任务对应屏幕上的一个窗口。能够接收用户输入的窗口只能有一个，称为活动窗口，对应的任务称为前台任务，除活动窗口外，其他窗口都是非活动窗口，所对应的任务均称为后台任务。

Windows 操作系统采用并发多任务方式支持多个任务的执行。所谓并发是指不管是前台任务还是后台任务，它们都能够分配到 CPU 使用权。操作系统中有一个处理器调度程序负责把 CPU 时间分配给各个任务，每个任务轮流执行。

2）存储管理。存储管理的主要任务是内存的分配和回收、内存的共享和保护、内存的自动扩充。所谓虚拟存储，就是把内存与外存有机地结合起来使用，从而得到一个容量很大的"内存"，即虚拟存储。

3）文件管理。程序和数据通常存储在外存中，为了便于存取和管理，它们都组织成"文件"。文件是存储在外存中的一组相关信息的集合。每个文件均有自己的"文件名"，用户（或软件）使用文件名读出/写入（称为"存取"）外存中的文件。文件的名称由两部分组成：（主文件名）[.扩展名]。

文件目录在 Windows 系统中称为文件夹，每个逻辑盘（物理盘或硬盘上的分区）是一个根文件夹，文件夹中既可包含文件，也可包含文件夹（子文件夹），子文件夹又可存放文件和子文件夹，形成树状多级文件夹结构。

4）设备管理。根据用户提出使用设备的请求进行设备分配，还能随机接收设备的请求（中断），如要求输入信息等。

5）作业管理。完成某个独立任务的程序及所需数据的一个作业。作业管理是指对用户提交的诸多作业进行管理。

5. 常用的操作系统

操作系统有以下几种类型。

1）PC 使用的操作系统一般具有多任务处理功能。

2）网络服务器上安装运行的是"网络操作系统"（简称 NOS），其特点是具有强大的多用户并发处理能力，支持多种网络通信功能，提供专门的网络应用服务，安全性强，可靠性好。

3）军事指挥和武器控制系统、电网调度和工业控制系统、证券交易系统等安装运行的是"实时操作系统"，其特点是对外部事件能在允许的时间范围内快速做出响应，具有很高的可靠性和安全性。

4）嵌入式计算机应用中运行的是"嵌入式操作系统"，其特点是快速、高效，具有实时处理功能，代码非常紧凑，存储器需求小。

下面主要介绍常用的 Windows 操作系统、UNIX 操作系统和 Linux 操作系统。

（1）Windows 操作系统

Windows 操作系统的特点是提供了多任务处理能力，采用图形用户界面（graphical user interface，GUI），简化计算机操作，在个人计算机上被广泛使用。

（2）UNIX 操作系统和 Linux 操作系统

UNIX 操作系统和 Linux 操作系统是目前广泛使用的主流操作系统，是由美国贝尔实验室开发的一种通用多用户交互式分时操作系统。UNIX 操作系统的特点为结构简练、功能强大、可移植性好、可伸缩性和互操作性强、网络通信功能强、安全可靠等。UNIX 系统已成为目前国际上使用最广泛、影响最大的操作系统。

Linux 操作系统是一种自由和开放源代码的类 UNIX 操作系统。Linux 操作系统内核是一个自由软件，它的源代码是公开的。Linux 操作系统可安装在各种计算机硬件设备中，从手机、平板式计算机、路由器和视频游戏控制台，到台式计算机、大型机和超级计算机，许多智能手机和平板式计算机使用的 Android（安卓）系统采用的操作系统核心是 Linux 2.6 操作系统。

二、算法

1. 算法的定义及特征

算法（algorithm）是指解题方案的准确而完整的描述，是一系列解决问题的清晰指令，代表着用系统的方法描述解决问题的策略机制，也就是说，算法能够对一定规范的输入在有限时间内获得所要求的输出。如果一个算法有缺陷，或不适合某个问题，执行这个算法将不会解决这个问题。不同的算法可能用不同的时间、空间或效率来完成同样的任务。一个算法的优劣可以用空间复杂度与时间复杂度来衡量。算法可以使用自然语言、伪代码、流程图等不同的方法来描述。

一个算法应该具有以下 7 个重要的特征。

1）有穷性（finiteness）：算法必须能在执行有限个步骤之后终止。

2）确切性（definiteness）：算法的每一个步骤必须有确切的定义。

3）输入项（input）：一个算法有 0 个或多个输入，以刻画运算对象的初始情况，所谓 0 个输入是指算法本身定出了初始条件。

4）输出项（output）：一个算法有一个或多个输出，以反映对输入数据加工后的结果。没有输出的算法是毫无意义的。

5）可行性（effectiveness）：算法中执行的任何计算步骤都是可以被分解为基本的可执行的操作步骤，即每个计算步骤都可以在有限时间内完成（又称有效性）。

6）高效性（high efficiency）：执行速度快，占用资源少。

7）健壮性（robustness）：对数据响应正确。

2．算法的分析

同一问题可用不同算法解决，而一个算法的质量将影响算法乃至程序的效率。算法分析的目的在于选择合适算法和改进算法。一个算法的评价主要从时间复杂度和空间复杂度来考虑。

1）算法的时间复杂度：执行算法所需要的时间。一般来说，计算机算法是问题规模 n 的函数 f(n)，算法的时间复杂度也因此记作"T(n)=O(f(n))"。问题的规模 n 越大，算法执行的时间的增长率与 f(n) 的增长率越呈正相关，称为渐进时间复杂度（asymptotic time complexity）。

2）算法的空间复杂度：算法需要消耗的内存空间。其计算和表示方法与时间复杂度类似，一般用复杂度的渐近性表示。同时间复杂度相比，空间复杂度的分析要简单得多。

三、程序设计语言

1．程序设计语言的类型

程序设计语言按其级别可以划分为机器语言、汇编语言和高级语言三大类。

1）机器语言。机器语言由二进制 0、1 代码指令构成，不同的 CPU 具有不同的指令系统。机器语言程序难编写、难修改、难维护，需要用户直接对存储空间进行分配，编程效率极低。目前，这种语言已经被淘汰。

2）汇编语言。汇编语言指令是机器指令的符号化，与机器指令存在着直接的对应关系，所以汇编语言同样存在着难学难用、容易出错、维护困难等缺点。但是汇编语言也有自己的优点，即可直接访问系统接口，汇编程序翻译成的机器语言程序的效率高。

3）高级语言。高级语言是面向用户的、基本上独立于计算机种类和结构的语言。其最大的优点是，形式上接近于算术语言和自然语言，概念上接近于人们通常使用的概念。高级语言的一个命令可以代替几条、几十条甚至几百条汇编语言的指令。因此，高级语言易学易用，通用性强，应用广泛。

2．程序设计语言的成分

程序设计语言的基本成分可归纳为以下 4 种。

1）数据成分：用以描述程序所涉及的数据。

2）运算成分：用以描述程序所包含的运算。

3）控制成分：用以表达程序的控制构造。

4）传输成分：用以表达程序数据的传输。

3．常用的程序设计语言

常用的程序设计语言有以下几种。

1）FORTRAN 语言。FORTRAN 是一种主要用于数值计算的面向过程的程序设计语言。FORTRAN 语言的特点是接近数学公式、简单易用。目前最新的国际标准是 FORTRAN 2008。

2）BASIC 和 Visual Basic 语言。BASIC 语言的特点是简单易学。Visual Basic（VB）语

言是 Microsoft 公司基于 BASIC 发展而来的一种程序设计语言，是一种可视化的、面向对象的、采用事件驱动方式的结构化高级程序设计语言，具有高效率、简单易学及功能强大的特点。它可以高效、快速地开发 Windows 系统环境下功能强大、图形界面丰富的应用软件。

3）Java 语言。Java 语言是一种面向对象的、用于网络环境的程序设计语言。Java 语言的基本特征是，适用于网络分布环境，具有一定的平台独立性，安全性和稳定性较好。

4）C 语言和 C++语言。C 语言兼有高级语言的优点和汇编语言的效率，能有效地处理简洁性和实用性、可移植性和高效性之间的矛盾。C++语言以 C 语言为基础发展而成，既有数据抽象和面向对象能力，运行性能高，又能与 C 语言兼容，因而 C++语言迅速流行，成为当前面向对象程序设计的主流语言。

学习小结

计算机软件是用户与硬件之间的接口界面。用户主要通过软件与计算机进行交流。软件是计算机系统设计的重要依据。本单元主要介绍了计算软件、操作系统的作用、特点和分类，以及算法和程序设计语言，为进一步学习打下基础。

自我练习

一、是非题

1．用户购买软件后，就获得了它的版权，可以随意进行软件复制和分发。

2．对于同一个问题可采用不同的算法去解决，但不同的算法通常具有相同的效率。

3．Java 语言适用于网络环境编程，在 Internet 上有很多用 Java 语言编写的应用程序。

4．汇编语言是面向计算机指令系统的，因此汇编语言程序可以由计算机直接执行。

5．在 Windows 系统中，可以像删除子目录一样删除根目录。

二、单选题

1．下列关于自由软件的叙述中，错误的是_____。
   A．允许随意复制
   B．允许自行销售
   C．允许修改其源代码，可不公开对源代码修改的具体内容
   D．遵循非版权原则

2．下列关于程序设计语言处理系统的叙述中，错误的是_____。
   A．它用于把高级语言编写的程序转换成可在计算机上直接执行的二进制程序
   B．它本身也是一个（组）软件
   C．它可以分为编译程序、解释程序、汇编程序等不同类型
   D．用汇编语言编写的程序不需要处理就能直接由计算机执行

3．下列关于 Windows 操作系统多任务处理的叙述中，错误的是_____。
   A．前台任务可以有多个，后台任务只有 1 个

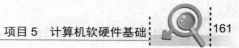

  B.　前台任务只有 1 个，后台任务可以有多个

  C.　用户正在输入信息的窗口称为活动窗口，它所对应的任务称为前台任务

  D.　每个任务通常都对应着屏幕上的一个窗口

4.　为求解数值计算问题而选择程序设计语言时，一般不会选用_____。

  A.　FORTRAN B.　C 语言   C.　Visual FoxPro D.　MATLAB

5.　下列诸多软件中，全都属于应用软件的一组是_____。

  A.　Google、PowerPoint、Outlook   B.　UNIX、QQ、Word

  C.　WPS、Photoshop、Linux   D.　BIOS、AutoCAD、Word

6.　下列关于程序设计语言的说法中，错误的是_____。

  A.　FORTRAN 语言是一种用于数值计算的面向过程的程序设计语言

  B.　Java 是面向对象用于网络环境编程的程序设计语言

  C.　C 语言所编写的程序，可移植性好

  D.　C++是面向过程的语言，VC++是面向对象的语言

7.　软件是智力活动的成果，受到_____的保护。

  A.　版权法   B.　授权法   C.　所有权法   D.　侵权法

8.　在银行金融信息处理系统中，为使多个用户都能同时得到系统的服务，采取的主要技术措施是_____。

  A.　计算机必须有多台

  B.　CPU 时间划分为“时间片”，让 CPU 轮流为不同的用户程序服务

  C.　计算机必须有多个系统管理员

  D.　系统需配置多个操作系统

9.　下列有关文件的说法中，错误的是_____。

  A.　文件名可以是英文字符也可以是汉字

  B.　文件可以有扩展名也可以没有

  C.　文件是存储在内存中的相关信息的集合

  D.　通过文件的扩展名可以判断文件类型

10.　下列有关自由软件的说法中，正确的是_____。

  A.　付费后才能使用

  B.　可以先试用，满意后再付费

  C.　不可以相互共享

  D.　可以随意复制、修改源代码

11.　若同一单位的很多用户都需要安装使用同一软件，最好购买该软件相应的_____。

  A.　多用户许可证   B.　专利

  C.　著作权   D.　多个副本

12.　下列不属于系统软件的是_____。

  A.　字处理软件   B.　数据库管理系统

  C.　语言处理系统   D.　操作系统

13．下列关于计算机程序和数据的叙述中，错误的是_____。

　　A．程序所处理的对象和处理后所得到的结果统称为数据

　　B．同一程序可以处理许多不同的数据

　　C．程序具有灵活性，即使输入数据不正确甚至不合理，也能得到正确的输出结果

　　D．程序和数据是相对的，一个程序也可以作为另一个程序的数据进行处理

14．简单文本也称纯文本，在 Windows 操作系统中，其文件扩展名为_____。

　　A．.txt 　　　　　B．.doc 　　　　　C．.rtf 　　　　　D．.html

15．为了支持多任务处理时多个程序共享内存资源，操作系统的存储管理程序把内存与_____有机结合起来，提供一个容量比实际内存大得多的"虚拟存储器"。

　　A．高速缓冲存储器 　　　　　　　B．光盘存储器

　　C．硬盘存储器 　　　　　　　　　D．U 盘存储器

三、填空题

1．在 Windows 操作系统中，用户可以借助于"_____管理器"程序，以了解系统中运行的应用程序状态和 CPU 的利用率等有关信息。

2．计算机系统中最重要的系统软件是_____，它负责管理计算机的软硬件资源。

3．与以前操作系统使用的字符方式界面不同，Windows 操作系统采用_____用户界面，称为 GUI。

4．到 2017 年底为止，在 PC 上安装使用的 Windows 操作系统的最新版本是_____。

5．为了有效地管理内存以满足多任务处理的要求，操作系统提供了_____管理功能。

项目6　计算机信息技术基础

随着计算机科学与技术的迅猛发展，以计算机技术和通信技术为主要基础的信息技术渗透到现代社会生活的每个角落，影响着我们的生活、学习、工作诸方面，人类社会正从工业化阶段发展到以数字技术为基础的信息化阶段。

单元1　信息技术概述

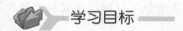 学习目标

1）理解信息技术的基本概念。
2）理解比特和进制的概念。
3）了解计算信息系统的基本概念及应用。
4）了解数据库系统的基本概念。
5）了解集成电路的基本知识。
6）能进行比特的基本运算和各种数制的相互转换。

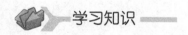 学习知识

一、信息技术概念

1. 信息

信息是指认识主体所感知或所表达的事物运动及其变化方式的形式、内容和效用。信息是极其普遍和广泛的，它作为人们认识世界、改造世界的一种基本资源，与人类的生存和发展有着密切的关系。

2. 信息技术

信息技术指的是用来扩展人们信息器官功能、协助人们进行信息处理的一类技术。人们的信息器官主要有感觉器官、神经网络、思维器官及效应器官。基本的信息技术包括以下4个方面：①扩展感觉器官功能的感测（获取）与识别技术，如雷达、卫星遥感；②扩展神经系统功能的通信技术，如电话、电视、Internet；③扩展大脑功能的计算（处理）与存储技术，如计算机、机器人；④扩展效应器官功能的控制与显示技术。

3. 信息的基本单位——比特

（1）比特的定义

比特的英文为"bit"，它是 binary digit 的缩写，简称"位"。比特只有两种状态（取值）：数字 0 或数字 1。比特是组成信息的最小单位。许多情况下，它只是一种符号而没有数量的概念。比特在不同应用中有不同含义，有时表示数值，有时表示文字和符号，有时则表示图像，有时还可以表示声音。

比特是计算机与其他数字系统处理、存储和传输信息的最小单位，一般用小写的字母"b"表示。而稍大些的数字信息的计量单位是"字节"，用大写字母"B"表示，1B 包含 8bit，其顺序排列如下：

b7　b6　b5　b4　b3　b2　b1　b0

其中，每个 bi 代表一个比特（二进制位），b7 是字节的最高位，b0 是其最低位。

（2）比特的运算

比特基本的逻辑运算有 3 种：逻辑加（又称"或"运算，用符号"OR"、"∨"或"+"表示）、逻辑乘（又称"与"运算，用符号"AND"、"∧"或"·"表示）及取反（又称"非"运算，用符号"NOT"或"-"表示）。它们的运算规则如下。

逻辑加：

$$
\begin{array}{cccc}
0 & 0 & 1 & 1 \\
\underline{\vee 0} & \underline{\vee 1} & \underline{\vee 0} & \underline{\vee 1} \\
0 & 1 & 1 & 1
\end{array}
$$

逻辑乘：

$$
\begin{array}{cccc}
0 & 0 & 1 & 1 \\
\underline{\wedge 0} & \underline{\wedge 1} & \underline{\wedge 0} & \underline{\wedge 1} \\
0 & 0 & 0 & 1
\end{array}
$$

取反运算最简单，"0"取反后是"1"，"1"取反后是"0"。

两个多位二进制数进行逻辑运算时，按位独立进行，相邻位之间不发生关系。

（3）比特的存储

使用各种类型的存储器存储二进制信息时，存储容量是一项很重要的性能指标。存储容量使用 2 的幂次作为单位有助于存储器的设计。

● 千字节（kilobyte，简写为 KB），$1KB=2^{10}B=1024B$。

● 兆字节（megabyte，简写为 MB），$1MB=2^{20}B=1024KB$。

● 吉字节（gigabyte，简写为 GB），$1GB=2^{30}B=1024MB$。

● 太字节（terabyte，简写为 TB），$1TB=2^{40}B=1024GB$。

然而，K、M、G 等单位在其他领域（如距离、频率的度量）中是以 10 的幂次来计算的，因此有些计算机设备（如磁盘）制造商也采用 1MB=1000KB，1GB=1000000KB。这些差异已经带来了误解和混淆，需要引起注意。

还应注意的是，经常使用的传输速率单位如下。

- 比特/秒（b/s），如 2400b/s。
- 千比特/秒（Kb/s），$1Kb/s=10^3b/s=1000b/s$（此时 $K=10^3$）。
- 兆比特/秒（Mb/s），$1Mb/s=10^6b/s=1000Kb/s$（此时 $M=10^6$）。
- 吉比特/秒（Gb/s），$1Gb/s=10^9b/s=1000Mb/s$（此时 $G=10^9$）。
- 太比特/秒（Tb/s），$1Tb/s=10^{12}b/s=1000Gb/s$（此时 $T=10^{12}$）。

二、数值在计算机中的表示

1. 进制的概念

进制是一种计数方式，也称为进位计数法，可以用有限位的数字符号代表所有的数值。其中，使用的数字符号的数目称为基数或底数，若基数为 n，则可称为 n 进位制，简称 n 进制。例如，十进制数，它由 0、1、2、3、4、5、6、7、8、9 这 10 个数字符号组成，基数为 10，逢十进一。二进制由 0 和 1 两个数字符号组成，基数为 2，逢二进一。

任何一种进制表示的数都可以写成按位权展开的多项式之和。例如，1598.764 代表的实际值是 $1×10^3+5×10^2+9×10^1+8×10^0+7×10^{-1}+6×10^{-2}+4×10^{-3}$。

2. 二进制数

二进制数只有 0 和 1 两个基本数字。计算机中的数据均采用二进制表示，这是因为：①在实际生活中具有两个不同的稳定状态的物理量是普遍存在的，用 0 和 1 正好可以表示，如电平的高低、晶体管的接通或断开等；②二进制数运算简单，大大简化了计算中运算部件的结构。

二进制数的运算规则如下。

加法：

0	0	1	1
+0	+1	+0	+1
0	1	1	1 0

（向高位进 1）

减法：

0	0	1	1
−0	−1	−0	−1
0	1	1	0

（向高位借 1）

两个多位二进制数的加、减法可以从低位到高位按上述规则进行，但必须考虑进位和借位的处理。

3. 不同进制的转换

（1）二进制数与十进制数转换

1）二进制数转换成十进制数：只需将二进制数的每一位乘上其对应位的权值，再累加起来。例如，$(111.011)_2=(1×2^2+1×2^1+1×2^0+0×2^{-1}+1×2^{-2}+1×2^{-3})_{10}=(7.375)_{10}$。

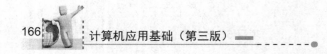

2）十进制整数转换成二进制整数：十进制整数转换成二进制整数可以采取"除以 2 取余法"。例如，将十进制数 69 转换成二进制。

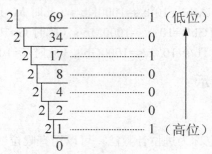

所以，$(69)_{10}=(1000101)_2$。

3）十进制小数转换成二进制小数：可以采取"乘以 2 取整法"，把给定的十进制小数不断乘以 2，取乘积的整数部分作为二进制小数的最高位，然后把乘积小数部分再乘以 2，取乘积的整数部分，得到二进制小数的第二位，不断重复，直到得到希望的位数，有时得到的是近似值。下面举两个不同的例子。

将 $(0.875)_{10}$ 转换成二进制小数：

0.875×2=1.75	整数部分=1	（高位）
0.75×2=1.5	整数部分=1	
0.5×2=1	整数部分=1	（低位）

所以，$(0.875)_{10}=(0.111)_2$。

将 $(0.67)_{10}$ 转换成二进制小数：

0.67×2=1.34	整数部分=1	（高位）
0.34×2=0.68	整数部分=0	
0.68×2=1.36	整数部分=1	
0.36×2=0.72	整数部分=0	（低位）

所以，十进制数转化成二进制数并不都是精确转化的，$(0.67)_{10}\approx(0.1010)_2$。

综上所述，将 $(111.01)_2$ 转化成十进制数，方法如下：$(111.01)_2=(1\times2^2+1\times2^1+1\times2^0+0\times2^{-1}+1\times2^{-2})_{10}=(7.25)_{10}$。

将 $(89.625)_{10}$ 转化成二进制数，可以将 89.625 分为整数 89 和小数 0.625 两部分转换：$(89)_{10}=(1011001)_2$，$(0.625)_{10}=(0.101)_2$。所以，$(89.625)_{10}=(1011001.101)_2$。

（2）其他进制数转换

从十进制和二进制的概念出发，可以进一步推广到更一般的任意进位制的情况，常用的有八进制和十六进制两种。

八进制数使用 0、1、2、3、4、5、6、7 这 8 个符号，逢八进一。例如，$(365.2)_8=(3\times8^2+6\times8^1+5\times8^0+2\times8^{-1})_{10}=(245.25)_{10}$。

十六进制数使用 0、1、2、3、4、5、6、7、8、9、A、B、C、D、E、F 这 16 个符号，其中 A、B、C、D、E、F 分别代表十进制的 10、11、12、13、14、15。在十六进制数中，

低位逢十六进一，高位借一当十六。例如，$(F5.4)_{16}=(15\times16^1+5\times16^0+4\times16^{-1})_{10}=(245.25)_{10}$。

八进制数转换成二进制数的方法很简单，只要把每一个八进制数字改写成等值的 3 位二进制数即可，且保持高低位的次序不变。八进制数字与二进制数的对应关系如下：$(0)_8=000$，$(1)_8=001$，$(2)_8=010$，$(3)_8=011$，$(4)_8=100$，$(5)_8=101$，$(6)_8=110$，$(7)_8=111$。

下面是八进制数转换成二进制数的例子。

将$(0.754)_8$转换成二进制数：$(0.754)_8=(000.111\ 101\ 100)_2=(0.1111011)_2$。

将$(16.327)_8$转换成二进制数：$(16.327)_8=(001\ 110.011\ 010\ 111)_2=(1110.011010111)_2$。

二进制数转换成八进制数的方法是，整数部分从低位向高位方向每 3 位用一个等值的八进制数来替换，最后不足 3 位时在高位补 0 凑满 3 位；小数部分从高位向低位方向每 3 位用一个等值的八进制数来替换，最后不足 3 位时在低位补 0 凑满 3 位。例如，$(0.10111)_2=(000.101\ 110)_2=(0.56)_8$，$(1011101.01)_2=(001\ 011\ 101.010)_2=(135.2)_8$。

十六进制数转换成二进制数的方法与八进制数转换成二进制数的方法类似，只要把每一个十六进制数字改写成等值的 4 位二进制数即可，且保持高低位的次序不变。十六进制数字与二进制数的对应关系如下：$(0)_{16}=0000$，$(1)_{16}=1001$，$(2)_{16}=0010$，$(3)_{16}=0011$，$(4)_{16}=0100$，$(5)_{16}=0101$，$(6)_{16}=0110$，$(7)_{16}=0111$，$(8)_{16}=1000$，$(9)_{16}=1001$，$(A)_{16}=1010$，$(B)_{16}=1011$，$(C)_{16}=1100$，$(D)_{16}=1101$，$(E)_{16}=1110$，$(F)_{16}=1111$。

例如，将十六进制数$(24C.2E)_{16}$转换成二进制数：$(24C.2E)_{16}=(0010\ 0100\ 1100.0010\ 1110)_2=(1001001100.0010111)_2$。

二进制数转换成十六进制数的方法是，整数部分从低位向高位方向每 4 位用一个等值的十六进制数来替换，最后不足 4 位时在高位补 0 凑满 4 位；小数部分从高位向低位方向每 4 位用一个等值的十六进制数来替换，最后不足 4 位时在低位补 0 凑满 4 位。例如，$(11101.01)_2=(0001\ 1101.0100)_2=(1D.4)_{16}$。

必须注意，计算机只使用二进制一种计数制，并不使用其他计数制。但是二进制数太长，书写、阅读、记忆均不方便；而八进制、十六进制却像十进制数一样简练，易写易记，且与二进制相互间的转换非常直观、方便。为了方便开发程序、调试程序、阅读机器内部代码，人们经常用八进制或十六进制来等价地表示二进制数，所以大家也必须熟练地掌握八进制和十六进制。

4. 计算机中的数值表示

整数不使用小数点，或者说小数点始终隐含在个位数的右面，所以整数又称"定点数"。计算机中的整数分为两类。

1）不带符号的整数（unsigned integer）：此类整数一定是正整数。

2）带符号的整数（signed integer）：此类整数既可表示正整数，又可表示负整数。

不带符号的整数常常用于表示地址、索引等正整数，它们可以是 8 位、16 位、32 位，甚至位数更多。8 个二进位表示的正整数的取值范围是 0～255（2^8-1），16 个二进位表示的正整数的取值范围是 0～65535（$2^{16}-1$），32 个二进位表示的正整数的取值范围是 0～（$2^{32}-1$）。

带符号的整数必须使用一个二进位作为其符号位，一般总是最高位（最左面的一位），"0"表示"+"（正数），"1"表示"–"（负数），其余各位则用来表示数值的大小。例如，

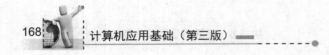

00101011=+43，10101011=-43。

可见，8 个二进位表示的带符号整数，其取值范围是-127～+12^7（-2^7+1～+2^7-1），16 个二进位表示的带符号整数，其取值范围是-32767～+32767（-2^{15}+1～+2^{15}-1），32 或 64 个二进位表示的带符号整数，其取值范围也可类似地推算出来。

上面的表示法称为"原码"，它虽然与我们日常使用的方法比较一致，但在进行加法和减法运算的时候，需要使用不同的逻辑电路来完成，增加了 CPU 的成本。因此，数值为负的整数在计算机内不采用原码表示，而采用"补码"的方法表示。

负数使用补码表示时，符号位也是"1"，但绝对值部分是原码的每一位取反后，再在末位加"1"所得到的结果。例如，(-43)$_原$=10101011。

绝对值部分每一位取反后为 11010100，末位加"1"得到：(-43)$_补$=11010101。

43、-43 的原码、反码、补码表示如下所示。

(43)$_原$=00101011　　　　　　　　(-43)$_原$=10101011

(43)$_反$=00101011　　　　　　　　(-43)$_反$=11010100

(43)$_补$=00101011　　　　　　　　(-43)$_补$=11010101

可以看出，正整数无论采用原码、反码还是补码表示，其编码都是相同的，并无区别。有趣的是，采用原码表示时，有"-0"（表示为"1000…00"）与"+0"（表示为"0000…00"）之分；而在补码表示法中，"-0"与"+0"并无区别，它们都表示为全"0"。正因为如此，相同位数的二进制补码，可表示的数的范围比原码多一个数。

三、信息系统简介

1. 信息系统的概念

很多情况下，信息系统是一个很笼统的概念，这里所说的信息系统是特指一类以提供信息服务为主要目的的数据密集型、人机交互式的计算机应用系统。

2. 信息系统的特点

1）涉及的数据量很大，有时甚至是海量的。

2）绝大部分的数据是持久的，它们不会随着程序运行结束而消失，而需要长期保留在计算机系统中。

3）这些数据被多个应用程序和多个用户共享。

4）除具有数据采集、存储、处理、传输和管理等基本功能外，信息系统还可向用户提供信息检索、统计报表、事务处理、分析、控制、预测、决策、报警、提示等信息服务。

3. 信息系统的结构

信息系统由硬件系统和软件系统两大部分组成，通常划分为 4 个层次。

1）基础设施层：包括计算机应用系统运行所需的软硬件以及网络环境。

2）资源管理层：包括各种类型的数据信息，以及实现信息的采集、存储、传输、存取和管理的各种资源管理系统，主要有数据库、数据库管理系统和目录服务系统等。

3）业务逻辑层：由实现各种业务功能、流程、规则、策略等应用业务的一组程序代码构成。

4）应用表现层：其功能是通过人机交互等方式，将业务逻辑和资源紧密结合在一起，并以直观形象的方式向用户展现信息处理的结果。

4. 信息系统的类别

当前，信息系统已被广泛应用于各个行业和领域的信息化建设，种类繁多。从功能来分，常用的有电子数据处理、管理信息系统、决策支持系统；从信息资源来分，有地理信息系统、多媒体信息系统；从应用领域来分，有办公自动化系统、军事指挥系统、医疗信息系统、民航订票系统、电子商务系统、电子政务系统等。

5. 信息系统的发展趋势

信息系统总的发展方向是朝着信息多媒体化、系统集成化、功能智能化、结构分布化的方向发展。

6. 信息系统的开发

信息系统的开发和管理是一项系统工程，也是涉及多学科的综合技术。信息系统开发周期长、投资大、风险大，比一般技术工程有更大的难度和复杂性。

（1）软件工程概述

虽然软件开发技术在不断发展，但其始终不能满足软件发展的需求，从而形成了所谓的"软件危机"。所谓"软件危机"是指计算机软件开发和维护过程中所遇到的一系列严重问题。为了解决软件危机，从事开发软件的人们认识到，要根据软件产品的特点从管理和技术两方面研究软件开发的方法，采用工程的概念、原理、技术和方法来开发与维护软件，把经过时间考验而证明正确的管理技术和当前能够得到的最好的技术结合起来，这就是软件工程。软件工程的出现缓解了软件危机。

（2）软件工程的研究内容

软件工程是计算机领域的一个较大的研究方向，其内容十分丰富，包括理论、结构、方法、工具、环境、管理、经济、规范等。软件工程包括软件开发技术和软件工程管理两大部分。

（3）常用的信息系统开发方法

1）结构化生命周期方法。信息系统从规划开始，经过分析、设计、实施直到投入运行，并在使用过程中随着生存环境的变化而不断修改，当它不再适应需要时就要被淘汰，而由新的信息系统代替老的信息系统，这种周期循环称为信息系统的生命周期。结构化生命周期方法将信息系统软件的生命周期分为系统规划、系统分析、系统设计、系统实施和系统维护5个阶段。

2）原型法。所谓原型，是指由系统分析设计人员与用户合作，在短期内定义用户基本需求的基础上，首先开发出一个具备基本功能、实验性的、简易的应用软件，然后运行这个原型，并在相应的辅助开发工具的支持下，按照不断优化的设计思想，通过反复的完美性实验而最终开发出符合用户要求的信息系统。

7. 典型信息系统简介

（1）电子政务

电子政务的实质是在网络上构建电子政府，也就是运用计算机和通信技术打破政府的部门界限，建立起一个虚拟的政府机构，在政府部门之间、政府与社会各界及公众之间架起了一座桥梁，使之可以随时随地沟通并方便地得到信息和服务。

（2）电子商务

电子商务是指利用计算机和网络通信技术，实现整个商务（买卖）过程中的电子化、数字化和网络化。它的主要功能包括网上广告、订货、付款、货物递交、客户服务等，同时也包括市场调研、财务合计及生产安排等商业活动。利用 Internet 和数据库技术来传输和处理商业信息是电子商务的一个重要的技术特征。电子商务的 3 种典型模式为企业对企业（B-B）模式、企业对个人（B-C）模式、个人对个人（C-C）模式。

（3）远程教育

计算机、网络和多媒体等技术与教育相结合就出现了远程教育。远程教育跨越了时间和空间上的限制，使教育资源的普遍共享成为可能，产生了一种新的教育模式。其特点是师生可以不在一起，通过网络的 Web 软件或视频会议系统就可以开展双向的教学活动。

（4）远程医疗

远程医疗是一项将计算机技术、通信技术与多媒体技术同医疗技术相结合，旨在提高诊断与医疗水平、降低医疗开支、满足广大人民群众保健需求的全新的医疗服务模式。

（5）数字图书馆

数字图书馆（D-Lib）是一种拥有多种媒体、内容丰富的数字化信息资源，是一种能为读者方便、快捷地提供信息的服务机制。通俗地讲，数字图书馆是一个不需要阅览室的图书馆，只要有网络存在，任何人都可以随时随地查阅资料、获取信息。

（6）数字地球

数字地球是近几年提出的一个概念，是对真实地球的一种数字化的重现。在这样的条件下，不论何时何地，人们都可以对地球进行一种三维的、可视化的信息检索和空间漫游。

四、数据库技术简介

信息系统中的资源管理层是由数据库和数据库管理系统组成的。

1. 数据库的概念

数据，在一般意义上被认为是对客观事物特征所进行的一种抽象化、符号化的表示，如某人的身高、体重等，它们描述了一个人的某些特征。数据可以有不同的表示形式，即数值型、非数值型，还可以是图像、声音等多媒体数据。总之，凡是能被计算机处理的对象都可以称为数据。

信息通常被认为是有一定含义的、经过加工处理的、对决策有价值的数据。数据处理是指将数据转换成信息的过程。从数据处理的角度来看，信息是一种被加工成特定形式的数据。

所以，信息与数据是密切相关的，数据是信息的载体，它表示了信息，而信息是数据的内涵。

信息是有价值的，其价值取决于它的准确性、及时性、完整性和可靠性。为了提高信息的价值，必须用科学的方法来管理信息，这种方法就是数据库技术。

数据库（database，DB）是指长期存储在计算机内的有组织、可共享的数据集合。数据库中的数据必须按一定的规则（称为"数据模型"）进行组织、描述和存储，具有较小的冗余度、较高的数据独立性和易扩展性，并可被各种用户共享。

2. 数据模型

数据库中的数据是有结构的，这种结构反映出事物间的联系。数据库中数据的组织结构称为数据模型，常用的数据模型有层次模型、网状模型和关系模型。

3. 数据库管理系统

数据库管理系统是为数据库的建立、使用和维护而配置的大型系统软件，其任务是统一管理和控制整个数据库的建立、运用和维护，使用户能方便地定义数据和操纵数据，并保证数据的安全性、完整性、多用户对数据的并发使用及发生故障后的数据库恢复。

数据库管理系统的主要功能包括以下4个方面：①定义数据库的结构，组织与存取数据库中的数据；②提供交互式的查询；③管理数据库事务运行；④为维护数据库提供工具。

基于关系数据模型的数据库管理系统是目前使用最为广泛的数据库管理系统，具有代表性的有 Oracle、DB7、Visual FoxPro、Access、SQL Server、PostgreSQL 等。

4. 信息系统中的数据库访问

（1）访问数据库中的数据

访问数据库就是用户根据使用要求对存放在数据库中的数据进行操作，这些操作都是通过数据库管理系统进行的。为了方便用户访问数据库，数据库管理系统一般配置结构化查询语言（structure query language，SQL），它是一种接近英语的语言，具有定义、操纵和控制数据库中数据的能力。用户可以通过直接编写 SQL 命令或者使用图形用户界面，输入有关的条件进行访问。通常这种操作是在单台计算机上完成的，这是数据库应用中最简单的情况。

（2）C/S 模式的数据库访问

很多时候访问数据的用户与数据库不在同一台计算机上，必须通过网络访问数据库，而且相关被查询的数据可能存储在多台计算机的多个数据库中。为了适应上述应用要求，目前计算机信息系统数据库访问通常采用客户机/服务器（client/server，C/S）模式或浏览器/服务器（browser/server，B/S）模式，或者是将两种技术相结合的混合模式。

在 C/S 模式中，客户机直接面对用户，应用表现层和业务逻辑层（应用程序）均位于客户机中。用户使用数据库系统时，客户机接收用户的查询任务，然后执行相应的程序。当应用程序执行到 SQL 语句时，客户机就将这个任务通过网络传给服务器执行。服务器收到这种请求后完成对数据库的查询，并将结果返回给客户机。这种方式的好处是可以减少网络数据的传输量，提高系统效率。同时，在客户机上独立存放各自的应用程序，对其修改不影响其他用户的使用。C/S 模式适合于客户机相对较少而应用程序相对稳定的信息系统。

（3）B/S 模式的数据库访问

B/S 模式实质上是在 C/S 模式的中间增加了 Web 服务器。第一层是客户层，客户机上配置有浏览器，它起着应用表现层的作用。中间层是业务逻辑层，其中的 Web 服务器专门为浏览器做"收发工作"和本地静态数据的查询，而动态数据则由应用服务器运行动态网页所包括的应用程序而生成，再由 Web 服务器返回给浏览器。当应用程序中嵌有数据查询 SQL 语句时，它就将数据库访问的任务作为一种查询请求，委托数据库服务器执行。第三层是数据库服务器层，它专门接收使用 SQL 语言描述的查询请求，访问数据库并将查询结果返回给中间层。ODBC/JDBC 是中间层与数据库服务器的标准接口（又称应用程序接口）。通过这个接口，不仅可以向数据库服务器提出访问要求，而且可以互相对话。它可以连接一个数据库服务器，也可以连接多个不同的数据库服务器。

在 B/S 模式中，页面请求和页面响应都是发生在浏览器和 Web 服务器之间的，查询 SQL 语句和查询结果都是在 Web 服务器和数据库服务之间的。

5. 关系数据库简介

（1）关系数据模式的二维表结构

从用户的观点看，用关系模式描述的数据的逻辑结构具有二维表的形式，它是一张由预定义数目的列和可变数目的行所构成的二维数据表。一张表描述一类实体集，如表 6-1 所示。

表 6-1 学生登记表

学号	姓名	性别	专业
02431201	陈小蕾	女	计算机应用
02451202	李泉勇	男	电子商务
02461203	余洁	女	信息工程与网络技术
……	……	……	……

表 6-1 描述了若干学生实体（一个学生就是一个实体）。其中，列描述了实体的某一属性，相应的名称为属性名（字段名），属性值的取值范围称为域。表中的每个属性必须是不可分的数据项，用来存放同一类型的数据，且来自同一个域。不同的属性可取自同一个域，但属性名必须不同。除第一行外的其他行（存放属性的值）描述了一个具体的实体各方面的情况，称为元组（记录）。同一张表中不可以有两个或两个以上属性值完全相同的记录。

一张表描述一个实体集（若干个实体）。一个数据库则描述若干个实体集（由若干张二维表组成）。一个数据库的多个表之间、同一张表的记录之间以及同一记录的属性之间均遵循无序性的原则，即它们之间的先后次序可任意交换。

数据库中的每个二维表结构各不相同，它们是用"关系数据模式"来说明的，形式为 R(A1,A2,A3,…,An)，其中 R 称为关系模式名，即二维表名。Ai（1≤i≤n）是属性名。

在数据表的各属性中，能够用来唯一标识记录的属性或属性的组合称为关键字。数据表中的记录由关键字的值唯一确定。有些表中的记录不能由任何一个属性唯一标识，必须由多个属性的组合才能唯一标识。例如，课程选修表（字段有学号、课程编号、成绩）的关键字由学号和课程编号两个属性的组合构成。一个表中的关键字的值不能为空，即关键字为空的记录在数据表中不允许存在，否则将无法标识这一记录。数据表中被指定作为关键字的属性或属性组合，称为该表的主关键字，简称主键。

（2）二维表的基本操作

在 SQL 关系数据库中，可以对已知关系（二维表）进行一些规定的操作，生成新的关系（二维表）。

1）选择操作。选择操作是一种一元操作，它应用于一个关系并产生另一个新关系。新关系中的元组（记录）是原关系中元组的子集。选择操作根据要求从原来的关系中选择部分元组。结果关系中的属性（字段）与原关系相同。

2）投影操作。作为一元操作的投影，它作用于一个关系并产生另一个新关系。新关系中的属性（字段）是原关系中属性的子集。一般情况下，虽然新关系中的元组属性减少了，但其元组（记录）的数量与原关系保持不变。

3）连接操作。连接操作是一个二元操作。它基于共有属性把两个关系组合起来。连接操作比较复杂并有较多变化。

（3）结构化查询语言——SQL

SQL 是一种关系数据库的标准语言。SQL 之所以会成为国际标准，是因为它是一个综合的、功能极强同时又简单易学的语言。SQL 集数据查询、数据操纵、数据定义和数据控制功能于一体。SQL 的数据查询语句格式如下：

```
Select A1,A2,…,An
From R1,R2,…,Rn
[Where F]
```

Select A1,A2,…,An：指出查询结果表的列名，相应于投影操作。

From R1,R2,…,Rn：指出基本表或视图，相应于连接操作。

[Where F]：可以省略，F 为条件表达式，相应于选择操作的条件。

该语句的功能是，根据 Where 子句的条件从表中找出满足条件的记录，按 Select 子句中的目标列选取出记录中的字段形成结果。

6. 数据挖掘简介

数据挖掘又称数据库中的知识发现，是目前最先进的数据资源分析技术。它可以从大量的数据中及时、有效地提取隐含其中的未知的、有用的、不一般的信息和知识，用以对决策活动进行支持。常用的数据挖掘技术有以下 4 种。

1）联系分析：发现数据属性之间的联系。

2）演变分析：联系发生在不同交易之间的数据，描述时间序列数据随时间变化的规律或趋势。

3）分类的聚类：按数据的特征将数据划分为若干类别（子集），由此来判别（或预测）新的数据对象所属的数据类。

4）异常分析：又称离散点分析。一个数据集往往包含一些特别的数据，其行为和模式与一般数据不同（离散点），这些数据称为"异常"数据。对"异常"数据的分析称为"异常分析"，这在欺诈甄别、网络入侵检测等方面有着广泛的应用。

数据挖掘可应用于各个方面，如工程和科学、金融和保险、市场和零售业、制造业、电子商务、体育运动等。

五、微电子技术与集成电路简介

微电子技术是实现电子电路和电子系统超小型化及微型化的技术，它以集成电路为核心。现代集成电路使用的半导体材料通常是硅（Si），也可以是化合物砷化镓（GaAs）等。

1. 集成电路的含义

集成电路（integrated circuit，IC）是 20 世纪 50 年代出现的，它以半导体单晶片作为材料，经平面工艺加工制造，将大量晶体管、电阻等元器件及其连线构成的电子线路集成在基片上，构成一个微型化的电路或系统，然后封装在一个管壳内。其封装的外壳有圆壳式、单列直插式和双列直插式等多种形式。

2. 集成电路的分类

根据所包含的电子元件（如晶体管、电阻等）数目，集成电路可以分为小规模集成电路、中规模集成电路、大规模集成电路、超大规模集成电路和极大规模集成电路。

① 小规模集成电路：集成度小于 100 个电子元件。
② 中规模集成电路：100～3000 个电子元件。
③ 大规模集成电路：3000～10 万个电子元件。
④ 超大规模集成电路：10 万～100 万个电子元件。
⑤ 极大规模集成电路：超过 100 万个电子元件。

现在个人计算机中使用的微处理器、芯片组、图形加速芯片等元器件都是超大规模集成电路和极大规模集成电路。

按所用晶体管结构、电路和工艺的不同，集成电路主要分为双极型集成电路、金属氧化物半导体集成电路、双级-金属氧化物半导体集成电路。

按功能不同，集成电路分为数字集成电路（如门电路、存储器、微处理器、微控制器、数字信号处理器等）和模拟集成电路（又称线性电路，如信号放大器、功率放大器等）。

按用途不同，集成电路分为通用集成电路（如微处理器和存储器芯片等）和专用集成电路。微处理器和存储芯片等都属于通用集成电路，而专用集成电路是按照某种应用的特定要求而专门设计定制的集成电路。

3. 集成电路的制造

集成电路的制造工序繁多，从原料熔炼开始到最终产品包装大约需要 400 道工序，工艺复杂且技术难度非常高，有一系列的关键技术。许多工序必须在恒温、恒湿、超洁净的无尘厂房内完成，生产、控制及测试设备也异常昂贵，动辄数千万元一台。

4. 集成电路的发展趋势

集成电路的特点是体积小、质量轻、可靠性高。集成电路的工作速度主要取决于组成逻辑门电路的晶体管的尺寸。晶体管的尺寸越小，其极限工作频率越高，门电路的开关速度就越快。因此，人们一直在缩小门电路面积方面努力。

1968 年，集成电路的发明者戈登·摩尔、安迪·格洛夫一起创立了 Intel 公司。Intel 公司以持续不懈的技术创新，深深地影响了全球信息技术产业的发展进程，极大地改变了人们的工作和生活方式。1965 年，摩尔在《电子学》杂志上曾发表论文预测，单块集成电路的集成度（单个集成电路所含电子元件的数目）平均每 18～24 个月翻一番，而价格下降一半，这就是著名的摩尔定律。

当前，世界上集成电路批量生产的主流技术已经达到 12～14in（1in=2.54cm）晶圆、45nm或 32nm（1nm=10^{-9}m）的工艺水平，并在近年内将向 22nm 及其以下方向演进。

5．IC 卡

集成电路卡（简称 IC 卡）又称 chip card 或 smart card，它把集成电路芯片密封在塑料卡基片内部，使其成为能存储、处理和传递数据的载体。与磁卡相比，它不受磁场影响，能可靠地存储数据。

（1）IC 卡按功能划分

1）存储器卡：信息存储方便，使用简单，价格便宜，主要用于电话卡、公交卡、医疗卡、水电费卡等。

2）CPU 卡（又称智能卡）：具有存储容量大、处理能力强、信息存储安全等特性，广泛用于信息安全性要求特别高的场合，如信用卡、手机卡、身份证等。

（2）IC 卡按使用方式划分

1）接触式 IC 卡：通过 IC 卡读写设备的触点与 IC 卡的触点接触后进行数据的读写，如电话 IC 卡。

2）非接触式 IC 卡：又称射频卡、感应卡，成功地解决了无源（卡中无电源，利用电磁感应原理）和免接触这一难题，是电子器件领域的一大突破，主要用于公交、轮渡、地铁的自动收费系统，也应用在门禁管理、身份证明和电子钱包等方面。

学习小结

本单元主要介绍了信息技术的基本概念以及比特的运算规则，初步介绍了计算机信息系统的基本概念和计算机信息系统的特点、结构、类别和发展趋势，简要介绍了计算机信息系统的开发方法和典型的信息系统应用，以及关系数据库的基本知识和微电子技术基础。

自我练习

一、是非题

1．计算机信息系统是特指一类以提供实时控制服务为主要目的的数据密集型、人机交互式的计算机应用系统。

2．现代遥感遥测技术进步很快，其功能往往远超过人的感觉器官。

3．二进制小数都能准确地表示为有限位十进制小数。

4．在八进制数中，每一位数的最大值为8。

5．集成电路按用途可以分为通用型与专用型，存储器芯片属于专用集成电路。

二、单选题

1. 下列关于带符号整数在计算机中表示方法的叙述中，错误的是_____。

    A．正整数采用原码表示，负整数采用补码表示

    B．正整数采用补码表示，负整数采用原码表示

    C．数值"0"使用全 0 表示

    D．负数的符号位是"1"

2. 与信息技术中的感测、通信等技术相比，计算与存储技术主要用于扩展人的_____功能。

    A．效应器官   B．感觉器官   C．大脑   D．神经系统

3. 逻辑运算中的逻辑加常用符号_____表示。

    A．∨   B．∧   C．-   D．+

4. 计算机是一种通用的信息处理工具，下列是关于计算机信息处理能力的叙述中，正确的有_____。

    ① 它不但能处理数值数据，而且还能处理图像和声音等非数值数据。

    ② 它不仅能对数据进行计算，而且还能进行分析和推理。

    ③ 它具有相当大的信息存储能力。

    ④ 它能方便而迅速地与其他计算机交换信息。

    A．仅②、③、④   B．①、②、③和④

    C．仅①、②和④   D．仅①、③和④

5. 下列关于集成电路的叙述中，正确的是_____。

    A．集成电路的发展促进了晶体管的发明

    B．集成电路主要使用金属材料做成

    C．集成电路芯片是个人计算机的核心器件

    D．数字集成电路都是大规模集成电路

6. 下列关于比特的叙述中，错误的是_____。

    A．比特是组成数字信息的最小单位

    B．比特只有"0"和"1"两个符号

    C．比特既可以表示数值和文字，也可以表示图像或声音

    D．比特通常使用大写的英文字母 B 表示

7. 个人计算机中无符号整数有 4 种不同的长度，十进制整数 256 在个人计算机中使用无符号整数表示时，至少需要用_____个二进位表示最合适。

    A．64   B．16   C．8   D．32

8. 下列关于信息的叙述中错误的是_____。

    A．信息是指事物运动的状态及状态变化的方式

    B．信息是指认识主体所感知或所表述的事物运动及其变化方式的形式、内容和效用

    C．信息、物质与能量是客观世界的三大构成要素

    D．信息并非普遍存在，只有发达国家和地区才有可能利用信息

9．在 C/S 模式的网络数据库体系结构中，应用程序都放在_____上。

  A．Web 浏览器　　B．数据库服务器　　C．Web 服务器　　D．客户机

10．信息系统采用 B/S 模式时，其"查询 SQL 请求"和"查询结果"的"应答"发生在_____之间。

  A．浏览器和 Web 服务器　　　　　　B．浏览器和数据库服务器

  C．Web 服务器和数据库服务器　　　　D．任意两层

11．在计算机中，8 位无符号整数可表示的十进制数最大的是_____。

  A．255　　　　B．127　　　　C．256　　　　D．128

12．整数"0"采用 8 位二进制补码表示时，只有一种表示形式，该表示形式为_____。

  A．11111111　　　B．01111111　　　C．00000000　　　D．10000000

13．计算机在进行以下运算时，高位的运算结果可能会受到低位影响的是_____操作。

  A．两个数作"逻辑加"　　　　　　B．两个数作"逻辑乘"

  C．对一个数按位"取反"　　　　　D．两个数"相减"

14．以下关于数据库系统的叙述中，错误的是_____。

  A．物理数据库指长期存放在硬盘上的可共享的相关数据的集合

  B．用户使用 SQL 实现对数据库的基本操作

  C．数据库中存放数据和"元数据"（表示数据之间的联系）

  D．数据库系统的支持环境不包括操作系统

15．当前使用的个人计算机中，在 CPU 内部，比特的两种状态是采用_____表示的。

  A．电容的大或小　　　　　　　　B．电平的高或低

  C．电流的有或无　　　　　　　　D．灯泡的亮或暗

三、填空题

1．在表示计算机外存储器容量时，1GB 等于_____MB。

2．在计算机系统中，处理、存储和传输信息的最小单位是_____，用小写字母 b 表示。

3．二进位数进行逻辑运算 1010 OR 1001 的运算结果是_____。

4．二进制数 10100 用十进制数表示为_____。

5．与十进制数 63 等值的八进制数是_____。

单元 2　网络通信基础

学习目标

1）了解数字通信的基本概念。

2）掌握计算机网络的组成与分类。

3）掌握 Internet 的组成和提供的服务。

4）了解网络信息安全和计算机病毒的防范。

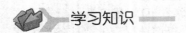

学习知识

一、数字通信简介

1. 通信的三要素

各种信息的传递均可称为通信，但现代通信指的是使用电波或光波传递信息的技术，通常称为电信，如电报、电话、传真等。通信的基本任务是传递信息，因而至少需由 3 个要素组成，即信息的发送者（称为信源）、信息的接收者（称为信宿）及信息的传输通道（称为信道），如图 6-1 所示。

```
信源（信宿） ←─ 信号 ─→ 信道 ←─ 信号 ─→ 信宿（信源）
```

图 6-1　通信三要素

2. 通信技术的分类

（1）按传输介质划分

有线通信：传输介质为架空明线、电缆、光缆等形式的通信。有线通信的特点是受干扰较小，可靠性，保密性强，但建设费用高。

无线通信：传输消息的介质采用的是无线电波的一种通信形式。目前无线通信主要有 3 种技术：微波、红外线、激光。无线通信已被广泛用于电话领域构成蜂窝式无线电话网。

无线通信基于物理学的电磁波理论，即电磁波是发射天线感应电流而产生的电磁振荡辐射，电磁波在自由空间传播，被接收天线感应，从而达到信息传输的目的。微波是波长 1mm～1m（相应的频率为 300MHz～300GHz）的电磁波，其工作频率很高，可同时传送大量信息。例如，一个带宽 2MHz 的频段可容纳 500 条语音线路，用来传输数字信号，可达若干 Mb/s。

微波有两个重要特性：①微波是直线传播的；②大气条件和障碍物妨碍微波的传播。由于地球表面是曲面的，微波在地面的传播距离有限，为了使微波通信传输更远的距离，需要建立若干中继站。中继站配备信号放大器和安装双向天线，这些双向天线以点到点方式聚集其他点发出的电磁波或无线电波能量。

卫星传输是微波传输的一种，需通过在地球上空的同步地球卫星做中继站转发微波信号，才可以克服地面微波传输距离的限制。

另外，两种无线通信技术也像微波通信一样，有很强的方向性，沿直线传播。所不同的是，红外通信和激光通信把要传输的信号分别转换为红外光信号和激光信号，直接在空间传播。

移动通信也是微波通信的一种，如手机、无绳电话、寻呼系统等。最有代表性的移动通信是手机——个人移动通信系统，由移动台（手机）、基站、移动电话交换中心组成。

第一代移动通信采用的是模拟传输技术。第二代移动通信系统的频段扩至 900～1800MHz，多年来，我国广泛使用的 GSM 和 CDMA 属于第二代移动通信系统。GSM 提供了分组交换和分组传输方式的新的数据业务（称为 GRPS），它可以在移动网内部或者 GRPS

网与 Internet 之间进行数据传送,提供如浏览网页、收发电子邮件等服务。

第三代移动通信为 3G,具有在 2GHz 左右的高效频谱利用率的优点,且能最大限度地利用有限带宽。现今我国首批商用 4G 牌照指明数据终端支持 TD-LTE 制式,分为上网卡、上网宝、无线网关 3 种类型,移动通信已进入第四代。第五代移动通信(5G)目前正处于研发阶段,相信不久的将来,5G 网络也会遍布世界的各个角落。

(2)按所传输的信号特征划分

模拟通信:直接用连续信号来传输信息或者通过连续信号对载波进行调制来传输信息的技术。模拟通信的优点是结构比较简单,成本低,但是传输质量不稳定。

数字通信:直接用数字信号来传输信息或者通过数字信号对载波进行调制来传输信息的技术。数字通信的优点是抗干扰能力强,差错可控制,可靠性好,可以方便地对信号加密,可以直接由计算机进行存储、管理和处理。由于对数字信号的加密比对模拟信号加密容易得多,因此通信的安全性更容易得到保证。

通信传输介质的类型、特点和应用如表 6-2 所示。

表 6-2　通信传输介质的类型、特点和应用

分类	介质类型	特点	应用
有线通信	双绞线	成本低,易受外部高频电磁波干扰,误码率较高;传输距离有限	固定电话本地回路、计算机局域网
	同轴电缆	传输特性和屏蔽特性良好,可作为传输干线长距离传输载波信号,但成本较高	固定电话中继线路、有线电视接入
	光缆	传输损耗小,通信距离长,容量大,屏蔽特性好,不易被窃听,质量轻,便于敷设;缺点是强度稍差,精确连接两根光纤比较困难	电话、电视等通信系统的远程干线,计算机网络的干线
无线通信	自由空间	使用微波、红外线、激光等,建设费用低,抗灾能力强,容量大,无线接入使得通信更加方便,但易被窃听,易受干扰	广播、电视、移动通信系统,计算机无线局域网

3. 数字通信采用的技术

1)调制与解调技术。在信息传输时,利用信源信号调整载波(正弦波)的某个参数(幅度、频率或相位),这个过程称为调制,所使用的设备称为调制器。经过调制后的载波携带着被传输的信号在信道中进行长距离传输,到达目的地时,接收方把载波所携带的信号检测出来恢复为原始信号的形式,这个过程称为解调,所使用的设备称为解调器。通信一般是双向进行的,收发双方都需要调制器与解调器,它们通常连在一起,称为调制解调器。例如,利用电话线上网,就要用到调制解调器,实现模拟信号和数字信号的相互转化。

2)多路复用技术。多路复用技术是指使多路信号同时共用一条传输线路进行传输。

时分多路复用(time division multiplexing,TDM):各终端设备以事先规定的顺序轮流使用同一条传输线路进行数据传输。

频分多路复用(frequency division multiplexing,FDM):将每个数据终端发送的信号调制在不同频率的载波上,通过频分多路复用器将它们复合成一个信号,然后在同一个传输线路上进行传输。到达接收端后,借助分路器把不同频率的信号送到不同的接收设备,从而实

现了传输线路的复用。

波分多路复用技术（wavelength division multiplexing，WDM）：同一根光纤同时传输两个或众多不同波长光信号的技术。

3）交换技术。从通信资源的分配角度来看，"交换"就是按照某种方式动态地分配传输线路，常用的交换方式为电路交换和分组交换。

4. 通信信道的速度和容量

通信信道的速度表示数据速率（data rate），即数据从一个结点到达另一个结点的速率。通信信道的容量表示通信信道所能承载的数据总量。下面就来讨论关于信道的速度和容量的概念。

1）带宽和数据速率。在模拟通信中，带宽（bandwidth）指通信信道的总容量。它是在信道上能够承载的最高频率和最低频率的差值。带宽越大，在给定频率范围内能够承载的信号就越多。

在数字通信中，带宽指数据速率，表示给定的时期内在通信媒体上可以传输的数据总量。数据速率以比特每秒（b/s）为单位，不同类型信道的数据速率变化很大。例如，局域网的数据速率范围为4～1000Mb/s；使用广域网的带宽范围为1.5～622Mb/s，甚至更高。

2）吞吐量。吞吐量（throughput）是一个容易与带宽相混淆的概念。带宽代表以比特每秒表示的通信信道的理论容量，而吞吐量是指通信信道实际的数据传输速率。通信信道在实际传输时，其数据传输总量会受到许多外部因素的影响，如结点的处理能力、输入/输出处理器的速度、操作系统的开销、通信软件的开销、给定时间网络上的业务量等。

二、计算机网络简介

1. 计算机网络的组成与分类

计算机网络是利用通信设备和网络软件，把地理位置分散而功能独立的多个计算机以相互共享资源和进行信息传递为目的连接起来的一个系统。计算机组网的目的是数据通信，资源共享，实现分布式的信息处理，提高计算机系统的可靠性和可用性。

（1）计算机网络的组成

计算机网络由以下部分组成，如图6-2所示。

1）计算机：它们为用户提供服务，与网络相连的计算机根据其主要用途可以分为服务器（server）和客户机（client）两大类。

2）数据通信链路：一个通信子网主要由结点交换机和连接这些结点的通信链路组成。它包括网络传输介质双绞线、同轴电缆、光缆（光纤）等。各种通信控制设备包括交换机、路由器（router）、网卡、网关及调制解调器等，外部设备包括打印机、扫描仪、音箱等。

3）一系列的协议：这些协议是为在主机和主机之间或主机和子网中各结点之间的通信而采用的，是通信双方事先约定好的和必须遵守的规则，如TCP/IP协议等。

4）网络操作系统（network operating system，NOS）：目前应用较广的网络操作系统有Windows、UNIX、Linux等。

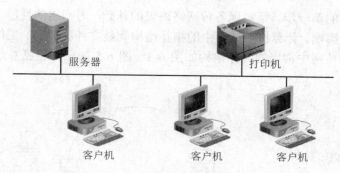

图6-2　计算机网络的组成

5）网络应用软件：各种用户应用软件，如网络游戏、即时通信、下载工具软件等。

（2）计算机网络的分类

计算机网络有多种不同的类型，按网络所覆盖的地域范围分类如下。

1）局域网（local area network，LAN）：使用专用通信线路由较小地域范围（一幢楼房、一个楼群、一个单位或一个小区）中的计算机连接而成的网络。

2）城域网或市域网（metropolitan area network，MAN）：作用范围在广域网和局域网之间，其作用距离为5～50km，如一个城市范围的计算机网络。

3）广域网（wide area network，WAN）：把相距遥远的多个局域网和计算机用户互相连接在一起的网络。广域网又称远程网。

2. 计算机网络的工作模式

网络的工作模式有对等（peer to peer，P2P）模式和C/S模式。

1）P2P模式。在P2P模式网络中，所有计算机地位平等，没有从属关系，也没有专用的服务器和客户机。网络中的资源是分散在每台计算机上的，每台计算机都有可能成为服务器，也有可能成为客户机。

2）C/S模式。这种类型的网络中有一台或几台较大计算机以集中进行共享数据库的管理和存取，称为服务器，客户机用户必须预先在服务器上注册，由网络管理员为该用户分配访问网络资源的权限。每个注册用户都有自己的账号和口令，并获得使用某些服务的授权。需要获得服务时，用户应先登录（login，输入用户名和口令），登录成功后，客户机向服务器提出请求（如访问某个文件），服务器响应请求，找到该文件，然后将文件传送给客户机。

服务器按用途可分为Web服务器、打印服务器、邮件服务器、文件服务器、数据库服务器等。

3. 计算机局域网

计算机局域网的主要特点是，为一个单位拥有，自建自管，地理范围有限；使用专用的传输介质进行联网和数据通信；数据传输速率高（10～100Mb/s），通信延迟时间低，可靠性好。

计算机网络的拓扑结构是指把网络中的计算机和通信设备抽象为一个点，把传输介质抽象为一条线，即由点和线组成的几何图形。网络的拓扑结构反映出网络中各实体的结构关系，是建设计算机网络的第一步，是实现各种网络协议的基础，对网络的性能、系统的可靠性与通信费用都有重大影响。计算机局域网中的拓扑结构就是文件服务器、工作站和电缆等的连接形式。计算机局域网中常用的拓扑结构如图 6-3～图 6-5 所示，包括总线型拓扑、环形拓扑、星形拓扑等。

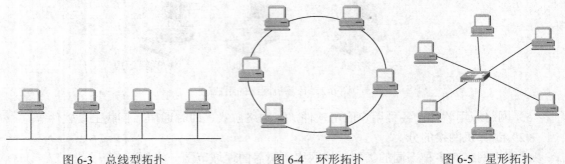

图 6-3 总线型拓扑   图 6-4 环形拓扑   图 6-5 星形拓扑

计算机局域网的逻辑构成主要有网络工作站、网络服务器、网络打印机、网络接口卡（简称网卡）、传输介质、网络连接设备等。

网卡是计算机与计算机之间或计算机与其他网络设备之间互连的接口。网卡是一块小的电路板，它把工作站计算机的数据通过网络送出，并且为工作站计算机收集进入的数据。

以太网中，每台计算机都需要安装一块网卡，每块以太网卡都有一个全球唯一的编号，称为 MAC 地址，又称该计算机的物理地址。MAC 地址使用 48 位表示，如 00 02 AC 39 FE AE（十六进制）。

在局域网上传输数据，采用将数据分组（包）的方法，每个结点要把传输的数据分成小块（称为"帧"），而不允许任何结点连续地传输任意结点长的数据。以太网上的分组称为 MAC 帧，每个 MAC 帧的格式如图 6-6 所示。

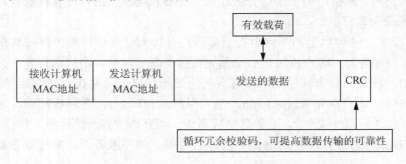

图 6-6 局域网 MAC 帧的格式

计算机网络类型不同，其适用的网卡也不同，不能随便选用，如标准以太网卡、快速以太网卡、千兆位以太网卡、ATM 网卡及无线网卡等，但网卡不是绝对不兼容的。只要是同类，接口一样，一般来说符合先进标准的网卡同样适用于较低标准的网络，但通常只限于跃过一级。例如，100Mb/s 网卡通常可用于 10/100Mb/s 网络，但不能用于纯 10Mb/s 的网络。

随着计算机网络的普及，网卡已成为计算机硬件系统的标准配置，所以许多主板（主要是主板芯片组）就已集成了网卡芯片，这样就不用再另外购买。

4.常用局域网

（1）以太网

以太网是当今现有局域网采用的最通用的通信协议标准。该标准定义了在局域网中采用的电缆类型和信号处理方法。目前，绝大多数局域网采用的是以太网技术。

以太网分为总线式以太网和交换式以太网。总线式以太网以集线器（hub）为中心，每台计算机通过以太网卡和双绞线连接到集线器的一个端口，通过集线器与其他结点相互通信。交换式以太网以以太网交换机（ethernet switch）为中心构成，连接在交换机上的所有计算机均可同时相互通信。总线式以太网和交换式以太网的比较如表 6-3 所示。

表 6-3　总线式以太网和交换式以太网的比较

总线式以太网	交换式以太网
集线器向所有计算机发送数据帧（广播），由计算机选择接收	交换机按 MAC 地址将数据帧直接发送给指定的计算机
一次只允许一对计算机进行数据帧传输	允许多对计算机同时进行数据帧传输
实质上是总线型拓扑结构	星形拓扑结构
所有计算机共享一定的带宽	每个计算机各自独享一定的带宽

（2）光纤分布式数据接口

光纤分布式数据接口（fiber distributed data interface，FDDI）是目前成熟的局域网技术中传输速率最高的一种。这种传输速率高达 100Mb/s 的网络技术所依据的标准是ANSIX3T9.5。该网络具有定时令牌协议的特性，支持多种拓扑结构，传输媒体为光纤。

FDDI 的基本结构为逆向双环：一个环为主环，用于顺时针传送信息；另一个环为备用环，用于逆时针传送信息。当主环上的设备失效或光缆发生故障时，通过从主环向备用环的切换可继续维持 FDDI 的正常工作。这种故障容错能力是其他网络所没有的。

（3）无线局域网

无线局域网（wireless LAN，WLAN）是局域网与无线通信技术相结合的产物。它还不能完全脱离有线网络，只是有线网络的补充。

无线局域网的通信协议为 802.11 标准（Wi-Fi），其中，802.11a（5.8GHz 频段）、802.11g（2.4GHz 频段）传输速率均可达 54Mb/s；802.11b（传输速率能根据环境变化）最大可达11Mb/s，802.11n 传输速率大幅度提升，甚至可高达 600Mb/s。

蓝牙（bluetooth）是近距离无线数字通信的标准，是 802.11 的补充，最高数据传输速率可达 1Mb/s（有效传输速率为 721Kb/s），传输距离为 10cm～10m，适合于办公室或家庭环境的无线网络（无线个人网）。

无线局域网的优点是具有很好的灵活性，最大通信范围可达几千米，组网、配置和维护较容易。

三、Internet 简介

随着计算机技术和通信技术的发展，计算机网络已经从单纯的 LAN 向 WAN 发展。最能代表这一趋势的便是 Internet 的发展和普及。Internet 以 TCP/IP 网络协议将各种不同类型、不同规模、位于不同地理位置的物理网络连接成一个整体。它把分布在世界各地、各部门的计算机存储在信息总库里的信息资源通过电信网络连接起来，从而进行通信和信息交换，实现资源共享。

1. 网络互连与 TCP/IP 协议

网络互连需要解决的问题是不同的网络技术使用互不兼容的包格式和编址方案。为了把许多不同类型的物理网络连成一个统一的网络，必须解决统一编址、包格式转换等问题。计算机网络中的各个组成部分相互通信时都必须认同的一套规则，称为通信协议。通信是一个很复杂的过程，一般把通信问题划分为许多子问题，然后为每个子问题设计一个单独的协议，这样做可以使每个协议的设计、分析、实现和测试都比较容易，如数据报（或帧）的格式与含义等，实现这些规则的软件称为协议软件。

国际标准化组织（International Organization for Standardization，ISO）制定了著名的开放系统互连模型（open system interconnection，OSI 模型），OSI 是一种通信协议的 7 层抽象参考模型，其中每一层执行某一特定任务。该模型的目的是使各种硬件在相同的层次上相互通信。它把网络分成 7 层，分别是物理（physical）层、数据链路（data link）层、网络（network）层、传输（transport）层、会话（session）层、表示（presentation）层和应用（application）层。而 TCP/IP 通信协议采用了图 6-7 所示的 4 层层级结构，即应用层、传输层、网络互连层及网络接口和硬件层。每一层都"呼叫"它的下一层所提供的网络来完成。每一层包含若干个协议，整个 TCP/IP 协议包含 100 多个协议，其中，TCP（transmission control，传输控制协议）和 IP（internet protocol，网际协议）是两个重要的协议，因此通常用 TCP/IP 来代表整个协议系列。

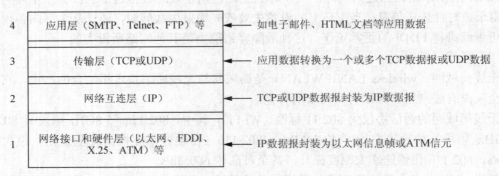

图 6-7　TCP/IP 的分层结构

TCP/IP 的应用层作为用户的一个通信界面，提供特定的应用服务，如文件传输、电子邮件等。传输层负责端到端的数据传输，该层定义了两个协议：TCP 和 UDP。网络互连层将用户的消息从源主机传送到目的主机，该层主要协议就是 IP，IP 负责结点之间路由分组。网络接口和硬件层负责连接主机到本地网络硬件。

TCP/IP 协议标准的特点如下：适用于多种异构网络的连接；确保可靠的端对端通信；与操作系统紧密连接；TCP/IP 既面向连接服务，也支持无连接服务。

2. IP 地址

为了实现计算机相互通信，必须为每一台计算机分配一个唯一的地址，这就是 IP 地址。

IP 协议第四版（简称 IPv4）规定，所有 IP 地址的长度都是 32 个二进位（4B），包含网络号和主机号两部分。

IP 地址是一个 32 位的地址码，书写和记忆很不方便，一般用"点分十进制"表示：用 4 个十进制数表示一个 IP 地址，每个十进制数对应 IP 地址中的 8 位（1B），相互间用小数点"."隔开。

IP 地址共分 5 类：A、B、C、D、E。5 类 IP 地址的具体格式如图 6-8 所示，常用的 IP 地址有 A、B、C 共 3 类，每类均规定了网络标识和主机标识在 32 位中所占的位数。它们的表示范围分别如下：A 类地址，即 0.0.0.0～127.255.255.255；B 类地址，即 128.0.0.0～191.255.255.255；C 类地址，即 192.0.0.0～233.255.255.255。

图 6-8　IP 地址的格式

由于 D 类地址仅用于主机组的特殊定义，E 类地址作为保留未来使用，因此具体网络只能分配 A、B、C 地址中的一类。A、B、C 类 IP 地址的十进制表示如表 6-4 所示。

表 6-4　A、B、C 类 IP 地址的十进制表示

IP 地址	首字节取值	网络号取值	举例
A 类	1～126	1～126	61.155.13.142
B 类	128～191	128.0～191.255	128.11.3.31
C 类	192～223	192.0.0～223.255.255	202.119.36.12

两个特殊的 IP 地址如下。

1）主机地址为"全 0"的 IP 地址称为网络地址，用来表示整个网络。

2）主机地址为"全 1"的 IP 地址称为直接广播地址，指该网络中的所有主机。

由于 IPv4 中的地址只有 32 位，只有大约 36 亿个地址可用，2011 年年初，国际组织互

联网名称与数字地址分配机构（The Internet Corporation for Assigned Names and Numbers，ICANN）宣布它们已经被全部分配完毕。在这样的环境下，IPv6 应运而生，IPv6 已经把 IP 地址扩展到 128 位，从长远看，IPv6 有利于 Internet 的持续和长久发展。

3. 子网和子网掩码的作用

使用子网是为了减少 IP 地址的浪费。子网一个最显著的特征就是具有子网掩码。子网掩码与 IP 地址相同，其长度也是 32 位。对于 A 类地址来说，默认的子网掩码是 255.0.0.0；对于 B 类地址来说，默认的子网掩码是 255.255.0.0；对于 C 类地址来说，默认的子网掩码是 255.255.255.0。

利用子网掩码可以把大的网络划分成子网，也可以把小的网络归并成大的网络。通过 IP 地址的二进制与子网掩码的二进制进行与运算，可以确定某个设备的网络地址和主机号，即通过子网掩码分辨一个网络的网络部分和主机部分。也就是说，两台计算机各自的 IP 地址与子网掩码进行与运算后，如果得出的结果是相同的，则说明这两台计算机是处于同一个子网络上的，可以直接进行通信；如果不同，则说明不在同一个子网内，数据报将交由路由器转发。

4. IP 数据报

相互连接的异构网络使用的数据报（或帧）格式互不兼容，因此不能直接将一个网络送来的包传送给另一个网络。为了克服这种异构性，IP 协议定义了一种独立于各种物理网的统一的数据报格式，称为 IP 数据报（IP datagram）。IPv4 数据报格式如图 6-9 所示。

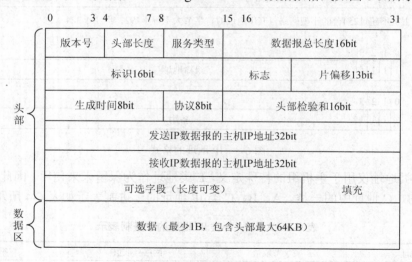

图 6-9　IPv4 数据报格式

在 TCP/IP 的标准中，各种数据格式常以 32bit（4B）为单位来描述。从图 6-9 可看出，一个 IP 数据报由头部和数据区两部分组成。头部的长度固定为 20B，数据区部分的长度则是根据应用而改变的，最少 1B，最大 64KB（包括头部信息）。

一个数据报从发送方出发到接收方收到，往往要通过路由器连接的许多不同的网络。每个路由器都拥有如何传递 IP 包的知识，这些知识记录在路由表中。路由表记录了到不同网络的路径，在路由表中，每个网络都被看作一个目标网络。

5. 路由器

为了把不同类型的网络互连成一个统一的网络，必须解决所有计算机应统一编址这一问题。解决方案为统一采用 TCP/IP 协议，传输的数据报格式应该统一。使用的网络互连设备为路由器。路由器是一种能够连接异构网络的分组交换机，其作用如下：①按照路由表在网络之间转发数据报；②根据需要对数据报的格式进行转换。

路由器 IP 地址设置如下：当路由器某端口连接一个物理网络时，该端口应分配 IP 地址；该 IP 地址的网络号必须与所连接物理网络的网络号相同。

例如，路由器连接网络的地址设置如图 6-10 所示。

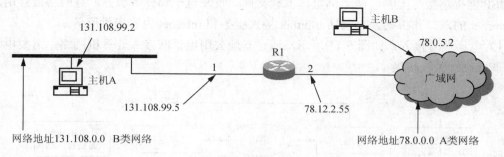

图 6-10　路由器连接网络的地址设置

6. 域名系统

Internet 采用域名（domain name）作为 IP 地址的文字表示，易用易记。例如，南京大学的 WWW 服务器的 IP 地址是 "202.119.32.7"，它对应的域名是 "www.nju.edu.cn"，用户可以按 IP 地址访问主机，也可按域名访问主机。

主机 IP 地址与域名的关系是，一个 IP 地址可对应多个域名，一个域名只能对应一个 IP 地址。

域名的格式：5 级域名.4 级域名.3 级域名.2 级域名.顶级域名。

为了便于记忆和理解，Internet 域名的取值应当遵守一定的规则：只许使用字母、数字和连字符，以字母或数字开头并结尾，域名总长度不超过 255 个字符。顶级域名通常为国家或地区名（如 "cn" 代表中国）；2 级域名通常表示组网的部门或组织（如 "edu" 表示教育部门）。二级以下的域名由组网部门分配和管理。Internet 域名规定如表 6-5 所示。

表 6-5　Internet 域名规定

域名	中文含义	域名	中文含义
edu	教育机构	cn	中国
gov	政府部门	uk	英国
mil	军事部门	ca	加拿大
net	计算机网络服务机构	au	澳大利亚
org	社会组织	tw	中国台湾
com	商业机构	hk	中国香港
int	国际组织	jp	日本

域名系统（domain name system，DNS）将主机域名翻译为主机 IP 地址的软件，它是一个分布式数据库系统；域名服务器（domain name server，DNS）是运行域名系统软件的一台服务器，每个 Internet 服务提供商（internet service provider，ISP）或校园网都有一个域名服务器，域名服务器上存放着它所在网络中全部主机的域名和 IP 地址的对照表。它用于实现入网主机域名与 IP 地址的转换。为实现域名的查找，需要在本地网域名服务器与上级网域名服务器之间建立超链接。

7. Internet 的接入

ISP 能提供拨号上网、网上浏览、下载文件、收发电子邮件等服务，是网络最终用户进入 Internet 的入口和桥梁。它包括 Internet 接入服务和 Internet 内容提供服务。

1）电话拨号接入：如图 6-11 所示，通过本地公用电话网接入计算机网络，需要电话调制解调器进行模数转换。

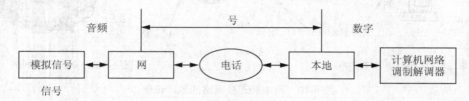

图 6-11 电话拨号接入

2）ADSL 接入：ADSL 是一种为接收信息远多于发送信息的用户而优化的技术，为下行流提供比上行流更高的传输速率。

数据上传速度：640Kb/s～1Mb/s。

数据下行速度：1～8Mb/s（理想状态下最大可达 10Mb/s）。

ADSL 的优点：可以与普通电话共存于一条电话线上，可同时接听、拨打电话并进行数据传输，两者互不影响，虽然使用的还是原来的电话线，但 ADSL 传输的数据并不通过电话交换机，所以 ADSL 上网不需要缴付额外的电话费，节省了费用。

ADSL 的数据传输速率是根据线路的情况自动调整的，它以"尽力而为"的方式进行数据传输。

3）有线电视网接入：有线电视已广泛采用光纤同轴电缆混合网（hybrid fiber coaxial，HFC）进行信息传输。主干线路采用光纤连接到小区，然后用同轴电缆以总线方式接入用户；需要以太网卡和电缆调制解调器（cable modem）。电缆调制解调器的基本原理与 ADSL 相似，以频分多路复用的方式工作。

4）光纤接入：

① 光纤到小区（fiber to the zone，FTTZ）：将光网络单元放置在小区，为整个小区服务。

② 光纤到大楼（fiber to the building，FTTB）：将光网络单元放置在大楼内，以每栋楼为单位，提供高速数据通信、远程教育等宽带业务，主要为单位服务。

③ 光纤到家庭（fiber to the home，FTTH）：将光网络单元放置在楼层或用户家中，由

几户或一户家庭专用，为家庭提供宽带业务。

5）无线接入技术的比较如表 6-6 所示。

表 6-6　无线接入技术的比较

接入技术	使用的接入设备	数据传输速率	说明
无线局域网接入	Wi-Fi 无线网卡，无线接入点	11～100Mb/s	必须在安装有接入点的热点区域中才能接入
GPRS 移动电话网接入	GPRS 无线网卡	56～114Kb/s	方便，有手机信号的地方就能上网，但速率不快，费用较高
3G 移动电话网接入	3G 无线网卡	几百千比特/秒～几兆比特/秒	方便，有 3G 手机信号的地方就能上网，但费用较高

6）Internet 接入技术的比较如表 6-7 所示。

表 6-7　Internet 接入技术的比较

接入技术	使用的接入设备	数据传输速率	说明
电话拨号	电话线、拨号调制解调器	最高为 56Kb/s	受电话线和连接质量的影响
ADSL	电话线、ADSL 调制解调器、以太网卡	下行：1～8Mb/s 上行：64～256Kb/s	无须拨号，上网与通话可同时进行
有线电视	同轴电缆、电缆调制解调器、以太网卡	下行：最快可达 36Mb/s 上行：320Kb/s～10Mb/s	速率受同时上网的用户数目影响
光纤接入	光纤、光网络单元、以太网卡等	10～1000Mb/s	可以将整个局域网接入
无线局域网接入	Wi-Fi 无线网卡、无线接入点	11～100Mb/s	必须在安装有 Wi-Fi 接入点的热点区域中才能接入
GPRS 移动电话网接入	GPRS 无线网卡	56～114Kb/s	方便，但速率不快，费用较高
3G 移动电话网接入	3G 无线网卡	几百千比特/秒～3Mb/s	方便，但费用较高

8.　Internet 提供的服务

Internet 可以提供下列不同形式的通信服务。

异步通信：电子邮件、博客（blog）、专题讨论，要求通信双（多）方不必同时在线。

同步通信：即时通信（instant messaging）、IP 电话，要求通信双（多）方同时在线。

1）电子邮件。每个电子邮箱都有一个唯一的地址，电子邮箱地址由两部分组成。例如，yy_123@wxic.edu.cn，其中 yy_123 是邮箱名，用来确定电子邮件服务器中的电子邮箱；wxic.edu.cn 指的是电子邮箱所在电子邮件服务器的域名，用来确定接收/发送电子邮件的电子邮件服务器，中间用"@"连接。

电子邮件的组成包括电子邮件头部、附件和正文 3 部分。电子邮件头部包括发信人地址、接收人地址（允许多个）、抄送人地址（允许多个）、主题；附件可以包含一个或多个文件，文件类型可以任意；正文可包含文本和图像，文本可以使用不同的编码字符集。

电子邮件采用 MIME（multipurpose internet mail extensions，多用途互联网邮件扩展）协议，因而电子邮件可以包含中西文字、图片、声音等多媒体信息。电子邮件的工作过程如

图 6-12 所示，电子邮件系统按 C/S 模式工作。发送电子邮件一般采用 SMTP（simple mail transfer protocol，SMTP），若收信人的电子邮件地址不存在，则退回电子邮件并通知发信人；接收电子邮件采用 POP3 协议，需验证用户身份之后才能读出电子邮件或下载电子邮件。

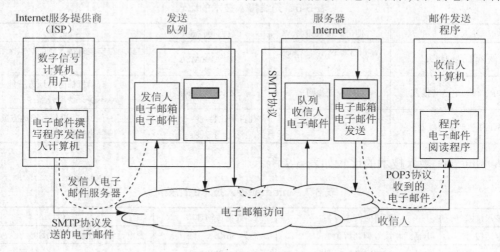

图 6-12 电子邮件的工作过程

2）常用即时通信系统。常用即时通信系统有腾讯 QQ、MSN、eBay 的 Skype 等。

即时通信与电子邮件不同，要求通信双（多）方同时在线。即时通信可以进行文本/语音/视频聊天，多人聊天；可搜索聊天记录，进行文件传输，共享网络资源，扩展至手机即时通信，使人们的沟通突破时空界限、阶层界限、环境界限、心理界限等，是现代交流方式的象征。

3）远程文件传输。把网络上一台计算机中的文件移动或复制到另外一台计算机上，称为远程文件传输。进行远程文件传输需要文件传输协议（file transfer protocol，FTP）的支持，使用该协议进行文件传输操作能解决不同计算机中文件系统不兼容的问题。

普通的 FTP 服务要求用户登录到远程计算机时提供用户名和密码。许多信息服务机构为了方便用户提供了一种匿名登录 FTP 服务。用户无须事前注册或建立用户名与密码，而是以 anonymous 作为用户名，自己的电子邮箱地址作为密码输入即可。

4）远程登录。远程登录（telnet）是 Internet 上较早提供的服务。用户通过该命令使自己的计算机暂时成为远地计算机的终端，直接调用远地计算机的资源和服务。

5）WWW 信息服务。WWW（world wide web）又译为万维网、环球网，或称 Web 网、3W 网，最初是由欧洲核物理研究中心（原为欧洲核子研究组织）提出的。

WWW 是 Internet 上使用最广泛的一种服务，由被称为 Web 服务器的计算机和安装了 WWW 浏览器的计算机组成。Web 服务器中存放着大量以超文本形式表示的需要公开发布的或可共享的信息，这些超文本信息互相链接，从而形成了一个全球范围的互相引用（关联）的信息网络。安装了 WWW 浏览器软件（简称浏览器）的用户，可以查询和获取分布在世界各地的 Web 服务器上的信息资源。

Web 服务器中向用户发布的文档通常称为网页（webpage），一个单位或者个人的主网页称为主页（homepage）。网页是一种采用 HTML 语言描述的超文本文件，其文件扩展名为.html 或.htm。它通过各式各样的标记对页面上的文字、图片、表格、声音等元素进行描述（如字体、颜色、大小），而浏览器则对这些标记进行解释并生成页面。网页实际是一个文件，它存放在世界某个角落的某一台计算机中，而这台计算机必须是与 Internet 相连的。网页由网址（URL）来识别与存取，当用户在浏览器输入网址后，经过一段复杂而又快速的程序，网页文件会被传送到用户的计算机，再通过浏览器解释网页的内容，展示给用户。

统一资源定位器（uniform resource locator，URL）由 3 部分组成，表示形式为

　　http：//主机域名[:端口号]/文件路径/文件名

其中，"http:"表示客户端和服务器执行 HTTP，将远程 Web 服务器上的文件（网页）传输给用户的浏览器。主机域名即提供此服务的计算机的域名。端口号通常是默认的，如 Web 服务器使用的是 80，一般不需要给出。"/文件路径/文件名"表示网页在 Web 服务器中的位置和文件名（URL 中如果没有明确给出文件名，则以 index.html 或者 default.html 为默认的文件名），即网站的主页。

WWW 是典型的 C/S 模式，浏览器是显示网页服务器或档案系统内的 HTML 文件，并使用户与这些文件互动的一种软件。个人计算机上常见的网页浏览器包括 Microsoft 的 Internet Explorer、Mozilla 的 Firefox、Opera 和 Safari。浏览器是最经常使用的客户端程序，用来完成用户信息查询、网页请求和浏览任务。

Web 浏览器的重要特性如下：从概念上讲，Web 浏览器由一组客户程序、HTML 解释器和一个作为核心来管理它们的控制程序组成，包含若干可选项，不仅能获取和浏览网页，还能完成其他传统的 Internet 服务，只要在 URL 中指出相应的服务类型即可。

四、计算机网络信息安全

随着 Internet 的迅速发展和网络社会化的到来，网络已经无所不在地影响着社会的政治、经济、文化、军事、意识形态和社会生活等方面。另外，在全球范围内，针对重要信息资源和网络基础设施的入侵行为和企图入侵行为的数量仍在持续不断增加，网络攻击与入侵行为给国家安全、经济和社会生活造成了极大的威胁。因此，网络安全已成为当今世界各国共同关注的焦点。

1. 网络安全概述

网络安全就是为防范计算机网络硬件、软件、数据被偶然或蓄意破坏、篡改、窃听、假冒、泄露、非法访问和保护网络系统持续有效工作的措施总和。网络安全是一门涉及计算机科学、网络技术、通信技术、密码技术、信息安全技术、应用数学、数论、信息论等学科的综合性科学。它一般可以分为网络设备安全和网络信息安全。前者是物理层面的安全问题，后者是信息层面的安全问题。

网络信息的安全具有以下 4 个方面的特征。

1）保密性：信息不能泄露给未经授权的用户、实体或过程，或供其利用。

2）完整性：数据未经授权不能改变，即信息在存储、传输过程中不被修改、破坏或丢失。

3）可用性：可以被授权的实体访问并按需求使用，即已授权用户需要时能存取必要的信息。

4）可控性：对信息的传播和传播的内容具有控制能力。

计算机网络所面临的威胁大体可以分为两种：一种是对网络中信息的威胁，另一种是对网络中设备的威胁。

2. 常用网络安全措施

1）真实性鉴别：对通信双方的身份和所传送信息的真伪能准确地进行鉴别。

2）访问控制：对用户访问网络资源的权限进行严格的认证和控制。例如，进行用户身份认证，对口令加密、更新和鉴别，设置用户访问目录和文件的权限，控制网络设备配置的权限。

3）数据加密：对网上传送的数据信息通过一定的加密算法进行加密，以保护网络结点之间的链路信息安全。

4）数据完整性：保护数据不被修改，数据传送前后保持一致。

5）数据可用性：保护数据在任何情况下不会丢失。

6）防止否认：接收方要发送方承认信息是其发出的，而不是他人冒名的，发送方也要求接收方不否认已经接收到信息。

7）审计管理：监督用户活动，记录用户监督操作过程。

3. 数据加密

数据加密又称密码学，指通过加密算法和加密密钥将明文转变为密文，而数据解密则是指通过解密算法和解密密钥将密文恢复为明文。加密算法是公开的，而密钥是不公开的。密文不应被无密钥的用户理解，用于数据的存储及传输。

4. 数字签名

数字签名是只有信息的发送者才能产生的别人无法伪造的一段数字串，这段数字串是对信息的发送者发送信息真实性的一个有效证明，可用于辨别数据签署人的身份，并表明签署人对数据信息中包含的信息的认可，防止被人（如接收者）伪造。

数字签名是利用公钥密码技术和其他密码算法生成一系列符号及代码组成电子密码进行签名，以代替书写签名和印章；这种电子式的签名还可进行技术验证，其验证的准确度是在物理世界中对手工签名和图章的验证所无法比拟的。这种签名方法特别适用于 Internet 和广域网上的安全认证及传输。

5. 身份鉴别和访问控制

身份鉴别必须做到准确、快速地将对方的真伪分辨出来。身份鉴别的方法有以下 3 种。

1）鉴别一些标识个人身份的信物，该信物只能被鉴别对象独有，如钥匙、证件、磁卡、IC 卡、U 盾等。

2）身份标识，如用户名和密码。在一些对安全性要求严格的系统中，可以将这两者结合起来，如 ATM 机要求用户同时提供 ATM 卡和密码。

3）用生理特征或行为特征来进行个人身份鉴定。生理特征与生俱来，多为先天性的；行为特征则是由习惯形成的，多为后天形成。常见的生理特征包括指纹、掌纹、虹膜、脸像、声音、笔迹等。

身份鉴别是访问控制的基础，访问控制指对用户访问网络资源的权限进行严格的认证和控制。例如，进行用户身份认证，对口令加密、更新和鉴别，设置用户访问目录和文件的权限，控制网络设备配置的权限等。访问控制实质上是对资源使用的限制，它决定主体是否被授权对客体执行某种操作。它依赖于鉴别使主体合法化，并将组成员关系和特权与主体联系起来。只有经授权的用户，才允许访问特定的网络资源。

6. 防火墙

目前网络间的访问控制主要依靠防火墙技术来实现。防火墙可将内部网与外部网逻辑地隔离起来，是所有出入信息的必经之路。它仅允许被批准的数据通过，防火墙可以是一台专属的硬件，也可以是架设在一般硬件上的一套软件。

防火墙主要用于对网络数据进出网络实行监控，主要是防"黑客"或计算机病毒发送的数据报。防火墙主要起隔离作用，防止外部网络用户以非法手段通过外部网络进入内部网络、访问内部网络资源，保护内部网络安全。

防火墙为网络通信或者数据传输提供了更有保障的安全性，但是用户不能完全依赖于防火墙，因为计算机病毒可能还有其他方法绕过防火墙进入网络，特定服务开放的端口也存在着危险。在靠防火墙来保障安全的同时，用户要加固系统的安全性，提高自身的安全意识，这样才更有安全保障。

7. 计算机病毒防范

计算机病毒是指有人蓄意编制的一种具有自我复制能力的、寄生性的、破坏性的计算机程序。

计算机病毒能在计算机中生存，通过自我复制进行传播，在一定条件下被激活，从而给计算机系统造成损害甚至严重破坏系统中的软件、硬件和数据资源。

1）计算机病毒的特点：破坏性、隐蔽性、传染性、传播性、潜伏性。

2）计算机病毒的危害：破坏文件内容，删除重要程序，减少磁盘的可用空间，占用计算机内存。

3）计算机病毒的防范和消除。由于网上数据交换频繁，感染计算机病毒的可能性始终存在，因此首先要预防感染计算机病毒，养成良好的上网习惯。

① 不使用来历不明的磁盘或者文件，如果一定要用，最好先用查毒软件扫描一遍，确认无计算机病毒后再使用。

② 使用合法软件。

③ 在计算机中安装防火墙和杀毒软件，这样一旦有计算机病毒入侵，系统将会发出警告，但要注意必须经常更新防毒软件的版本，以确保防毒有效。

④ 不随意从网络上下载来历不明的信息。

⑤ 在使用电子邮件时，对于不明身份的电子邮件资料，尤其是有附件的信件要小心读取。对重要数据一定要及时备份，如存入硬盘或刻入光盘。

防火墙和杀毒软件的区别在于，防火墙用于对网络数据进出网络实行监控，主要防"黑客"或类似冲击波之类的计算机病毒发送的数据报；而杀毒软件是用来杀毒的，主要查杀下

载的文件、硬盘、USB 闪存盘等里面的计算机病毒。定期使用杀毒软件查毒、杀毒，可提高防毒效果。杀毒软件的编制有赖于采集到的计算机病毒样本。因此，其对新计算机病毒均有滞后性。计算机病毒库一定要及时、定期升级。

学习小结

　　本单元的主要内容包括通信技术、计算机网络的概念和分类、常用局域网和 Internet 的相关知识、计算机病毒的概念和特征、上网时如何防范计算机病毒的入侵和措施等，使大家理解计算机网络的基本概念和原理，能够轻松上网。

自我练习

一、是非题

1．使用光波传输信息，一定属于无线通信。

2．按 C/S 模式工作的网络中，普通个人计算机只能用做客户机。

3．在 Internet 中，一台主机从一物理网迁移到另一物理网，其 IP 地址必须更换，但域名可以保持不变。

4．无线网卡与普通的以太网网卡一样，具有自己的 MAC 地址。

5．数字签名在电子政务、电子商务等领域中应用越来越普遍，我国法律规定，它与手写签名或盖章具有同等的效力。

二、单选题

1．使用域名访问 Internet 上的信息资源时，由网络中特定的服务器将域名翻译成 IP 地址，该服务器的英文缩写为_____。

　　A．BBS　　　　　　B．IP　　　　　　C．DNS　　　　　　D．TCP

2．WWW 浏览器用 URL 指出需要访问的网页，URL 的中文含义是_____。

　　A．统一超链接　　B．统一文件　　　C．统一定位　　D．统一资源定位器

3．下列关于 TCP/IP 协议的叙述中，错误的是_____。

　　A．TCP 和 IP 是全部 TCP/IP 协议中两个最基本、重要的协议

　　B．TCP/IP 协议中部分协议由硬件实现，部分由操作系统实现，部分由应用软件实现

　　C．全部 TCP/IP 协议有 100 多个，它们共分成 7 层

　　D．Internet 采用的通信协议是 TCP/IP 协议

4．下列关于计算机局域网资源共享的叙述中，正确的是_____。

　　A．通过 Windows 的"网上邻居"功能，相同工作组中的计算机可以相互共享软硬件资源

　　B．无线局域网对资源共享的限制比有线局域网小得多

　　C．即使与 Internet 没有连接，局域网中的计算机也可以进行网上银行支付

　　D．相同工作组中的计算机可以无条件地访问彼此的所有文件

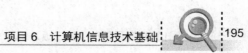

5．为了避免主机域名重复，Internet 的名字空间划分为许多域，其中指向教育领域站点的域名是_____。

    A．edu　　　　　　B．net　　　　　　C．gov　　　　　　D．com

6．Internet 中每台主机的域名中，最末尾的一个子域通常为国家或地区代码，如中国的国家代码为 cn。美国的国家代码为_____。

    A．usa　　　　　　B．amr　　　　　　C．us　　　　　　D．空白

7．下列关于计算机网络的叙述中，正确的是_____。

    A．计算机组网的目的主要是提高单机的运行效率

    B．网络中所有计算机运行的操作系统必须相同

    C．构成网络的多台计算机其硬件配置必须相同

    D．一些智能设备（如手机、ATM 柜员机等）也可以接入计算机网络

8．下列关于 IPv4 中 IP 地址格式的叙述中，错误的是_____。

    A．标准的 C 类 IP 地址的主机号共 8 位

    B．IP 地址由网络号和主机号两部分组成

    C．IP 地址用 64 个二进位表示

    D．IP 地址有 A 类、B 类、C 类等不同类型之分

9．单位用户和家庭用户可以选择多种方式接入 Internet，下列有关 Internet 接入技术的叙述中，错误的是_____。

    A．单位用户可以经过局域网而接入 Internet

    B．家庭用户可以选择电话线、有线电视电缆等不同的传输介质及相关技术接入 Internet

    C．家庭用户目前还不可以通过无线方式接入 Internet

    D．不论用哪种方式接入 Internet，都需要 Internet 服务提供商（ISP）提供服务

10．假设 IP 地址为 202.119.24.5，为了计算出它的网络号，下面_____最有可能用做其子网掩码。

    A．255.0.0.0　　B．255.255.0.0　　C．255.255.255.0　　D．255.255.255.255

11．在广域网中，每台交换机都必须有一张_____表，用来给出目的地址和输出端口的关系。

    A．FAT 表　　　　B．目录表　　　　C．线性表　　　　D．转发表

12．在一座办公大楼或某一小区内建设的计算机网络一般是_____。

    A．广域网　　　　B．局域网　　　　C．公用网　　　　D．城域网

13．计算机局域网的基本拓扑结构有_____。

    A．总线型、星形、主从型　　　　B．总线型、环形、星形

    C．总线型、星形、对等型　　　　D．总线型、主从型、对等型

14. 图 6-13 中安放防火墙比较有效的位置是_____。

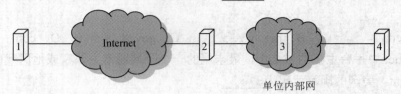

图 6-13　判断防火墙位置

　　A．1　　　　　　B．2　　　　　　C．3　　　　　　D．4

15. 交换式以太网与共享式以太网在技术上有许多相同之处，下面叙述中错误的是_____。

　　A．使用的传输介质相同　　　　　　B．网络拓扑结构相同

　　C．传输的信息帧格式相同　　　　　　D．使用的网卡相同

三、填空题

1. 目前广泛使用的交换式以太网，采用的是_____拓扑结构。

2. 图 6-14 是电子邮件收发示意图，图中标识为 A 的用于发送电子邮件的协议常用的是_____协议。

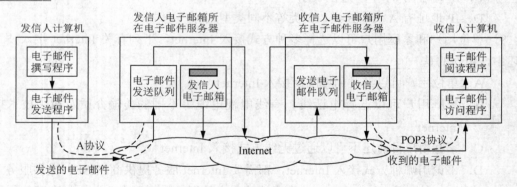

图 6-14　电子邮件收发示意图

　　3. 按 IP 协议的规定，在数据传输时_____的头部应包含发送方和接收方计算机的 IP 地址。

　　4. 以太网中需要传输的数据必须预先组织成若干帧，每一数据帧的格式如图 6-15 所示，其中"？"表示_____。

接收计算机 MAC地址	？	控制信息	有效载荷（传输的数据）	校验 信息

图 6-15　数据帧格式

5. 目前，IP 协议（第 4 版）规定 IP 地址由_____位二进制数字组成。

单元 3　多媒体技术基础

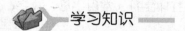　学习目标

1）理解字符的编码。

2）掌握文本制作和编辑的方法。

3）了解数字图像、数字声音的获取及处理方法。

4）了解计算机图形的概念和应用。

5）了解数字视频的编辑处理和应用。

学习知识

一、多媒体概述

媒体又称媒介、媒质，指的是用于表示、存储、分发、传输、展现数据（信息）的手段、方法、工具、设备或装置。多媒体是融合多种媒体的人机互动的信息和传播媒体。

1. 多媒体的分类

国际电信联盟远程通信标准部门（ITU-T）将媒体分为 5 类。

1）感觉媒体：能使人类听觉、视觉、嗅觉、味觉和触觉器官直接产生感觉的一类媒体，如声音、动画、图像等。

2）表示媒体：为了使计算机能有效地加工、处理、存储、传输感觉媒体而在计算机内部采用特殊的表示形式，即声音、文字等的二进制编码表示。

3）存储媒体：用于存放表示媒体，以方便计算机随时加工处理的物理实体，如磁盘、光盘等。

4）展示媒体：把感觉媒体转换成表示媒体、把表示媒体转换为感觉媒体的物理设备，前者是计算机的输入设备，后者是计算机的输出设备。

5）传输媒体：用来将表示媒体从一台计算机传送到另一台计算机的通信载体；如同轴电缆、光纤等。

2. 多媒体的特点

多媒体具有以下特点。

1）多媒体是信息交流和传播的媒体。

2）多媒体是人机交互的媒体。

3）多媒体信息以数字的形式存在而非模拟信号。

4）传播信息的媒体种类多。

3. 多媒体技术

多媒体技术是音频处理技术、图形图像处理技术、视频技术、动画技术等的融合。通常所讲的多媒体往往不是指多媒体信息本身，而是指多媒体技术。

二、西文字符与汉字的编码

文字信息在计算机中称为"文本"，组成文本的基本元素是字符，字符与数值信息一样在计算机中采用二进位编码表示。

1. 西文字符的编码

目前，计算机中使用较普遍的西文字符集及其编码是 ASCII 字符集和 ASCII 码（American standard code for information interchange，美国标准信息交换码）。

标准的 ASCII 码是 7 位的编码（字节的最高位为 0），可以表示 128（2^7）个不同的字符。0～32、127（共 34 个）是控制字符，33～126（共 94 个）为可打印字符（常用字母、数字、标点符号等），如表 6-8 所示。

表 6-8　ASCII 字符编码表

$b_3b_2b_1b_0$ ＼ $b_6b_5b_4$	000	001	010	011	100	101	110	111
0000	NUL	DEL	SP	0	@	P	、	p
0001	SOH	DC1	!	1	A	Q	a	q
0010	STX	DC2	"	2	B	R	b	r
0011	ETX	DC3	#	3	C	S	c	s
0100	EOT	DC4	$	4	D	T	d	t
0101	ENQ	NAK	%	5	E	U	e	u
0110	ACK	SYN	&	6	F	V	f	v
0111	BEL	ETB	,	7	G	W	g	w
1000	BS	CAN	(	8	H	X	h	x
1001	HT	EM	)	9	I	Y	i	y
1010	LF	SUB	*	:	J	Z	j	z
1011	VT	ESC	+	;	K	[	k	{
1100	FF	FS	,	<	L	\	l	|
1101	CR	GS	–	=	M	]	m	}
1110	SD	RS	.	>	N	^	n	~
1111	SI	US	/	?	O	_	o	DEL

数字的 ASCII 码是连续的，数字 0～9 对应的 ASCII 码值为 48～57。字母的 ASCII 码也是连续的，字母 A～Z 对应的码值为 65～90，a～z 对应的码值为 97～122。小写字母的 ASCII 码值比其相应的大写字母的 ASCII 码值大 32。例如，大写字母 D 的 ASCII 码值是 68，小写字母 d 的 ASCII 码值是 100（68+32）。

在基本的 ASCII 字符集的基础上将字节的最高位也用于表示字符，则字符集包含 256 个字符，码值 128～255 表示扩展字符。

2. 汉字的编码

中文文本的基本组成单位是汉字。汉字数量大、字形复杂、同音字多、异体字多，因而汉字在计算机内部的表示与处理、传输与交换及汉字的输入、输出等都比西文复杂一些。

1）GB 2312 汉字编码。为了适应计算机处理汉字信息的需要，1981 年，我国颁布了《信息交换用汉字编码字符集 基本集》（GB 2312—1980），简称国标码，又称汉字交换码。该标准选出 6763 个常用汉字和 682 个非汉字字符，为每个字符规定了标准编码，以便在不同计算机系统中间进行汉字文本的交换。

在国标码中，所有的常用汉字和图形符号组成了一个 94 行 94 列的矩阵。每一行的行号称为区号，每一列的列号称为位号。区号和位号都由两个十进制数表示，区号编号是 01～94，位号编号也是 01～94。由区号和位号组成的 4 位十进制编码称为该汉字的区位码，其中区号在前，位号在后，并且每一个区位码对应唯一的汉字。例如，汉字"计"的区位码是"2838"，表示汉字"计"位于 28 区的 38 位。

GB 2312—1980 的所有字符在计算机中都采用双字节表示，每个字节的最高位都为 1，这种最高位都为 1 的双字节汉字编码就称为 GB 2312—1980 汉字的机内码，以区别于西文的 ASCII 码，如图 6-16 所示。

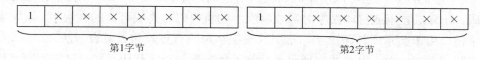

第1字节 第2字节

图 6-16 GB 2312 汉字在计算机中的表示

国标码、区位码和机内码相互之间的转换如下：

$$国标码=区位码（十六进制）+2020H$$

$$汉字机内码=国标码（十六进制）+8080H$$

将区位码的区号和位号转换成十六进制，然后分别加上 20H，就得到 GB 2312—1980 国标字符集。在国标码的基础上再分别加上 80H 就得到了机内码。

例如，汉字"计"的各种编码如下。

区位码：$(2838)_{10}=(1C26)_{16}$；

国标码：$(1C26)_{16}+(2020)_{16}=(3C46)_{16}$；

机内码：$(3C46)_{16}+(8080)_{16}=(BCC6)_{16}$。

2）GBK 汉字内码扩充规范。GB 2312—1980 只有 6763 个汉字，而且都是简体字，在人名、地名的处理上经常不够用，尤其是在古籍整理和研究方面有很大缺憾。GBK 是我国 1995 年发布的又一个汉字编码标准，全称为《汉字内码扩展规范》。它一共有 21003 个汉字和 883 个图形符号，收录了繁体字和很多生僻的汉字。GBK 字符集中的每一个汉字和图形符号也都采用双字节表示。与 GB 2312—1980 的内码保持向下兼容，因此其所有与 GB 2312—1980 相同的字符，其编码也保持相同。GBK 的第 1 字节的最高位是 1，第 2 字节的最高位可以是 1，也可以是 0，如图 6-17 所示。

3）UCS/Unicode 与 GB 18030—2005 汉字编码。GB 2312—1980 和 GBK 主要在我国大陆使用。我国台湾、香港地区的标准汉字字符集 CNS11643（BIG5，俗称"大五码"）仅支持繁体字，与 GB 2312—1980、GBK 都不兼容。

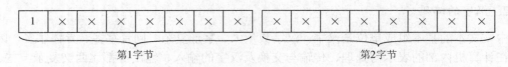

图 6-17　GBK 汉字在计算机中的表示

ISO 制定了一个实现所有字符在同一字符集中的统一编码，称为 UCS。对应的工业标准称为 Unicode，它的实现（如 UTF-8、UTF-16）已经在 Windows 和 UNIX、Linux 操作系统及许多 Internet 中被广泛使用。

由于 GB 2312—1980 和 GBK 与 UCS/Unicode 不兼容，为了既能与国际标准 UCS/Unicode 接轨，又能保护已有的大量中文信息资源（与 GB 2312—1980 和 GBK 兼容），我国发布了 GB 18030—2005 汉字编码国家标准。

GB 18030—2005 编码的特点：既与 UCS/Unicode 兼容，又与 GB 2312—1980 和 GBK 兼容；支持近 3 万汉字（包括 GBK 汉字和 CJK 及其扩充中的汉字）；部分双字节、部分四字节表示，双字节表示方案与 GBK 相同。

4）汉字字形码。汉字可以用不同的输入法输入计算机中，但在计算机中存储时采用的是机内码，计算机显示或打印汉字时需要将汉字的机内码转换成可读的方块字。汉字字形码也称为字模，用于显示或打印汉字。常用的汉字字形码有点阵和矢量表示法。

用点阵表示汉字时，汉字的字形码就是此汉字字形的点阵代码，同一汉字不同字体的点阵的代码是不一样的。通常有 16×16 点阵、24×24 点阵、32×32 点阵和 48×48 点阵。16 点阵汉字是指纵向和横向均由 16 个点构成的图形，这样一个汉字需要 256 个点。汉字的点阵字形编码仅用于构造字库，不能用于机内存储。汉字输出时先根据汉字内码从字库中提取出汉字点阵字形数据，然后根据字形数据显示或打印出汉字。

矢量表示法是存储描述字形的轮廓特征数据，汉字输出时先根据汉字字形的轮廓特征计算生成汉字的点阵，再完成汉字的显示或打印。矢量表示法避免了点阵表示汉字放大时出现的锯齿现象，提高了输出质量。

3．文本的制作与编辑

文本在计算机中的处理过程包括文本准备、文本编辑与排版、文本处理、文本存储与传输、文本展现等，如图 6-18 所示。

（1）文本准备

1）汉字键盘输入。汉字键盘输入的编码方案有几百种，能够被广泛接受的编码方案应具有的特点是，易学习、易记忆、效率高（平均击键次数较少）、重码少、容量大（可输入的汉字字数多）等。

2）非击键方式的汉字输入方法。使用键盘输入汉字并不适合所有用户，为此，人们研究出其他的汉字输入方法。例如，直接在触摸屏上或使用一种称为"书写笔"的设备，通过书写的方式输入汉字，或使用话筒通过口述的方式输入汉字，或者使用扫描仪把汉字成批输入计算机。

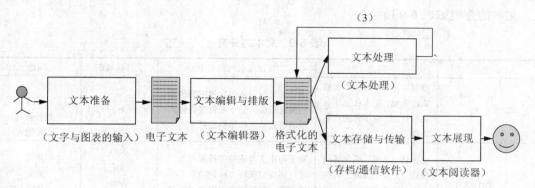

图6-18　文本在计算机中的处理过程

根据文本是否具有编码排版格式，文本可分为简单文本（纯文本）、丰富格式文本两大类。

1）简单文本。简单文本为一种线性结构，写作和阅读均按顺序进行，通用性好，没有字体、字号变化，不能插入图片、表格，不能建立超链接。计算机中的"文本文档"就是简单文本。

2）丰富格式文本。经过排版处理后，纯文本中就增加了许多格式控制和结构说明信息，这种文本称为丰富格式文本。丰富格式文本根据文本内容的组织方式可以分为线性文本和超文本两大类。

① 线性文本。传统的纸质文本内容的组织是线性（顺序）的，因而读者总是按顺序先读第1页（从第一行读到最后一行），再读第2页、第3页，这就是线性文本。

② 超文本。超文本（hypertext）是对传统文本的一个扩展，除了传统的阅读方式之外，还可以通过链接、跳转、导航、回溯等操作，实现对文本内容更为方便的访问。超文本采用网状结构来组织信息，一个超文本由若干文本块组成，每个文本块包含一些指向其他文本块的指针，用于实现文本阅读时的快速跳转。这些指针称为超链接（hyperlink）。文本块既可以是文字，也可以是图形、图像，甚至声音或视频，这就把超文本推广到多媒体的形式，所以又称其为超媒体（hypermedia），如图6-19所示。

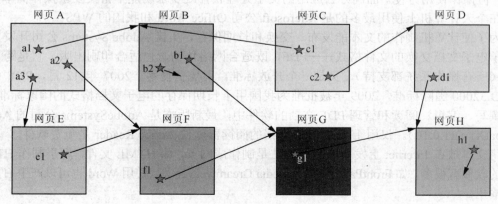

图6-19　网页的超文本结构

文本的分类如表 6-9 所示。

表 6-9　文本的分类

文本类型		特点	在计算机内的表示	文件扩展名	用途
简单文本		没有字体、字号和版面格式的变化，文本在页面上逐行排列，也不含图片和表格	由一连串与正文内容对应的字符的编码组成，几乎不包含任何其他的格式信息和结构信息	.txt	网上聊天 短信 文字录入 OCR 输入
丰富格式文本	线性文本	有字体、字号、颜色等的变化，文本在页面上可以自由定位和布局，还可插入图片和表格	除了与正文对应的字符编码之外，还使用某种"标记语言"所规定的一些标记来说明该文本的文字属性和排版格式等	.docx .rtf .htm .html .pdf	公文 论文 书稿 网页
	超文本	除上述特征外，文本还含有超链接，使文本呈现为一种网状结构	同线性文本，但应包含用于指出"链源"和"链宿"的标记	.docx .rtf .htm .html .pdf .hlp	线性文本，以及软件的联机文档（帮助文件）

（2）文本编辑与排版

1）对字、词、句、段落进行添加、删除、修改等操作。

2）字的处理：设置字体、字号、字的排列方向、间距、颜色、效果等。

3）段落的处理：设置行距、段间距、段缩进、对称方式等。

4）表格制作和绘图。

5）定义超链接。

6）页面布局（排版）：设置页边距、每页行列数、分栏、页眉、页脚、插图位置等。

文本编辑的软件主要有 WPS、Microsoft Office Word、Adobe Acrobat 等。

许多应用场合需要使用计算机制作与处理文本，不同的应用有不同的要求，通常用不同的软件完成。Internet 上微博、微信、电子邮件等程序都内嵌简单的文本编辑器，功能虽然不多，但操作使用方便。面向办公应用的文字处理软件既要求功能丰富又要求操作简单。目前，在个人计算机上使用最多的是 Microsoft 公司 Office Word 和我国的 WPS。

为了使计算机制作的文本能发布、交换和长期保存，美国 Adobe Systems 公司开发了一种用于电子文档交换的文件格式——PDF，既适合网络传输，也适合印刷出版，它是跨界平台的（所有操作系统都支持），又是一个开放标准，可免费使用。2007 年 12 月，PDF 已成为 ISO 32000 国际标准，2009 年被批准为我国用于长期保存的电子文档格式的国家标准。

撰写、编辑、阅读和管理 PDF 文档的软件中，最新版本是 AdobeSystems 公司的 Adobe AcrobatXI（11.0.10）。仅用于阅读 PDF 文档的阅读器软件 Adobe Reader 是免费软件。

将文本放在 Internet 上发布的最好方法是制作成网页，即 HTML 文件。用于制作 HTML 文件的软件有很多，如 FrontPage、Macromedia Dreamweaver 等，使用 Word 也可以产生 HTML 文件输出。

（3）文本处理

文本处理强调的是使用计算机对文本中所含文字信息的形、音、义等进行分析和处理。

文本处理可以在字、词（短语）、句子、篇章等不同的层面上进行。

（4）文本存储与传输

文本经过编辑软件处理后存储为各种不同格式的电子文档。

根据需要可通过 U 盘或通信软件，如电子邮件、QQ、飞信等进行传输、交换。

（5）文本展现

数字电子文本有两种使用方式，即打印输出和在屏幕上进行阅读、浏览。由于存放在计算机存储器中的文本是不可见的，因此，不论哪种使用方式都包含文本的展现过程。文本展现的大致过程是，首先要对文本的格式描述进行解释，然后生成文字和图表的映像，最后再传送到显示器或打印机输出。

三、数字图像

计算机的数字图像按其生成方法可以分成两类：一类是从现实世界中通过扫描仪、数码照相机等设备获取的图像，称为取样图像、点阵图像或位图图像，以下简称图像；另一类是使用计算机合成（制作）的图像，称为矢量图像，以下简称图形。

1. 数字图像的获取

从现实世界中获得数字图像的过程称为图像的获取。图像获取的过程实质上是模拟信号的数字化过程，它的处理步骤大体分为 4 步，如图 6-20 所示。

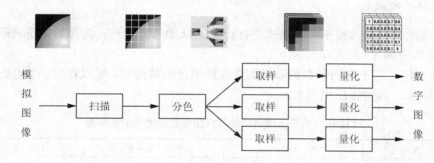

图 6-20　数字图像的获取

1）扫描。将画面划分成 M×N 个网格，每个网格称为一个取样点。这样，一个模拟图像就转换为由 M×N 个取样点组成的一个阵列。

2）分色。将彩色图像取样点的颜色分解成三原色（如 R、G、B 三原色），如果不是彩色图像（灰度图像或黑白图像），则不必进行分色。

3）取样。测量每个取样点每个分量的亮度值。

4）量化。对取样点每个分量的亮度值进行 A/D 转换，即把模拟量使用数字量（一般是 8～12 位的正整数）来表示。

通过上述方法所获取的数字图像称为取样图像，它是静止的数字化表示形式，通常简称为图像。

2. 数字图像的表示

从取样图像的获取过程可以知道，一幅取样图像由 M（行）×N（列）个取样点组成，每个取样点是组成取样图像的基本单位，称为像素（简称 pix）。彩色图像的像素是矢量，由多个彩色分量组成，黑色图像的像素只有一个亮度值。

取样图像在计算机中的表示方法是，单色图像用一个矩阵来表示；彩色图像用一组（一般是 3 个）矩阵来表示，矩阵的行数称为图像的垂直分辨率，列数称为图像的水平分辨率，矩阵的元素是像素颜色分量的亮度值，用整数表示，一般是 8～12 位。

在计算机中存储的每一幅取样图像，除了所有的像素数据外，至少还必须给出以下一些该图像的描述信息（属性）。

1）图像大小，又称图像分辨率（包括垂直分辨率和水平分辨率）。若图像大小为 400×300 像素，则它在分辨率为 800×600 像素的屏幕上以 100%的比例显示时，只占屏幕的 1/4；若图像超过了屏幕（或窗口）大小，则屏幕（或窗口）只显示图像的一部分，用户需操纵滚动条才能看到全部图像。

2）颜色空间的类型，指彩色图像所使用的颜色描述方法，又称颜色模型。常用的颜色模型有 RGB（红色、绿色、蓝色）模型、CMYK（青色、品红色、黄色、黑色）模型、HSV（色彩、饱和度、亮度）模型、YUV（亮度、色度）模型等。从理论上讲，这些颜色模型可以相互转换。

3）像素深度，即像素的所有颜色分量的二进制之和，它决定了不同颜色（亮度）的最大数目。

3. 图像的压缩编码

一幅图像的数据量可按下面的公式进行计算（以 B 为单位）：图像数据量=图像水平分辨率×图像垂直分辨率×像素深度/8。

表 6-10 列出了若干不同参数的取样图像在压缩前的数据量。可以看出，即使是单幅（静止）的数字图像，其数据量也很大。

表 6-10 若干不同参数的取样图像在压缩前的数据量

图像大小/像素	8 位（256 色）	16 位（65536 色）	24 位（真彩色）
640×480	300KB	600KB	900KB
1024×768	768KB	1.5MB	2.25MB
1280×1024	1.25MB	2.5MB	3.75MB

4. 常用图像文件格式

目前，Internet 和个人计算机中常用的几种图像文件的格式如表 6-11 所示。

表 6-11 常用图像文件格式

名称	压缩编码方法	性质	典型应用	开发公司（组织）
BMP	RLE（行程长度编码）	无损	Windows 系统应用程序	Microsoft
TIF	RLE、LZW（字典编码）	无损	桌面出版	Aldus、Microsoft
GIF	LZW	无损	Internet	CompuServe
JPEG	DCT（离散余弦变换）、Huffman 编码	大多数为有损	Internet、数码照相机等	ISO/IEC
JP2	小波变换、算术编码	无损/有损	医学应用等	ISO/IEC

BMP 图像是 Microsoft 公司在 Windows 操作系统下使用的一种标准图像文件格式。不压缩的 BMP 文件是一种通用的图像文件格式，绝大多数的 Windows 系统应用软件能支持 BMP 文件。

TIF 图像文件格式大量使用于扫描仪和桌面出版，能支持多种压缩方法和多种不同类型的图像。

GIF 是 Internet 上广泛使用的一种图像文件格式，它的颜色数目较少（不超过 256 色），文件特别小，适合网络传输。由于颜色数目有限，GIF 适用于插图、剪贴画等色彩数目不多的应用场合。GIF 格式能够支持透明背景，具有在屏幕上渐进显示的功能。尤为突出的是，它可以将许多张图片保存在同一个文件夹中，显示时按预先规定的时间间隔逐一进行，从而形成动画效果，因而在网页制作中大量使用。

5. 数字图像的处理和应用

1）数字图像的处理。使用计算机对图像进行去噪、增强、复原、分割、提取特征、压缩、存储、检索等操作处理的过程，称为数字图像处理。一般来讲，对图像进行处理的目的主要有以下几个方面。

① 提高图像的视感质量。例如，进行图像的亮度和色彩变换，增强或抑制某些成分，对图像进行几何变换（包括特技或效果处理等），以改善图像的质量。

② 图像的复原与重建。例如，进行图像的校正，消除退化的影响，产生一个等价于理想成像系统所获得的图像，或者使用多个一维投影重建该图像。

③ 图像分析。提取图像中的某些特征或特殊信息，为图像分类、识别、理解或解释创造条件。

④ 图像数据的转换、编码和数据压缩，用以更有效地进行图像的存储和传输。

⑤ 图像的存储、管理、检索，以及图像内容与知识产权的保护等。

常用图像编辑处理软件有美国 Adobe 公司的 Photoshop、Windows 操作系统附件中的画图软件和映像软件、Microsoft Office 软件中的 Photo Editor 软件、Ulead System 公司的 PhotoImpact 软件、ACDSystem 公司的 ACDSee32 等。

2）数字图像的应用。

① 图像通信。它包括传真、可视电话、视频会议等。

② 遥感。它可用于矿藏勘探，森林、水利、海洋、农业资源的调查，环境污染监测，自然灾害预测预报等。

③ 诊断。例如，通过 X 射线、超声、计算机断层摄影（CT）、核磁共振等进行成像，结合图像处理与分析技术，进行疾病的分析与诊断。

④ 生产中的应用，如产品质量检测、生产过程的自动控制等。

⑤ 机器人视觉。通过实时的图像处理，对三维景物进行理解与识别。

⑥ 军事、公安、档案管理等其他方面的应用。

6. 图形

（1）图形的概念

人们进行景物描述的过程称为景物的建模；根据景物的模型生成其图像的过程称为绘

制，又称图像的合成；所产生的数字图像称为计算机合成图像，又称矢量图形，以区别通常的取样图像；研究如何使用计算机描述景物并生成其图像的原理、方法与技术称为计算机图形学。图 6-21 给出了计算机绘图的全过程。

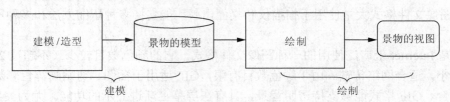

图 6-21　计算机绘图的全过程

（2）计算机图形的应用

使用计算机合成图像的主要优点是，计算机不但能生成实际存在的具体景物的图像，还能生成假象或抽象景物的图形。计算机合成图像的应用领域如下。

1）计算机辅助设计和辅助制造（CAD/CAM）。

2）利用计算机生成各种地形图、交通图、天气图、海洋图、石油开采图等，既可以方便、快捷地制作和更新地图，又可用于地理信息的管理、查询和分析。

3）作战指挥和军事训练。

4）计算机动画和计算机艺术。

除此之外，计算机合成图像在电子出版、数据处理、工业监控、辅助教学、软件工程等许多方面有很好的应用。

（3）矢量绘图软件

1）专业绘图软件：AutoCAD、Protel 和 CAXA 电子图板（机械、建筑等）、MapInfo、ArcInfo、SuperMap GIS（地图、地理信息系统）。

2）办公与事务处理、平面设计、电子出版等使用的绘图软件：Corel 公司的 CorelDraw、Adobe 公司的 Illustrator、Macromedia 公司的 FreeHanD、Microsoft 公司的 Microsoft Visio 等。

3）Microsoft Office 中内嵌的绘图软件：Word 和 PowerPoint 中的绘图功能（简单的二维图形）。

图像与图形的区别如表 6-12 所示。

表 6-12　图像与图形的区别

项目	图像	图形
生成途径	通过图像获取设备获得景物的图像	使用矢量绘图软件以交互方式制作而成
表示方法	将景物的映像（投影）离散化，然后使用像素表示	使用计算机描述景物的结构、形状与外貌
表现能力	能准确地表示出实际存在的任何景物与形体的外貌，但丢失了部分三维信息	规则的形体（实际的或假想的）能准确表示，自然景物只能近似表示
相应的编辑处理软件	典型的图像处理软件，如 Photoshop	典型的矢量绘图软件，如 AutoCAD
文件的扩展名	.bmp、.gif、.tif、.jpg、.jp2 等	.dwg、.dxf、.wmf 等
数据量	大	小

四、数字声音

声音是一种传递信息的重要媒体，也是计算机信息处理的对象之一，它在多媒体技术中起着重要的作用。计算机处理、存储和传输声音的前提是必须将声音信息数字化。

1. 数字声音的获取

声音由振动而产生，通过空气进行传播。声音是一种波，由许多不同频率的谐波组成。谐波的频率范围称为声音的宽带，宽带是声音的一项重要参数。多媒体技术处理的声音主要是人耳可听到的 20～20kHz 的音频信号，其中人的说话声音频率范围是 300～3400Hz，称为言语，又称话音或语音。

声波是一种模拟信号。为了使用计算机进行处理，必须将它转换成数字编码的形式，这个过程称为声音信号数字化。声音信号数字化的过程为取样、量化和编码，如图 6-22 所示。

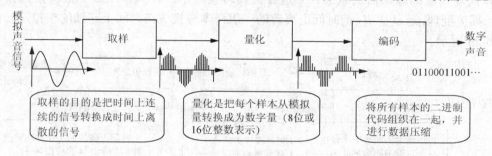

图 6-22　声音信号的数字化

1）取样。为了不失真，按照取样定理，取样频率不应低于声音信号最高频率的两倍。因此，语音信号的取样频率一般为 8kHz，音乐信号的取样频率应在 40kHz 以上。

2）量化。声音信号的量化精度一般为 8 位、12 位或 16 位，量化精度越高，声音的保真度越好；量化精度越低，声音的保真度越差。

3）编码。经过取样和量化后的声音，还必须按照一定的要求进行编码，即对它进行数据压缩，以减少数据量，并按某种格式将数据进行组织，以便于计算机存储和处理，在网络上进行传输等。

将模拟声音信号转换成数字形式进行处理有以下几个优点。

1）数字声音重放性能好，复制时不会失真。

2）数字声音的可编辑性易于进行效果处理。

3）数字声音能进行数据压缩，传输时抗干扰能力强。

4）数字声音容易与其他媒体相互结合（集成）。

5）数字声音为自动提取"元数据"和实现声音检索创造了条件。

2. 数字声音的获取设备

声音获取设备包括麦克风和声卡。麦克风的作用是将声波转化为电信号，然后由声卡进行数字化。

1）声卡的功能。声卡既参与声音的获取，也负责声音的重建，它控制并完成声音的输入与输出，主要功能包括波形声音的获取与数字化、声音的重建与播放、MIDI 声音的输入、

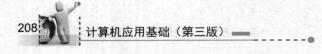

MIDI 声音的合成与播放。

波形声音的获取过程就是把模拟的声音信号转换为数字形式，声源可以是话筒（麦克风）输入，也可以是线路输入（声音来自音响设备或 CD 唱机等）。声卡不仅能获取单声道声音，还能获取双声道（立体声）声音。

2）声卡的组成。声卡的核心是数字信号处理器（digital signal processor，DSP）。DSP 是一种专用的微处理器，它在完成数字声音的编码、译码及声音编辑操作中起着重要的作用。随着大规模集成电路技术的发展，不少个人计算机的声卡已经与主板集成在一起，不再做成独立的插卡。

3. 声音的重建

声音的重建是声音信号数字化的逆过程，分为 3 个步骤：①进行译码，把压缩编码的数字声音恢复为压缩编码前的状态；②进行数模转换，把声音样本从数字量转换为模拟量；③进行插值处理，通过插值，把时间上离散的一组样本转换成在时间上连续的模拟声音信号，如图 6-23 所示。

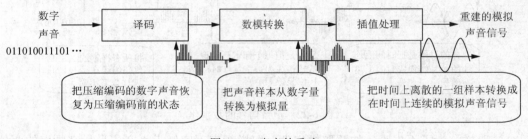

图 6-23　声音的重建

4. 波形声音的表示与应用

1）波形声音的主要参数。数字化的波形声音是一种使用二进制表示的串行的比特流，它遵循一定的标准或规范进行编码，其数据是按时间顺序组织的。波形声音的主要参数包括取样频率、量化位数、声道数目、使用的压缩编码方法及比特率。

比特率又称码率，指的是每秒的数据量。数字声音未压缩前，码率的计算公式为波形声音的码率=取样频率×量化位数×声道数（单位：b/s），压缩编码以后的码率则为压缩前的码率除以压缩倍数（压缩比）。

2）波形声音的文件类型及应用。声音信号中包含大量的冗余信息，为了降低存储成本和提高通信效率，对数字波形声音进行数据压缩是很有必要的。表 6-13 是目前常用的数字波形声音的文件类型、编码方法及主要应用。

表 6-13　常用的数字波形声音的文件类型、编码方法及其主要应用

音频格式	文件扩展名	编码类型	效果	主要应用	开发者
WAV	.wav	未压缩	声音达到 CD 品质	支持多种采样频率和量化位数，获得广泛支持	Microsoft 公司
FLAC	.flac	无损压缩	压缩比为 2∶1 左右	高品质数字音乐	Xiph.Org 基金会
APE	.ape	无损压缩	压缩比为 2∶1 左右	高品质数字音乐	Matthew T. Ashland

续表

音频格式	文件扩展名	编码类型	效果	主要应用	开发者
M4A	.m4a	无损压缩	压缩比为 2∶1 左右	QuickTime、iTunes、iPoD、Real Player	Apple 公司
MP3	.mp3	有损压缩	MPEG-1 Audio，层 3，压缩比为 8∶1～12∶1	Internet、MP3 音乐	ISO
WMA	.wma	有损压缩	压缩比高于 MP3，使用数字版权保护	Internet、音乐	Microsoft 公司
AC3	.ac3	有损压缩	压缩比可调，支持 5.1、7.1 声道	DVD、数字电视、家庭影院等	美国 Dolby 公司
AAC	.aac	有损压缩	压缩比可调，支持 5.1、7.1 声道	DVD、数字电视、家庭影院等	ISO MPEG-2/MPEG-4

3）流媒体。流媒体就是一种允许用户在网络上一边下载一边收看（听）音视频媒体的分发（delivery）技术。

目前流行的主要有 3 家公司的流媒体技术：Real Networks 公司的 Real Media（Real Audio 和 Real Video）、Microsoft 公司的 Windows Media Services（WMA、WMV 和 ASF）、Apple 公司的 Quick Time。

5. 波形声音的编辑与播放

在制作多媒体文档时，人们越来越多地需要自己录制和编辑数字波形声音。目前使用的声音编辑软件有多种，它们能够方便直观地对波形声音进行各种编辑处理。

以 Windows 系统附件中娱乐类的"录音机"程序为例，它是一个非常简单的声音编辑器，具有录制声音、编辑声音、声音的效果处理、格式转换、播放声音等功能。

6. 计算机合成声音

与计算机合成图像一样，计算机也能合成声音。计算机合成声音有两类：计算机合成语音（语言）和计算机合成音乐。

1）计算机合成语音：使计算机模仿人把一段文字朗读出来，即把文字转化为说话声音，这个过程称为文语转换。

计算机合成语音有多方面的应用。例如，在做股票交易、航班查询和电话报税等业务中，用户利用电话进行信息查询，计算机以精确、清晰的语音为用户提供查询结果。此外，其在文稿校对、语言学习、语音秘书、自动报警、残疾人服务等方面都能发挥很好的作用。

2）计算机合成音乐：计算机模拟各种乐器发声并按照乐谱演奏音乐。生活中的音乐是人们使用乐器按照乐谱演奏出来的，所以，计算机生成音乐需要具备 3 个要素：乐器、乐谱和"演奏员"。

个人计算机的声卡一般带有音源，音源又称音乐合成器，它能像电子琴一样模仿几十种不同的乐器发出不同音色、音调的音符声音。

乐谱在计算机中既不用简谱也不用五线谱表示，而是用 MIDI 消息（MIDI message）进行描述，每个 MIDI 消息描述一个音乐事件，一首乐曲所对应的全部 MIDI 消息组成一个 MIDI 文件。MIDI 文件在计算机中的文件扩展名为.mid。它是计算机合成音乐的交换标准，也是商业音乐作品发行的标准，如图 6-24 所示。

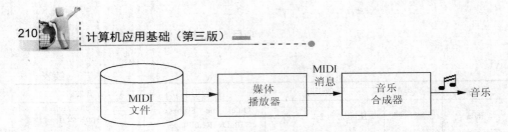

图 6-24　MIDI 音乐的播放

五、数字视频

1. 视频的基本概念

视频（video）指的是内容随时间变化的一个图像序列，又称活动图像或运动图像。常见的视频有电视和计算机动画。

2. 视频信号的数字化

数字视频与模拟视频相比较有很多优点，例如，复制和传输时不会造成质量下降，容易进行编辑修改，有利于传输，可节省视频资源等。

目前，有线电视网络和录放机等输出的都是模拟视频信号，它们必须经过数字化以后，才能由计算机存储、处理和显示。个人计算机中用于视频信号数字化的插卡称为视频采集卡，简称视频卡，能将输出的视频处理信号进行数字化然后存储在硬盘中。数字化的同时，视频图像经过色彩空间转换，然后与计算机图像显示卡产生的图像叠加在一起，用户可以在显示器屏幕制定窗口中查看其内容。

还有一种可以在线获取数字视频的设备是数字摄像头，它通过光学镜头采集图像，然后直接将图像转换成数字信号并输入个人计算机，不再需要使用专门的视频采集卡。

视频信号的数字化过程与图像、声音的数字化过程相仿，但更复杂一些，如图 6-25 所示。

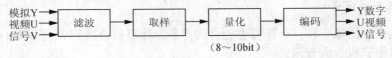

图 6-25　视频信号的数字化过程

3. 数字视频的压缩编码

数字视频的数据量非常大。1min 的数字电视的数据量约为 1GB。这样大的数据量，无论是存储、传输还是处理都有很大的困难。解决这个问题的办法就是对数字视频信息进行数据压缩。

视频信息压缩编码的方法很多，一个好的方案往往是多种算法的综合运用。目前，ISO 制定的有关数字视频压缩编码的国际标准及其应用如表 6-14 所示。

4. 数字视频的编辑

数字视频的编辑处理，通常是在非线性编辑器的软件支持下进行的。编辑时把电视节目素材存入计算机硬盘中，然后根据需要对不同长短、不同顺序的素材进行剪辑，同时配上字幕、特技和各种动画，再进行配音、配乐，最终制作成所需要的视频节目。

表 6-14　视频压缩编码的国际标准及其应用

名称	图像格式	压缩后的码率	主要应用
MPEG-1	360×288	1.2～1.5Mb/s	适用于 VCD、数码照相机、数字摄像机等
H.261	360×288 或 180×144	P×64Kb/s（P=1、2 时，只支持 180×144 格式；P≥6 时，可支持 360×288 格式）	应用于视频通信，如可视电话、会议电视等
MPEG-2（MP@ML）	720×576	5～15Mb/s	用途最广，如 DVD、卫星电视直播、数字有线电视等
MPEG-2 高清格式	1440×1152 1920×1152	80～100Mb/s	高清晰度电视（high definition television，HDTV）领域
MPEG-4ASP	分辨率较低的视频格式	与 MPEG-1、MPEG-2 相当，但最低可达到 64KB/s	在低分辨率、低码率领域应用，如监控、IPTV、手机、MP4 播放器等
MPEG-4AVC	多种不同的视频格式	采用多种新技术，编码效率比 MPEG-4ASP 显著减少	已在多个领域应用，如 HDTV、蓝光盘、IPTV、XBOX、iPoD、iPhone 等

5. 数字视频的应用

1）VCD 与 DVD。1994 年，由 JVC、Philips 等公司联合定义了一种在 CD 光盘上存储数字视频和音频信息的规范——Video CD（简称 VCD），该规范规定了 MPEG-1 音频/视频数据记录在 CD 光盘上的文件系统的标准。这样就使一张普通的 CD 光盘可记录 60min 的音视频数据，图像质量达到家用录放机的水平，可播放立体声。

DVD 即数字多用途光盘，其中的 DVD-Video（简称 DVD）与 VCD 相比存储容量要大得多。DVD 采用 MPEG-2 标准压缩的视频图像，画图品质也比 VCD 高。DVD 的伴音具有 5.1 声道（左、右、中、左环绕、右环绕和超重低音），足以实现三维环绕立体音响效果。表 6-15 给出了 VCD 和 DVD 的主要区别。

表 6-15　VCD 和 DVD 的主要区别

项目	VCD	DVD
视频压缩编码标准	MPEG-1 Video，图像分辨率为 352×240（家用电视质量）	MPEG-2 Video，图像分辨率为 720×480 像素（广播级电视图像质量）
音频压缩编码标准	MPEG-1 Audio，层 2，支持双声道立体声	MPEG-2 Audio 或杜比 AC-3，支持 5.1 声道的三维环绕立体声
光盘存储容量	650MB 左右	有多种不同规格。单面单层 DVD 容量为 4.7GB，单面双层容量为 8.5GB
播放时间	1h 左右	单面单层 DVD 光盘可播放 2h 左右
其他功能	较少	支持多种辅助功能，如多种文字字幕、多种语言声音、多种视角、多种宽高比等

2）可视电话与视频会议。可视电话是指通话双方能互相看见的一种电话系统。电话机具有摄像、显示、声音等功能，内置高质量 CCD 镜头及调制解调器。

视频会议是指多人同时参与的一种音/视频通信系统，类似于可视电话，但多人参加通话，提供的功能也更加丰富。

3）数字电视。数字技术的产物，它将电视信号进行数字化，然后以数字形式进行编辑、制作、传输、接收和播放。数字电视除了具有频道利用率高、图像清晰度高等特点之外，还可以开展交互式数据业务，包括电视购物、电视银行、电视商务、电视通信、电视游戏、实时点播电视、电视网上游览、观众参与的电视竞赛等。

4）VOD。视频点播（又称点播电视）技术的简称，即用户可以根据自己的需要选择电视节目。VOD 技术从根本上改变了用户只能被动收看电视的状况。

VOD 系统的工作过程如下：用户在客户端发出播放请求，通过网络传送给分配服务器，经身份验证后，系统把视频服务器中可访问的节目单发送给用户浏览，用户选择某个节目后，视频服务器读出该节目的内容，并传送到客户端进行播放。图 6-26 是 VOD 系统。

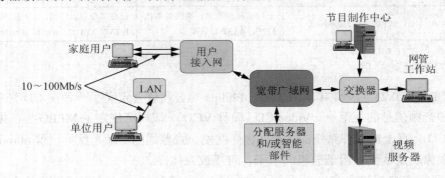

图 6-26　VOD 系统

6. 计算机动画

计算机动画是用计算机制作可供实时演播的一系列连续画面的技术。它可以辅助制作传统的卡通动画片，或通过对物体运动、场景变化、虚拟摄像机及光源设置的描述，逼真地模拟三维景物随时间而变化的过程，所生成的一系列画面以 50 帧/s 左右的速率演播时，利用人眼视觉残留效应便可产生连续或变化的效果。

20 世纪 90 年代开始，计算机动画技术应用于电影特技。例如，电影《侏罗纪公园》、《玩具总动员》和《泰坦尼克号》等都取得了轰动效应。

学习小结

本单元主要对字符的编码、文本的制作和编辑、数字图像的获取及编辑和应用、计算机图形的概念和应用做了介绍。通过对本单元的学习，了解文本、图像和图形在计算机中的处理和应用过程，对于掌握计算机的操作和应用有着重要的作用。本单元还介绍了声音和视频的数字化过程及主要的获取与播放设备。通过对这些内容的学习，了解它们在计算机中怎样表示、处理、存储和传输，对实际应用有着重要的作用。

自我练习

一、是非题

1．计算机游戏中屏幕上显示的往往是假想的景物，为此首先需要在计算机中描述该景物（建模），然后把它绘制出来，与此相关的技术称为数字图像处理。

2．通过 Web 浏览器不仅能下载和浏览网页，而且能进行 E-mail、Telnet、FTP 等其他 Internet 服务。

3．在计算机的各种输入设备中，只有通过键盘才能输入汉字。

4．汉字的键盘输入编码方案曾经有几百种之多，能被广泛接受的编码方案应易学易记，容量大，效率高，重码尽可能少。

5．中文 Word 是一个功能丰富的文字处理软件，它不但能进行编辑操作，而且能自动生成文本的"摘要"。

二、单选题

1．在国际标准化组织制定的有关数字视频及伴音压缩编码标准中，VCD 影碟采用的压缩编码标准为_____。

　　A．H.261　　　　　B．MPEG-1　　　C．MPEG-2　　　D．MPEG-4

2．音频文件的类型有多种，下列_____文件类型不属于音频文件。

　　A．WMA　　　　　B．WAV　　　　C．MP3　　　　　D．BMP

3．目前广泛使用的 Adobe Acrobat 软件，它将文字、字形、排版格式、声音和图像等信息封装在一个文件中，既适合网络传输，也适合电子出版，其文件格式是_____。

　　A．TXT　　　　　　B．DOC　　　　C．HTML　　　　D．PDF

4．存放一幅 1024×768 像素的未经压缩的真彩色（24 位）图像，大约需_____存储空间。

　　A．1024×768×12B　B．1024×768×24B　C．1024×768×2B　D．1024×768×3B

5．如果显示器 R、G、B 3 个原色分别使用 6 位、6 位、4 位二进位来表示，则该显示器可显示颜色的总数是_____种。

　　A．16　　　　　　　B．256　　　　　C．65536　　　　D．16384

6．计算机图形学有很多应用，以下所列中最直接的应用是_____。

　　A．指纹识别　　　　B．设计电路图　　C．医疗诊断　　　D．可视电话

7．通常，图像处理软件的主要功能包括_____。

①图像缩放；②图像区域选择；③图像配音；④添加文字；⑤图层操作；⑥动画制作。

　　A．②④⑤⑥　　　　B．①③④⑤　　　C．①②④⑤　　　D．①④⑤⑥

8．IE 浏览器和 Outlook Express 中使用的 UTF-8 和 UTF-16 编码是_____标准的两种实现。

　　A．GB 2312　　　　　　　　　　　　B．GBK

　　C．UCS（Unicode）　　　　　　　　　D．GB 18030

9. 网页是一种超文本文件，下列有关超文本的叙述中，正确的是＿＿＿＿＿＿。

　　A．网页的内容不仅可以是文字，也可以是图形、图像和声音

　　B．网页之间的关系是线性的、有顺序的

　　C．相互链接的网页不能分布在不同的 Web 服务器中

　　D．网页既可以是丰富格式文本，也可以是纯文本

10. 对图像进行处理的目的不包括＿＿＿＿＿＿。

　　A．图像分析　　　　　　　　　　B．图像复原和重建

　　C．提高图像的视感质量　　　　　D．获取原始图像

11. 下列设备中，都属于图像输入设备的是＿＿＿＿＿＿。

　　A．数码照相机、扫描仪　　　　　B．绘图仪、扫描仪

　　C．数字摄像机、投影仪　　　　　D．数码照相机、显卡

12. 下列有关字符编码标准的叙述中，正确的是＿＿＿＿＿＿＿＿。

　　A．UCS/Unicode 编码实现了全球不同语言文字的统一编码

　　B．ASCII、GB 2312、GBK 是我国为适应汉字信息处理需要而制定的一系列汉字编码标准

　　C．UCS/Unicode 编码与 GB 2312 编码保持向下兼容

　　D．GB 18030 标准等同于 Unicode 编码标准，它是我国为了与国际标准 UCS 接轨而发布的汉字编码标准

13. 下列软件中，能够用来阅读 PDF 文件的是＿＿＿＿＿＿。

　　A．Acrobat Reader　　　　　　　B．Word

　　C．Excel　　　　　　　　　　　D．Frontpage

14. 彩色显示器的颜色可由 3 个基色 R、G、B 合成得到，如果 R、G、B 三基色分别用 4 个二进位表示，则该显示器可显示的颜色总数有＿＿＿＿＿＿种。

　　A．2048　　　　　B．4096　　　　　C．16　　　　　D．256

15. 数字图像的获取步骤大体分为 4 步，以下顺序正确的是＿＿＿＿＿＿。

　　A．扫描、分色、量化、取样　　　B．分色、扫描、量化、取样

　　C．扫描、分色、取样、量化　　　D．量化、取样、扫描、分色

三、填空题

1. 数字有线电视所传输的音频、视频所采用的压缩编码标准是＿＿＿＿＿＿＿＿＿。

2. 浏览器可以下载安装一些＿＿＿＿＿＿＿＿程序，以扩展浏览器的功能，例如，播放 Flash 动画或某种特定格式的视频等。

3. 数字图像的获取步骤中量化的本质是对每个取样点的分量值进行＿＿＿＿＿＿＿＿转换，即把模拟量使用数字量表示。

4. 使用计算机制作的数字文本若根据它们是否具有排版格式来分，可分为简单文本和丰富格式文本两大类。用 Word 生成的 DOC 文件属于＿＿＿＿＿＿＿＿文件。

5. 如果需要拍摄分辨率为 1024×768 像素的数码相片，至少需要＿＿＿＿＿＿＿＿万像素的数码照相机。

单元 4　IT 新技术概述

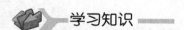 **学习目标**

1）了解大数据的基本概念和应用。
2）了解云计算的基本概念和应用。
3）了解移动互联网的基本概念和应用。
4）了解人工智能的基本概念和应用。
5）了解虚拟现实的基本概念和应用。

学习知识

一、大数据

1. 大数据的概念

麦肯锡全球研究对"大数据"的定义是：大数据（big data）是一种规模大到在获取、存储、管理、分析方面大大超出了传统数据库软件工具能力范围的数据集合，具有海量的数据规模、快速的数据流转、多样的数据类型和价值密度低四大特征。

大数据技术的战略意义不在于掌握庞大的数据信息，而在于对这些含有意义的数据进行专业化处理。换言之，如果把大数据比作一种产业，那么这种产业实现盈利的关键在于提高对数据的"加工能力"，通过"加工"实现数据的"增值"。

大数据需要特殊的技术，以有效地处理大容量的数据。适用于大数据的技术包括大规模并行处理数据库、数据挖掘、分布式文件系统、分布式数据库、云计算平台、互联网和可扩展的存储系统。

2. 大数据的特点

大数据的特点归纳为 5V 特点，即 volume（大量）、velocity（高速）、variety（多样）、value（低价值密度）、veracity（真实性）。

大数据包括结构化数据、半结构化数据和非结构化数据，非结构化数据越来越成为数据的主要部分。大数据的价值体现在以下几个方面：

1）对大量消费者提供产品或服务的企业可以利用大数据进行精准营销。
2）做小而美模式的中小微企业可以利用大数据做服务转型。
3）面临互联网压力之下必须转型的传统企业需要与时俱进充分利用大数据的价值。

二、云计算

1. 云计算的概念

关于云计算（cloud computing）的表示和定义有许多说法，现阶段广为接受的是美国国家标准与技术研究院的定义：云计算是一种按使用量付费的模式，这种模式提供可用的、便捷的、按需的网络访问，进入可配置的计算资源共享池（资源包括网络、服务器、存储、应用软件、服务），这些资源能够被快速提供，只需投入很少的管理工作，或与服务供应商进行很少的交互。其实"云"是对网络的一种比喻。作为一种泛指，它涵盖 Internet 后端复杂的计算结构和所能提供的相关计算机资源。具体地说，"云"就是相应的计算机群，以及由它组成的能够提供硬件、平台、软件等资源的计算网络，通过统筹调用，对使用者提供所需的服务。

云计算是整合计算资源，并以"即方式"（像水电一样实施度量付费）来提供服务的。从服务内容来看云计算服务主要有 3 类。

1）基础设施即服务（infrastructure as a service, IaaS）：将硬件资源打包成服务，通过 Internet 提供给用户使用，并且根据用户对资源的实际使用量或占有量进行计费。

2）平台即服务（platform as a service, PaaS）：计算环境、开发环境等平台作为一种服务提供的应用模式。

3）软件即服务（software as a service, SaaS）：将应用软件统一部署在提供商的服务器上，通过 Internet 为用户提供应用软件服务，是目前广泛应用的一种云计算。

2. 云计算的特点

云计算的特点如下。

1）超大规模。"云"具有相当的规模，Google 云计算已经拥有 100 多万台服务器，Amazon、IBM、Microsoft、Yahoo 等的"云"均拥有几十万台服务器。企业私有云一般拥有数百上千台服务器。"云"能赋予用户前所未有的计算能力。

2）虚拟化。云计算支持用户在任意位置使用各种终端获取应用服务。所请求的资源来自"云"，而不是固定的有形的实体。应用在"云"中某处运行，但实际上用户无须了解、也不用担心应用运行的具体位置。只需要一台笔记本式计算机或者一个手机，用户就可以通过网络服务来实现需要的一切，甚至包括超级计算这样的任务。

3）高可靠性。"云"使用了数据多副本容错、计算结点同构可互换等措施来保障服务的高可靠性，使用云计算比使用本地计算机可靠。

4）通用性。云计算不针对特定的应用，在"云"的支撑下可以构造出千变万化的应用，同一个"云"可以同时支撑不同的应用运行。

5）高可扩展性。"云"的规模可以动态伸缩，满足应用和用户规模增长的需要。

6）按需服务。"云"是一个庞大的资源池，用户按需购买，可以像自来水、电、煤气那样计费。

7）极其廉价。基于"云"的特殊容错措施，可以采用极其廉价的结点来构成云，"云"的自动化集中式管理使大量企业无须负担日益高昂的数据中心管理成本，"云"的通用性使资源的利用率较之传统系统大幅提升，因此用户可以充分享受"云"的低成本优势，经常只要花费几百美元、几天时间就能完成以前需要数万美元、数月时间才能完成的任务。

8）潜在的危险性。云计算服务除了提供计算服务外，还必然提供了存储服务。这也是云计算存在潜在风险所在。

3. 云计算的发展

云计算的发展主要经历了电厂模式、效用计算、网格计算和云计算 4 个阶段。

1）电厂模式阶段。电厂模式就好比利用电厂的规模效应来降低电力的价格，并让用户使用起来更方便，且无须维护和购买任何发电设备。

2）效用计算阶段。1961 年，人工智能之父麦肯锡在一次会议上提出了"效用计算"这个概念，其核心借鉴了电厂模式，具体目标是整合分散在各地的服务器、存储系统及应用程序来共享给多个用户，让用户能够像把灯泡插入灯座一样来使用计算机资源，并且根据其所使用的量来付费。但由于当时整个 IT 产业还处于发展初期，很多强大的技术还未诞生，所以总体而言更多地处于概念阶段。

3）网格计算阶段。网格计算研究如何把一个需要非常巨大的计算能力才能解决的问题分成许多小的部分，然后把这些部分分配给许多低性能的计算机来处理，最后把这些计算结果综合起来攻克大问题。可惜的是，网格计算在商业模式、技术和安全性方面的不足，使得其并没有在工程界和商业界取得预期的成功。

4）云计算阶段。云计算的核心与效用计算、网格计算非常类似，也是希望 IT 技术能像使用电力那样方便，并且成本低廉。但与效用计算和网格计算不同的是，云计算目前在需求方面已经有了一定的规模，同时在技术方面也已经基本成熟了。

三、移动互联网

移动互联网（mobile Internet，MI），就是将移动通信和互联网二者结合起来成为一体，是互联网的技术、平台、商业模式和应用与移动通信技术结合并实践的活动的总称。5G 时代的开启以及移动终端设备的发展必将为移动互联网的发展注入巨大的能量，今后几年移动互联网产业必将会有前所未有的飞跃。

移动互联网是一种通过智能移动终端，采用移动无线通信方式获取业务和服务的新兴业务，包含终端、软件和应用 3 个层面。终端层包括智能手机、平板式计算机、电子书、MID 等；软件包括操作系统、中间件、数据库和安全软件等；应用层包括休闲娱乐类、工具媒体类、商务财经类等不同应用与服务。

随着宽带无线接入技术和移动终端技术的飞速发展，人们迫切希望能够随时随地乃至在移动过程中都能方便地从互联网获取信息和服务，移动互联网应运而生并迅猛发展。然而，移动互联网在移动终端、接入网络、应用服务、安全与隐私保护等方面还面临着一系列的挑战。

四、人工智能

人工智能（artificial intelligence，AI），是一门研究、开发用于模拟、延伸和扩展人的智能的理论、方法、技术及应用系统的新的技术科学。人工智能是计算机科学的一个分支，它企图了解智能的实质，并生产出一种新的能以人类智能相似的方式做出反应的智能机器，该领域的研究包括机器人、语言识别、图像识别、自然语言处理和专家系统等。

进入 21 世纪后，人工智能相继出现若干开创性的工作。1956 年，美国的几位心理学家、数学家、计算机科学家和信息论学家在 Dartmonth 大学召开了会议，提出了人工智能这一学科，现在普遍认为人工智能学科是这时建立的，到现在已有 60 多年的历史，它的发展先后经历了"认知模拟""语意信息理解""专家系统"等几个阶段。

现在人工智能已经不再是几个科学家的专利了，现在计算机似乎已经变得十分聪明了。例如，1997 年 5 月，IBM 公司研制的深蓝（Deep Blue）计算机战胜了国际象棋大师卡斯帕洛夫。2016 年 1 月，Google 旗下的深度学习团队 Deepmind 开发的人工智能围棋软件 AlphaGo，以 5：0 战胜了围棋欧洲冠军。大家或许会注意到，在一些地方计算机已经可以帮助人进行其他原来只属于人类的工作，计算机以它的高速和准确发挥着它的作用。人工智能始终是计算机科学的前沿学科，计算机编程语言和其他计算机软件都因为有了人工智能的进展而得以存在。

五、虚拟现实

1. 虚拟现实的概念

虚拟现实（virtual reality，VR）是仿真技术的一个重要方向，是仿真技术与计算机图形学、人机接口技术、多媒体技术、传感技术、网络技术等多种技术的集合，是一门富有挑战性的交叉技术前沿学科。虚拟现实技术主要包括模拟环境、感知、自然技能和传感设备等方面。模拟环境是由计算机生成的、实时动态的三维立体逼真图像。理想的 VR 应该具有一切人所具有的感知，除计算机图形技术所生成的视觉感知外，还有听觉、触觉、力觉、运动等感知，甚至还包括嗅觉和味觉等，即多感知。自然技能是指对于人的头部转动、眼睛、手势或其他人体行为动作，由计算机来处理与参与者的动作相适应的数据，并对用户的输入做出实时响应，并分别反馈到用户的五官。传感设备是指三维交互设备。

虚拟现实技术演变发展史大体上可以分为 4 个阶段：有声形动态的模拟是蕴涵虚拟现实思想的第一阶段（1963 年以前）；虚拟现实萌芽为第二阶段（1963～1972 年）；虚拟现实概念的产生和理论初步形成为第三阶段（1973～1989 年）；虚拟现实理论进一步的完善和应用为第四阶段（1990～2004 年）。

2. 虚拟现实的关键技术

虚拟现实是多种技术的综合，包括实时三维计算机图形技术，广角（宽视野）立体显示技术，对观察者头、眼和手的跟踪技术，以及触觉/力觉反馈、立体声、网络传输、语音输入/输出技术等。

3. 虚拟现实技术的应用

1）虚拟现实医学。在虚拟环境中，可以建立虚拟的人体模型，借助于跟踪球、头盔式显示器、感觉手套，可以很容易了解人体内部各器官结构，这比现有的采用纸质的方式要有效得多。外科医生在真正动手术之前，通过虚拟现实技术的帮助，能在显示器上重复地模拟手术，移动人体内的器官，寻找最佳手术方案并提高熟练度。在远距离遥控外科手术、复杂手术的计划安排、手术过程的信息指导、手术后果预测及改善残疾人生活状况，乃至新药研制等方面，虚拟现实技术都能发挥十分重要的作用。

2）虚拟现实军事航天。模拟训练一直是军事与航天工业中的一个重要课题，这为虚拟现实提供了广阔的应用前景。美国国防部高级研究计划局自 20 世纪 80 年代起一直致力于研究称为 SIMNET 的虚拟战场系统，以提供坦克协同训练，该系统可连接 200 多台模拟器。另外，利用虚拟现实技术，可模拟零重力环境，代替非标准的水下训练宇航员的方法。

3）虚拟现实工业仿真。虚拟现实已经被世界上一些大型企业广泛地应用到工业的各个环节，对企业提高开发效率，加强数据采集、分析、处理能力，减少决策失误，降低企业风险起到了重要的作用。

4）虚拟现实地理。应用虚拟现实技术，将三维地面模型、正射影像及城市街道、建筑物、市政设施的三维立体模型融合在一起，再现城市建筑及街区景观，用户在显示屏上可以很直观地看到生动、逼真的城市街道景观，可以进行诸如查询、量测、漫游、飞行浏览等一系列操作，满足数字城市技术由二维 GIS 向三维虚拟现实的可视化发展需要，为城建规划、社区服务、物业管理、消防安全、旅游交通等提供可视化空间地理信息服务。

学习小结

本单元主要对大数据、云计算、移动互联网、人工智能和虚拟现实做了简单介绍，以初步了解大数据、云计算、人工智能等的基本概念和主要应用。

自我练习

一、是非题

1．大数据的特征之一是具有海量的数据规模。

2．大数据技术的战略意义不在于掌握庞大的数据信息，而在于对这些含有意义的数据进行专业化处理。

3．在虚拟环境中，可以建立虚拟的人体模型。

4．人工智能的英文缩写是 VR，虚拟现实的英文缩写是 AI。

5．云计算不针对特定的应用，在"云"的支持下可以构造出千变万化的应用。

二、单选题

1．大数据是一种规模大到在获取、存储、管理、_____方面大大超过传统数据库软件工具能力范围的数据集合。

　　A．处理　　　　　B．分析　　　　　C．统计　　　　　D．汇总

2．大数据的 5V 特点是_____、velocity（高速）、variety（多样）、value（低价值密度）、veracity（真实性）。

A．volume（大量） B．vague（不明确的）

C．variable（易变的） D．valueless（无价值的）

3．大数据包括结构化数据、_____数据和非结构化数据。

A．全结构化 B．半结构化 C．纯结构化 D．非纯结构化

4．马云在演讲中说未来是 DT 时代，DT 指的是_____。

A．数据科技 B．虚拟科技 C．电子科技 D．电商科技

5．大数据的重点不在于"大"，而在于_____。

A．多 B．杂 C．有用 D．无用

6．按美国国家标准与技术研究院定义，云计算是一种_____付费的模式。

A．使用 B．流量 C．数量 D．质量

7．"云"是对网络的一种比喻，涵盖 Internet 后端复杂的计算结构和所提供的相关_____。

A．计算机资源 B．计算机数据 C．计算机硬件 D．计算机软件

8．云计算是以"即方式"来提供服务的，从服务内容来看主要有 3 类：基础设施即服务，平台即服务和_____。

A．硬件即服务 B．软件即服务 C．数据即服务 D．信息即服务

9．被普遍接受的云计算特点不包括_____。

A．超大规模 B．高性能 C．专用性 D．虚拟性

10．云计算主要经历了 4 个阶段才发展到现在，这 4 个阶段依次是电厂模式、效用计算、_____和云计算。

A．网格计算 B．网络计算 C．统计计算 D．数据计算

11．移动互联网 MI 包括终端、_____和应用 3 个层面。

A．服务 B．信息 C．硬件 D．软件

12．人工智能到现在已有 60 多年的历史了，它的发展先后经历了_____、语意信息理解、专家系统几个阶段。

A．认识模拟 B．能力模拟 C．认知模拟 D．知识模拟

13．2016 年 1 月，Google 的_____与世界冠军进行了 5 局围棋比赛，结果以 5：0 完胜。

A．AlphaGo B．深蓝 C．星阵 D．绝艺

14．虚拟现实技术主要包括模拟环境、感知、自然技能和_____等方面。

A．传统设备 B．硬件设备 C．软件设备 D．传感设备

15．虚拟现实的英文缩写是_____。

A．AE B．CR C．AI D．VR

三、填空题

1．从技术上看_____与云计算的关系密不可分。

2．移动互联网就是将_____和互联网二者结合起来成为一体。

3．云计算是整合资源并以_____来提供服务的。

第3篇 考点解析与模拟试题

项目7 计算机等级考试考点解析

一、计算机基础操作

1. 新建文件夹和文件

【实例 1】在考生文件夹下的 KUB 文件夹中新建名为"BRNG"的文件夹。

【操作解析】

1）打开考生文件夹下的 KUB 文件夹。

2）选择"文件"→"新建"→"文件夹"命令，或右击，在弹出的快捷菜单中选择"新建"→"文件夹"命令，即可生成新的文件夹，此时文件（文件夹）的名字处呈现蓝色可编辑状态。编辑名称为题目指定的名称"BRNG"。

【实例 2】在考生文件夹下新建一个名为"BOOK.docx"的文件，文件内容为"书籍是人类进步的阶梯"。

【操作解析】

1）打开考生文件夹。

2）选择"文件"→"新建"→"Microsoft Word Document"命令，或右击，在弹出的快捷菜单中选择"新建"→"Microsoft Word 文档"命令，即可生成新的文件，此时文件（文件夹）的名字处呈现蓝色可编辑状态。编辑名称为题目指定的名称"BOOK.docx"。

3）双击"BOOK.docx"打开文件，输入"书籍是人类进步的阶梯"，选择"文件"→"保存"命令，或单击自定义快速访问工具栏中的"保存"按钮保存文件。

2. 创建快捷方式

【实例 3】为考生文件夹下的 XIANG 文件夹建立名为"KXIANG"的快捷方式，并存放在考生文件夹下的 POB 文件夹中。

【操作解析】

1）选定考生文件夹下的 XIANG 文件夹。

2）选择"文件"→"创建快捷方式"命令，或右击，在弹出的快捷菜单中选择"创建快捷方式"命令，即可在同文件夹下生成一个快捷方式文件。

3）移动这个文件到考生文件夹 POB 下，并按 F2 键改名为"KXIANG"。

3. 复制文件和文件夹

【实例 4】将考生文件夹下的 LAY\ZHE 文件夹中的 XIAO. docx 文件复制到考生文件夹下，并命名为 JIN. docx。

【操作解析】

1）打开考生文件夹下的 LAY\ZHE 文件夹，选定 XIAO.docx 文件。

2）选择"编辑"→"复制"命令，或按快捷键【Ctrl】+【C】。

3）打开考生文件夹，选择"编辑"→"粘贴"命令，或按快捷键【Ctrl】+【V】。

4）选定复制来的文件 XIAO.docx，按【F2】键，此时文件（文件夹）的名字处呈现蓝色可编辑状态，输入指定的名称"JIN.docx"或右击，在弹出的快捷菜单中选择"重命名"命令，改名为 JIN.docx。

4. 移动文件和文件夹

【实例 5】将考生文件夹下 LAY\AUE 文件夹中的 XIA.jpg 文件移动到考生文件夹 ABCD\WANG 下，并命名为"TEST. txt"。

【操作解析】

1）打开考生文件夹下的 LAY\AUE 文件夹，选定 XIA.jpg 文件。

2）选择"编辑"→"剪切"命令，或按快捷键【Ctrl】+【X】。

3）打开考生文件夹下的 ABCD\WANG，选择"编辑"→"粘贴"命令，或按快捷键【Ctrl】+【V】。

4）选定移动来的 XIA.jpg 文件，按【F2】键，此时文件（文件夹）的名字处呈现蓝色可编辑状态，输入指定的名称"TEST.txt"或右击，在弹出的快捷菜单中选择"重命名"命令，改名为"TEST. Txt"。

5. 搜索和删除文件

【实例 6】搜索考生文件夹中的 AUTXIAN.bat 文件，然后将其删除。

【操作解析】

1）打开考生文件夹。

2）在工具栏右上角的搜索对话框中输入要搜索的文件名"AUTXIAN.bat"，单击搜索按钮 🔍，搜索结果将显示在文件窗格中。

3）选定搜索出的文件。

4）按【Delete】键，弹出确认对话框。

5）单击"确定"按钮，将文件（文件夹）删除到回收站。

6. 设置文件属性

【实例 7】在考生文件夹下的 WUE 文件夹中创建名为"STUDENT. txt"的文件，并设置其属性为"隐藏"。

【操作解析】

1）打开考生文件夹下的 WUE 文件夹，选择"文件"→"新建"→"文件夹"命令，然后输入文件名"STUDENT. txt"。

2）选定 STUDENT. txt 文件夹，选择"文件"→"属性"命令，或右击，在弹出的快捷菜单中选择"属性"命令，即可打开属性对话框。

3）在属性对话框中勾选"隐藏"复选框，单击"确定"按钮。

【实例 8】将考生文件夹下的 QPM 文件夹中的 JING.wri 文件的"只读"属性取消。

【操作解析】

1）打开考生文件夹下的 QPM 文件夹，选定 JING.wri 文件。

2）选择"文件"→"属性"命令，或右击，在弹出的快捷菜单中选择"属性"命令，即可打开属性对话框。

3）在"属性"对话框中取消勾选"只读"复选框，单击"确定"按钮。

二、Word 文档制作

1. 设置页面

【实例 1】将页面设置为：纸张大小为 A4，上、下页边距为 2 厘米，左、右页边距为 3 厘米，装订线位于左侧，装订线 0.5 厘米，每页 40 行，每行 38 字符。

【操作解析】

1）选择"页面布局"→"页面设置"→"纸张大小"→"A4"命令。

2）单击"页面布局"→"页面设置"右侧的对话框启动器，在弹出的"页面设置"对话框中选择"页边距"选项卡，如图 7-1 所示，按照题目要求分别设置上、下、左、右页边距，以及装订线的尺寸和位置，单击"确定"按钮。

3）在"页面设置"对话框中选择"文档网格"选项卡，如图 7-2 所示，在"网格"选项组中单击"指定行和字符网格"单选按钮，然后设置每页 40 行，每行 38 字符，最后单击"确定"按钮结束。

2. 设置页面背景

【实例 2】给文档添加水印文字"普通公文"，字体为隶书；设置页面颜色为"蓝色，强调文字颜色 1，淡色 60%"；设置橙色、3 磅、方框的页面边框。

【操作解析】

1）将光标定位在文档中，选择"页面布局"→"页面背景"→"水印"→"自定义水印"命令，弹出"水印"对话框，如图 7-3 所示。在"水印"对话框中，单击"文字水印"单选按钮，输入文字"普通公文"，设置字体为"隶书"，其他设置保持默认值，单击"确定"按钮结束。

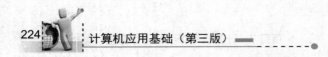

2）选择"页面布局"→"页面背景"→"页面颜色"→"蓝色，强调文字颜色 1，淡色 60%"命令。

3）选择"页面布局"→"页面背景"→"页面边框"命令，在弹出的"边框和底纹"对话框中选择"方框"选项，设置"颜色"为"橙色"，"宽度"为"3.0 磅"，如图 7-4 所示，单击"确定"按钮结束。

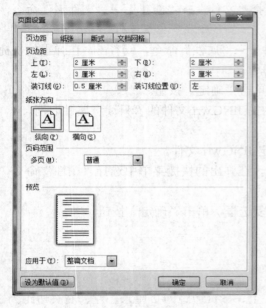

图 7-1　设置页边距

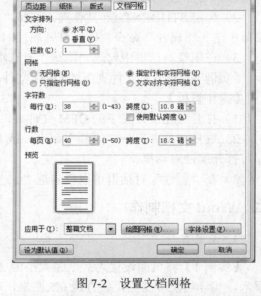

图 7-2　设置文档网格

图 7-3　"水印"对话框

图 7-4　"边框和底纹"对话框

3．设置段落和字体

【实例 3】给文章加标题"多项工资措施促社会公平和谐"，并设置其格式为华文行楷、小三号、红色、居中对齐，字符间距缩放为 150%，并为标题文字填充图案样式为 15% 的底纹，段后间距 1 行；设置正文所有段落首行缩进 2 字符，正文行距为 1.25 倍。

【操作解析】

1）将光标定位在正文开始处（即第一个字符之前），输入该标题文字"多项工资措施促社会公平和谐"后按【Enter】键。

2）选中该标题文字，右击，在弹出的快捷菜单中选择"字体"命令（或者单击"开始"→"字体"右侧的对话框启动器），弹出"字体"对话框，选择"字体"选项卡，如图 7-5 所示，按照题目要求设置字体、字号及字体颜色。

3）在"字体"对话框中选择"高级"选项卡，如图 7-6 所示，设置"缩放"为 150%，单击"确定"按钮结束。

图 7-5　设置字体

图 7-6　设置字符间距

4）选择该标题文字，选择"开始"→"段落"→"居中"命令，设置居中对齐。

5）选中该标题文字，选择"页面布局"→"页面背景"→"页面边框"命令，在弹出的"边框和底纹"对话框中选择"底纹"选项卡，如图 7-7 所示，在"图案"选项组的"样式"下拉列表中选择"15%"选项，在"应用于"下拉列表中选择"文字"选项，单击"确定"按钮结束。

6）将光标定位在标题文字中，单击"开始"→"段落"右侧的对话框启动器，在弹出的"段落"对话框中选择"缩进和间距"选项卡，设置段后间距为 1 行，单击"确定"按钮结束。

7）选择正文所有段落，单击"开始"→"段落"右侧的对话框启动器，在弹出的"段落"对话框中选择"缩进和间距"选项卡，设置"特殊格式"为首行缩进 2 字符，"行距"为"多倍行距"，"设置值"为"1.25"，如图 7-8 所示，单击"确定"按钮结束。

4. 文本替换

【实例 4】将正文中所有"收入"设置为红色、加粗，加着重号。

【操作解析】

1）将光标定位在正文中第一个"收入"，并选择该"收入"，选择"开始"→"编辑"→"替换"命令，弹出"查找和替换"对话框，选择"替换"选项卡，此时"查找内容"文本框中已有"收入"，如果没有出现则手动输入。

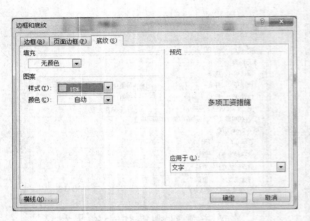

图 7-7　设置文字底纹

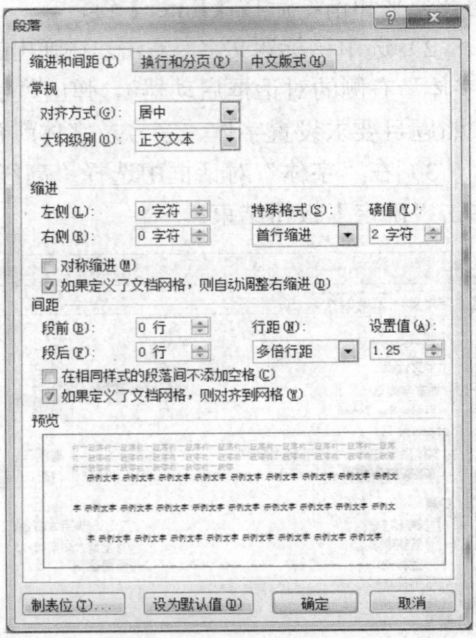

图 7-8　设置段落

2）在"替换为"文本框中输入"收入"，并单击"更多"按钮，设置"搜索"范围为"向下"，如图 7-9 所示。

3）将光标定位在"替换为"文本框中，然后单击"格式"下拉按钮，在打开的下拉列表中选择"字体"选项。

4）弹出"替换字体"对话框，如图 7-10 所示，如果不是"替换字体"对话框，则返回第 3）步重新设置，按照题目要求设置字体为红色，加着重号，单击"确定"按钮返回"查找和替换"对话框。

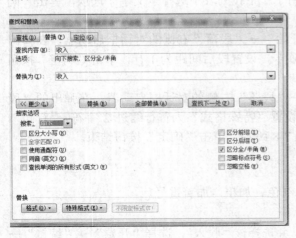

图 7-9　设置文本替换

图 7-10　设置替换字体

5）在"查找和替换"对话框中检查字体的设置要求是否在"替换为"文本框的下方，如果是，则单击"全部替换"按钮；如果不是，则将光标定位在"查找内容"文本框中，单击"不限定格式"按钮，然后从第2）步开始重新设置。

5. 设置页眉和页脚

【实例 5】设置奇数页页眉为"公平和谐"，偶数页页眉为"工资改革"，字体均为楷体、五号，在页脚插入"第 X 页　共 Y 页"，页眉和页脚均居中显示。

【操作解析】

1）将光标定位在正文中任意位置，选择"插入"→"页眉和页脚"→"页眉"→"编辑页眉"命令，此时进入"页眉和页脚"的编辑状态。

2）在"页眉和页脚工具-设计"选项卡中，勾选"奇偶页不同"复选框，然后按照要求分别输入文字，如图 7-11 所示，设置页眉文字格式：楷体、五号、居中对齐（方法同正文文字的设置）。

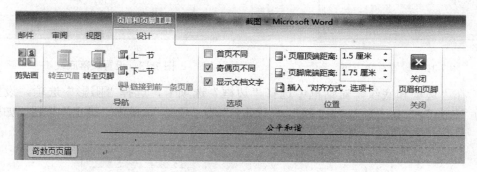

图 7-11　页眉和页脚工具

3）将光标分别定位在奇数页页脚和偶数页页脚区域，选择"页眉和页脚工具-设计"→"页眉和页脚"→"页码"→"页面底端"→"X/Y-加粗显示的数字 2"命令。

4）在第一个数字前输入文字"第"，删除第一个数字后面的"/"，并同时输入"页　共"，在第 2 个数字后面输入"页"，保持文字格式相同，居中对齐。

5）选择"页眉和页脚工具-设计"→"关闭"→"关闭页眉和页脚"命令。

6. 设置首字下沉

【实例 6】设置正文第 1 段首字下沉 2 行，首字字体为隶书。

【操作解析】

1）将光标定位在正文第 1 段的任意位置，选择"插入"→"文本"→"首字下沉"→"首字下沉选项"命令。

2）在弹出的"首字下沉"对话框中设置"位置"为"下沉"，"字体"为"隶书"，"下沉行数"为 2 行，如图 7-12 所示，单击"确定"按钮结束。

7. 设置边框和底纹

【实例 7】为正文第 2 段填充黄色底纹，加红色 1.5 磅带阴影边框。

【操作解析】

1）选中第 2 段文字，选择"页面布局"→"页面背景"→"页面边框"命令，在弹出的"边框和底纹"对话框中选择"底纹"选项卡，选择黄色底纹，设置应用于为"段落"，如图 7-13 所示。

图 7-12　设置首字下沉　　　　　　　　　　　图 7-13　设置段落底纹

2）在"边框和底纹"对话框中选择"边框"选项卡，选择"阴影"选项，设置"颜色"为"红色"，"宽度"为"1.5 磅"，"应用于"为"段落"，单击"确定"按钮，如图 7-14 所示。

图 7-14　设置段落边框

8. 插入图片

【实例 8】 在正文适当位置以四周型环绕方式插入图片"工资改革.jpg"，并设置图片高度、宽度均缩放 130%。

【操作解析】

1）将光标定位在正文适当位置，选择"插入"→"插图"→"图片"命令，在弹出的

"插入图片"对话框中选择所需图片"工资改革.jpg",单击"插入"按钮。

2）选择图片,右击,在弹出的快捷菜单中选择"大小和位置"命令,在弹出的"布局"对话框中设置高度和宽度均缩放 130%,如图 7-15 所示,单击"确定"按钮结束。

3）选择"图片工具-格式"→"排列"→"自动换行"→"四周型环绕"命令,并参考样张将图片拖放到适当的位置。

9. 插入脚注

【实例 9】在正文第 1 段中的文字 GDP 后插入脚注,编号格式为"①,②,③…",脚注内容为"国民生产总值"。

【操作解析】

1）将光标定位在正文第 1 段中的文字 GDP 之后,单击"引用"→"脚注"右侧的对话框启动器,在弹出的"脚注和尾注"对话框中设置脚注为"页面底端","编号格式"为"①,②,③…",如图 7-16 所示,单击"插入"按钮。

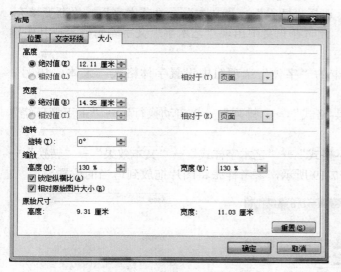

图 7-15　设置图片大小

图 7-16　设置脚注

2）在页面底端的编号①之后输入文字"国民生产总值"。

10. 设置项目符号和编号

【实例 10】为正文中的"低收入者涨工资"、"降工资"和"调整工资"段落设置蓝色菱形项目符号。

【操作解析】

1）将鼠标指针移到正文左侧空白区域,结合【Ctrl】键,依次选中"低收入者涨工资"、"降工资"和"调整工资"段落。

2）选择"开始"→"段落"→"项目符号"下拉列表中的黑色菱形项目符号。

3）继续选择"开始"→"段落"→"项目符号"下拉列表中的"定义新项目符号"选项,在弹出的"定义新项目符号"对话框中看到的应该是菱形符号,如果不是,则单击"符

图 7-17 "定义新项目符号"对话框

号"按钮，在弹出的"符号"对话框中选择菱形符号，如图 7-17 所示，单击"确定"按钮返回"定义新项目符号"对话框。

4）单击"字体"按钮，弹出"字体"对话框，在其中设置字体颜色为"蓝色"，单击"确定"按钮返回"定义新项目符号"对话框，单击"确定"按钮结束。

11．插入艺术字

【实例 11】在正文适当位置插入艺术字"改革措施"，采用"渐变填充-紫色，强调文字颜色 4，映像"样式，设置字体为宋体、40 号字、加粗，形状为"波形 2"，环绕方式为上下型。

【操作解析】

1）将光标定位在正文适当位置，选择"插入"→"文本"→"艺术字"→"渐变填充-紫色，强调文字颜色 4，映像"样式，此时在正文中出现"艺术字"文字编辑框，在其中输入文字"改革措施"。

2）选择文字，在"开始"选项卡的"字体"选项组中设置字体格式：宋体、40 号、加粗。

3）选中艺术字，选择"绘图工具-格式"→"排列"→"自动换行"→"上下型环绕"命令。

4）选中艺术字，选择"绘图工具-格式"→"艺术字样式"→"文本效果"→"转换"→"弯曲-波形 2"命令，如图 7-18 和图 7-19 所示，参考样张将图片拖放到适当的位置。

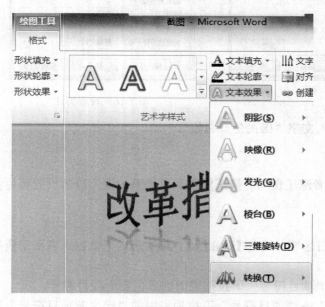

图 7-18 编辑"艺术字"文字

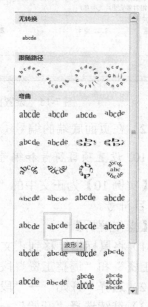

图 7-19 设置艺术字形状

12. 设置形状

【实例 12】在正文倒数第 2 段插入"椭圆形标注"自选图形，设置其环绕方式为紧密型并设置右对齐，填充黄色，线条颜色为红色、1 磅，并在其中添加文字"义务教育的工资"，字体颜色为"黑色，文字 1"。

【操作解析】

1）将光标定位在正文倒数第 2 段的适当位置，选择"插入"→"插图"→"形状"→"标注"→"椭圆形标注"命令。

2）按下鼠标左键进行拖放，画出椭圆形标注框，在其中输入文字"义务教育的工资"，选择文字，选择"开始"→"字体"→"字体颜色"→"黑色，文字 1"命令。

3）选择形状，选择"绘图工具-格式"→"排列"→"自动换行"→"紧密型环绕"命令。

4）选择形状，选择"绘图工具-格式"→"排列"→"位置"→"其他布局选项"命令，在弹出的"布局"对话框中设置水平对齐方式为右对齐，如图 7-20 所示，单击"确定"按钮结束。

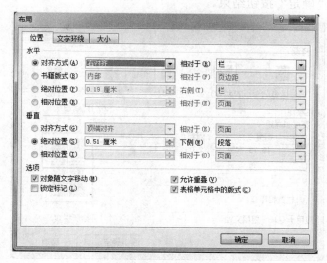

图 7-20　设置形状对齐方式

5）选择形状，选择"绘图工具-格式"→"形状样式"→"形状填充"→"标准色-黄色"命令。

6）选择形状，选择"绘图工具-格式"→"形状样式"→"形状轮廓"→"标准色-红色"命令。

7）选择形状，选择"绘图工具-格式"→"形状样式"→"形状轮廓"→"粗细"→"1磅"命令。

13. 设置文本框

【实例 13】在正文适当位置插入垂直文本框并输入文字"工资收入"，设置字体格式为华文彩云、二号字、红色、居中对齐，环绕方式为四周型。

【操作解析】

1）选择"插入"→"插图"→"形状"→"基本形状"→"垂直文本框"命令。

2）按下鼠标左键进行拖放，画出垂直文本框，在其中输入"工资收入"，设置字体为华文彩云、二号字、红色，并设置居中对齐。

3）选中文本框，选择"绘图工具-格式"→"排列"→"自动换行"→"四周型环绕"命令。

14. 设置分栏

【实例 14】将正文最后一段分为等宽两栏，栏间加分隔线。

【操作解析】

1）选中正文最后一段，不可以选中段落标记符（也可以先将光标定位在正文最后一段的末尾，按【Enter】键，此时可以选中带段落标记符的整个段落），选择"页面布局"→"页面设置"→"分栏"→"更多分栏"命令。

2）在弹出的"分栏"对话框中选择预设的等宽两栏，并勾选"分隔线"复选框，如图 7-21 所示，单击"确定"按钮结束。

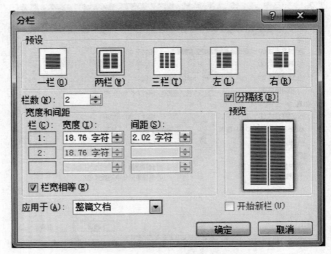

图 7-21　设置分栏

15. 设置超链接

【实例 15】给正文倒数第二段中的文字"比亚迪 F3DM"添加超链接，链接到图片文件 pic3.jpg。

【操作解析】

1）选择正文倒数第二段中的文字"比亚迪 F3DM"，选择"插入"→"链接"→"超链接"命令。

2）在弹出的"插入超链接"对话框中设置"链接到"为"现有文件或网页"，设置图片所在路径，选择所需文件，如图 7-22 所示，单击"确定"按钮结束。

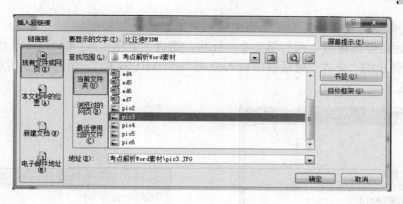

图 7-22　插入超链接

16. 创建和编辑表格

【实例 16】打开素材文件"Word2.docx",插入 4 行 4 列的表格,把第 1 列的第 2、3 个单元格合并为 1 个单元格,并在左侧插入 1 列;删除第 3 列;把最后 1 列的第 3、4 个单元格分别拆分为 2 列。

【操作解析】

1)找到 Word2.docx,双击打开,单击"插入"→"表格"→"表格"下拉按钮,在打开的下拉列表中选择 4 行 4 列。

2)选择第 1 列的第 2、3 个单元格,右击,在弹出的快捷菜单中选择"合并单元格"命令。

3)将光标定位在第 1 列的任意位置,右击,在弹出的快捷菜单中选择"插入"→"在左侧插入列"命令。

4)选择第 3 列,右击,在弹出的快捷菜单中选择"删除列"命令。

5)将光标定位在最后 1 列的第 3 个单元格内。右击,在弹出的快捷菜单中选择"拆分单元格"命令,在弹出的"拆分单元格"对话框中设置"列数"为"2",如图 7-23 所示,单击"确定"按钮结束;重复本步骤拆分第 4 个单元格。

图 7-23　拆分单元格

17. 表格计算和排序

【实例 17】打开文件"表格数据.docx",将文档里的数据转换为 7 行 3 列的表格,在最后插入 1 列,并在第 1 个单元格中输入文字"总分",计算每位同学的总分;按总分降序排序;所有单元格内容水平居中对齐。

【操作解析】

1)打开文件"表格数据.docx",选择文本,选择"插入"→"表格"→"表格"→"文本转换成表格"命令,在弹出的"将文字转换成表格"对话框中设置"列数"为"3",如图 7-24 所示,单击"确定"按钮结束。

2)将光标定位在最后 1 列的任意位置,右击,在弹出的快捷菜单中选择"插入"→"在右侧插入列"命令，并在第 1 个单元格中输入文字"总分"。

3）将光标定位在最后 1 列的第 2 个单元格，选择"表格工具-布局"→"数据"→"公式"命令，在弹出的"公式"对话框中输入公式"=SUM（LEFT）"，如图 7-25 所示，单击"确定"按钮结束。

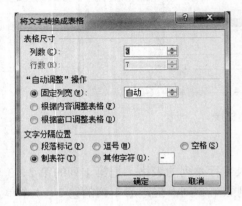

图 7-24 "将文字转换成表格"对话框

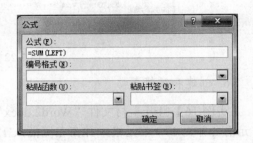

图 7-25 "公式"对话框

4）将光标定位在最后 1 列的第 3 个单元格，按【F4】键，复制公式计算第 2 位同学的总分；重复本步骤计算其他同学的总分。

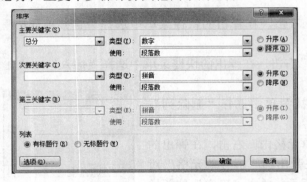

图 7-26 "排序"对话框

5）将光标定位在最后 1 列的任意位置，选择"表格工具-布局"→"数据"→"排序"命令，在弹出的"排序"对话框中单击"有标题行"单选按钮，设置"主要关键字"为"总分"，并单击对应的"降序"单选按钮，如图 7-26 所示，单击"确定"按钮结束。

6）选择整张表格，选择"表格工具-布局"→"对齐方式"→"水平居中"命令。

18. 设置表格格式

【实例 18】设置表格所有行高为 0.8 厘米；设置表格的外边框为深蓝色、1.5 磅的实线，内边框为绿色 1 磅的实线。

【操作解析】

1）选择整张表格，选择"表格工具-设计"→"表格样式"→"边框"→"边框和底纹"命令，在弹出的"边框和底纹"对话框中选择"边框"选项卡，首先在右侧"预览"选项组取消所有边框，然后设置"颜色"为"深蓝色"，"宽度"为"1.5 磅"，最后选择右侧"预览"选项组中的外框线，如图 7-27 所示。

2）继续在"边框和底纹"对话框中进行设置，设置"颜色"为"绿色"，"宽度"为"1.0 磅"，然后选择右侧"预览"选项组中的内框线，如图 7-28 所示。单击"确定"按钮结束。

图 7-27　设置外边框

图 7-28　设置内边框

3）选择整张表格，单击"表格工具-布局"→"单元格大小"右侧的对话框启动器，在弹出的"表格属性"对话框中选择"行"选项卡，勾选"指定高度"复选框，并输入具体数据"0.8"厘米，如图 7-29 所示。单击"确定"按钮结束。

三、Excel 电子表格制作

1. Word 文档数据导入

【实例 1】将"工资数据源.docx"中的表格数据转换到 Excel 工作表中，要求数据自第 2 行第 1 列开始存放，工作表命名为"工资数据源"。

【操作解析】

1）在素材文件夹中找到"工资数据源.docx"，双击打开，选中表格数据并复制。

图 7-29　设置行高

2）启动 Excel 程序，单击工作表 Sheet1 中的 A2 单元格，粘贴所选表格数据即可。

3）双击工作表名"Sheet1"，将其重命名为"工资数据源"。

2. 文本文件数据导入

【实例 2】将"商品销售统计.txt"文件中的内容转换为 Excel 工作表，要求自第 1 行第 1 列开始存放，工作表命名为"商品销售统计"。

【操作解析】

1）启动 Excel 程序，选择"数据"→"获取外部数据"→"自文本"命令，在弹出的"导入文本文件"对话框中选择素材文件夹中的"商品销售统计.txt"文件，单击"导入"按钮，如图 7-30 所示。

2）在弹出的文本导入向导对话框中按需要分行分列完成数据导入，单击"完成"按钮，如图 7-31 所示。

图 7-30 导入文本文件

图 7-31 文本导入向导

3）在弹出的"导入数据"对话框中选择数据放置位置为 A1 单元格，单击"确定"按钮完成数据导入，如图 7-32 所示。

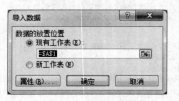

图 7-32 导入数据

3. 数据库数据导入

【实例 3】将"销售员销售记录.dbf"文件中的内容转换为 Excel 工作表，要求自第 1 行第 1 列开始存放。

【操作解析】

1）启动 Excel 程序，选择"数据"→"获取外部数据"→"自 Access"命令，在弹出的"选取数据源"对话框中设置文件类型为"所有文件"，选择素材文件夹中的"销售员销售记录.dbf"文件，单击"打开"按钮，如图 7-33 所示。

2）在弹出的"导入数据"对话框中选择数据放置位置为 A1 单元格，单击"确定"按钮完成数据导入，如图 7-34 所示。

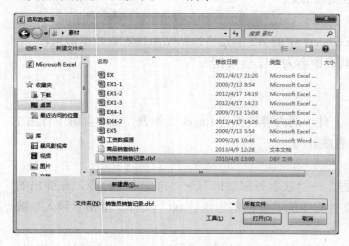

图 7-33 导入数据库文件

图 7-34 导入数据

4. 设置单元格格式

【实例4】在"单元格格式设置.xlsx"中将第 1 行行高设置为 25；A～D 列列宽设置为 10；标题在 A～D 列跨列居中，并设置其中文字格式为黑体、16 号字、红色；将 D 列数据设置为带两位小数的百分比类型；给 A2:D2 单元格区域设置浅蓝色背景；给 A2:D5 单元格区域添加最粗外边框线及最细内边框线。

【操作解析】

1）打开"单元格格式设置.xlsx"，单击行号 1，选择"开始"→"单元格"→"格式"→"行高"命令，在弹出的"行高"对话框中输入"25"，单击"确定"按钮，如图 7-35 所示。

2）选中 A～D 列，选择"开始"→"单元格"→"格式"→"列宽"命令，在弹出的"列宽"对话框中输入"10"，单击"确定"按钮，如图 7-36 所示。

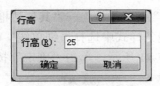

图 7-35 设置行高

图 7-36 设置列宽

3）选中 A1:D1 单元格，单击"开始"→"对齐方式"右侧的对话框启动器，弹出"设置单元格格式"对话框，在"对齐"选项卡的"水平对齐"下拉列表中选择"跨列居中"选项，如图 7-37 所示；在"字体"选项卡中设置字体为黑体，字号为 16，颜色为红色，单击"确定"按钮，如图 7-38 所示。

图 7-37 设置单元格对齐方式

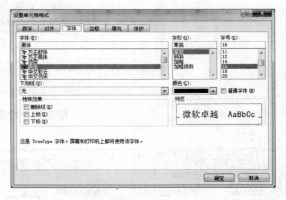

图 7-38 设置单元格字体

4）选中 D3:D5 单元格区域，单击"开始"→"数字"右侧的对话框启动器，弹出"设置单元格格式"对话框，在"数字"选项卡的"分类"列表框中选择"百分比"选项，在"小数位数"数值框中选择"2"位，如图 7-39 所示，单击"确定"按钮。

5）选中 A2:D2 单元格区域，选择"开始"→"单元格"→"格式"→"设置单元格格式"命令，弹出"设置单元格格式"对话框，在"填充"选项卡中设置背景色为浅蓝色，如图 7-40 所示，单击"确定"按钮。

图 7-39　设置单元格数字类型

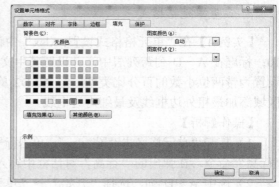

图 7-40　设置单元格背景

6）选中 A2:D5 单元格区域，选择"开始"→"字体"→"边框"→"其他边框"命令，弹出"设置单元格格式"对话框，在"边框"选项卡的线条样式中选择最细单线，单击"内部"按钮，选择最粗单线，单击"外边框"按钮，如图 7-41 所示，单击"确定"按钮。

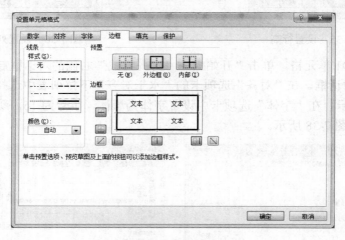

图 7-41　设置单元格边框

5. 公式计算

【实例 5】在"公式计算.xlsx"的 D4:D41 各单元格中，利用公式分别计算各国天然气占所有国家天然气总和的比例（要求使用绝对地址引用合计值），并按百分比样式显示，保留 3 位小数。

【操作解析】

1）打开"公式计算.xlsx"，将光标放在 D4 单元格，输入公式"=B4/$B$42"，按【Enter】键，按住 D4 的填充柄向下拖拉至 D41，计算其余国家的数据，如图 7-42 所示。

	A	B	C	D
	D4	=B4/$B$42		
1	美国能源统计年鉴-油气储量			
2	单位：万吨			
3	国家和地区	天然气（亿立方米）	原油和液（万吨）	比例
4	中　国	235000	221200	2.08%
5	孟加拉国	43600	300	0.39%
6	文　莱	34000	15000	0.30%
7	印　度	110100	78600	0.97%
8	印度尼西亚	275400	57000	2.44%
9	伊　朗	2674000	1734000	23.67%
10	以色列	3400	100	0.03%
11	日　本	5100	900	0.05%
12	哈萨克斯坦	300000	300000	2.66%
13	马来西亚	248000	36500	2.20%
14	缅　甸	48500	700	0.43%
15	巴基斯坦	80700	4000	0.71%
16	菲律宾	10000	500	0.09%

图 7-42　公式计算

2）选择 D4:D41 单元格区域，右击，在弹出的快捷菜单中选择"设置单元格格式"命令，弹出"设置单元格格式"对话框，在"数字"选项卡的"分类"选项组中选择"百分比"选项，在"小数位数"数值框中选择"3"位，单击"确定"按钮。

6. 函数计算

【实例 6】在"函数计算.xlsx"中利用 SUM 函数计算总分，利用 AVERAGE 函数计算平均分，利用 RANK 函数计算排名，利用 IF 函数填入备注（英语及计算机成绩均大于等于 75 分"有资格"，否则"无资格"），利用 COUNTIF 函数分别统计男女生人数，利用 AVERAGEIF 函数分别计算男女生平均分。

【操作解析】

1）打开"函数计算.xlsx"，选中 G3 单元格，选择"公式"→"函数库"→"插入函数"命令，弹出"插入函数"对话框（见图 7-43），选择"SUM"函数，单击"确定"按钮；弹出"函数参数"对话框，在 Number1 文本框中输入"D3:F3"，如图 7-44 所示，单击"确定"按钮；利用填充柄填充其他学生的总分。

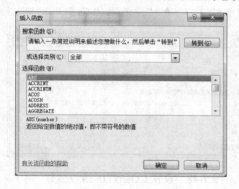

图 7-43　"插入函数"对话框

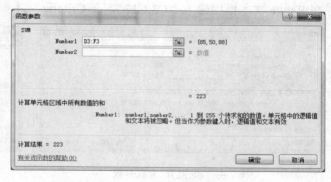

图 7-44　设置 SUM 函数参数

2）选中 H3 单元格，选择"公式"→"函数库"→"插入函数"命令，弹出"插入函数"对话框，选择"AVERAGE"函数，单击"确定"按钮；弹出"函数参数"对话框，在 Number1 文本框中输入"D3:F3"，如图 7-45 所示，单击"确定"按钮；利用填充柄填充其他学生的平均分。

3）选中 I3 单元格，选择"公式"→"函数库"→"插入函数"命令，弹出"插入函数"对话框，选择"RANK"函数，单击"确定"按钮；弹出"函数参数"对话框，在 Number 文本框中输入"H3"，在 Ref 文本框中输入"$H$3:$H$12"，在 Order 文本框中输入"0"或忽略，如图 7-46 所示，单击"确定"按钮；利用填充柄填充其他学生的排名。

4）选中 J3 单元格，选择"公式"→"函数库"→"插入函数"命令，弹出"插入函数"对话框，选择"IF"函数，单击"确定"按钮；弹出"函数参数"对话框，在 Logical_test 文本框中输入"and(D3>=75,E3>=75)"，在 Value_if_true 文本框中输入""有资格""，在 Value_if_false 文本框中输入""无资格""，如图 7-47 所示，单击"确定"按钮；利用填充柄填充其他学生的排名。

图 7-45　设置 AVERAGE 函数参数　　　　　　　图 7-46　设置 RANK 函数参数

5）选中 B13 单元格，选择"公式"→"函数库"→"插入函数"命令，弹出"插入函数"对话框，选择"COUNTIF"函数，单击"确定"按钮；弹出"函数参数"对话框，在 Range 文本框中输入"C3:C12"，在 Criteria 文本框中输入""男""，如图 7-48 所示，单击"确定"按钮。选中 B14 单元格，选择"公式"→"函数库"→"插入函数"命令，弹出"插入函数"对话框，选择"COUNTIF"函数，单击"确定"按钮；弹出"函数参数"对话框，在 Range 文本框中输入"C3:C12"，在 Criteria 文本框中输入""女""，单击"确定"按钮。

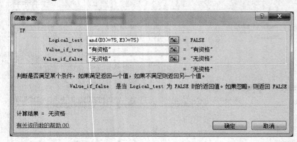

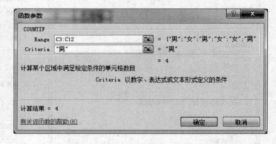

图 7-47　设置 IF 函数参数　　　　　　　图 7-48　设置 COUNTIF 函数参数

6）选中 D13 单元格，选择"公式"→"函数库"→"插入函数"命令，弹出"插入函数"对话框，选择"AVERAGEIF"函数，单击"确定"按钮；弹出"函数参数"对话框，在 Range 文本框中输入"C3:C12"，在 Criteria 文本框中输入""男""，在 Average_range 文本框中输入"H3:H12"，如图 7-49 所示，单击"确定"按钮；选中 D14 单元格，选择"公式"→"函数库"→"插入函数"命令，弹出"插入函数"对话框，选择"AVERAGEIF"函数，单击"确定"按钮；弹出"函数参数"对话框，在 Range 文本框中输入"C3:C12"，在 Criteria 文本框中输入""女""，在 Average_range 文本框中输入"H3:H12"，单击"确定"按钮。

7. 数据汇总

【实例 7】在"分类汇总.xlsx""造林情况"工作表中，按地区分类汇总，分别统计华北、东北、华东、华南、西南、西北地区的人工造林总面积，要求汇总项显示在数据下方。

【操作解析】

1）打开"分类汇总.xlsx"，将光标定位在"造林情况"工作表 A 列任意单元格，选择"开始"→"编辑"→"排序和筛选"→"降序"命令。

2）选择 A3:F34 单元格区域，选择"数据"→"分级显示"→"分类汇总"命令；在弹出的"分类汇总"对话框中设置"分类字段"为"地区","汇总方式"为"求和","选定汇总项"为"人工造林",如图 7-50 所示,单击"确定"按钮。

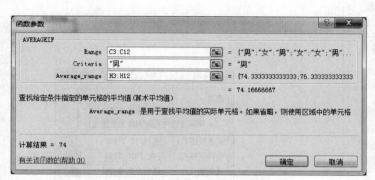

图 7-49　设置 AVERAGEIF 函数参数

图 7-50　"分类汇总"对话框

8. 数据筛选

【实例 8】在"数据筛选.xlsx""图书销售情况表"工作表中,筛选出第 1 分店的销售情况。

【操作解析】

1）打开"数据筛选.xlsx",单击行号 2,选择"开始"→"编辑"→"排序和筛选"→"筛选"命令。

2）单击列标题"经销部门"右侧的"自动筛选"下拉按钮,在打开的下拉列表中选择"文本筛选"→"第 1 分店"选项,如图 7-51 所示,单击"确定"按钮。

【实例 9】在"数据筛选.xlsx""图书销售情况表"工作表中,筛选出单价大于 30 元或者销售额大于 8000 元的数据,在 H2:I4 单元格区域设置条件,筛选结果自 H6 单元格开始存放。

【操作解析】

1）打开"数据筛选.xlsx",在 H2 单元格输入"单价",在 I2 单元格输入"销售额（元）",在 H3 单元格输入">30",在 I4 单元格输入">8000"。

2）选择"数据"→"排序和筛选"→"高级"命令,弹出"高级筛选"对话框,设置"方式"为"将筛选结果复制到其他位置","列表区域"为"图书销售情况表!$A$2:$F$38","条件区域"为"图书销售情况表!$H$2:$I$4","复制到"为"图书销售情况表!$H$6",如图 7-52 所示,单击"确定"按钮。

9. 创建数据透视表

【实例 10】在"数据透视表.xlsx"中利用"统计"工作表的数据,在新建工作表中生成数据透视表,要求将年度作为行标签,电话类别作为列标签,电话数作为数值。

【操作解析】

1）打开"数据筛选.xlsx",选中任意数据单元格,选择"插入"→"表格"→"数据透视表"→"数据透视表"命令，弹出"创建数据透视表"对话框，如图 7-53 所示，单击"确定"按钮。

图 7-51 自动筛选

图 7-52 "高级筛选"对话框

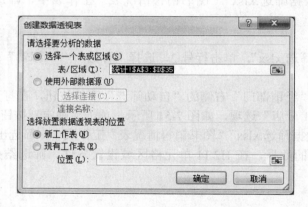

图 7-53 "创建数据透视表"对话框

2）拖动数据透视表字段列表中的"年度"字段到下方"行标签"区域中，按照同样的方法，将"电话类别"字段拖动到"列标签"区域，将"电话数"拖动到"数值"区域，结果如图 7-54 所示。

10. 创建和编辑图表

【实例 11】在"图表创建.xlsx"中，根据前 5 个国家和地区的原油和液数据生成一张簇状柱形图，嵌入当前工作表中，水平（分类）轴标签为国家和地区，图表标题为"5 国原油和液数据对比"，主要纵坐标轴标题为竖排标题，内容为"万吨"，显示数据标签外，不显示图例。

图 7-54 设置数据透视表

【操作解析】

1）打开"图表创建.xlsx"，选中 A3:A8 及 C3:C8 单元格区域，选择"插入"→"图表"→"柱形图"→"簇状柱形图"命令。

2）在图表中将"原油和液（万吨）"更改为"5 国原油和液数据对比"。

3）选择"图表工具-布局"→"标签"→"坐标轴标题"→"主要纵坐标轴标题"→"竖排标题"命令，在图表中将"坐标轴标题"更改为"万吨"。

4）选择"图表工具-布局"→"标签"→"数据标签"→"数据标签外"命令。

5）选择"图表工具-布局"→"标签"→"图例"→"无"命令，图表效果如图 7-55 所示。

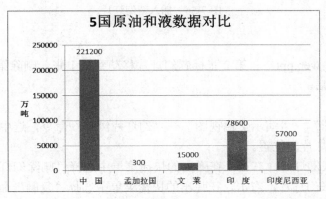

图 7-55 图表效果

四、PowerPoint 演示文稿制作

1. 插入新幻灯片

【实例 1】打开 web.ppt，插入新幻灯片作为第 1 张幻灯片，版式为"标题幻灯片"，标题为"3D 打印机"，副标题为"应用领域"。

【操作解析】

打开演示文稿 web.ppt，选中第 1 张幻灯片，选择"开始"→"幻灯片"→"新建新幻灯片"→"标题幻灯片"命令。在"单击此处添加标题"处输入文字"3D 打印机"，在"单击此处添加副标题"处输入文字"应用领域"，如图 7-56 所示。

图 7-56　插入新幻灯片

2. 调整幻灯片

【实例 2】打开 web.ppt，将第 2 张标题幻灯片移动到第 1 张，删除第 7 张幻灯片，复制第 2 张幻灯片到最后。

【操作解析】

1）选择"视图"→"演示文稿视图"→"幻灯片浏览"命令，选中第 2 张幻灯片，将其拖动到第 1 张幻灯片的位置。

2）选中第 7 张幻灯片，右击，在弹出的快捷菜单中选择"删除幻灯片"命令。

3）选中第 2 张幻灯片，右击，在弹出的快捷菜单中选择"复制"命令，在第 7 张幻灯片后右击，在弹出的快捷菜单中选择"粘贴选项→保留源格式"命令，则将第 2 张幻灯片复

制到最后。

3. 设置页面

【实例 3】打开 web.ppt，设置幻灯片为大小为 "35 毫米幻灯片"。

【操作解析】

打开演示文稿 web.ppt，选择 "设计" → "页面设置" → "页面设置" 命令，在弹出的 "页面设置" 对话框中单击 "幻灯片大小" 下拉按钮，在打开的下拉列表中选择 "35 毫米幻灯片" 选项，单击 "确定" 按钮，如图 7-57 所示。

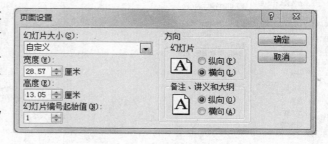

图 7-57　"页面设置" 对话框

4. 插入图片

【实例 4】打开 web.ppt，在第 1 张幻灯片中插入图片 3d1.jpg，设置图片高度为 4 厘米，宽度为 6 厘米。

【操作解析】

1）选择第 1 张幻灯片，选择 "插入" → "图像" → "图片" 命令。

2）在弹出的 "插入图片" 对话框中选择图片文件 "3d1.jpg"，单击 "插入" 按钮，将图片调整至合适的位置。

3）单击 "图片工具-格式" → "大小" 对话框启动器，在弹出的 "设置图片格式" 对话框中选择 "大小" 选项卡，设置高度为 4 厘米，宽度为 6 厘米，取消勾选 "锁定纵横比" 复选框，如图 7-58 所示。

5. 插入页眉和页脚

【实例 5】打开 web.ppt，除标题幻灯片外，在其他幻灯片中插入页脚和幻灯片编号，页脚内容为 "3D 打印机"，并插入自动更新的日期和时间，样式为 "××××年××月××日"。

【操作解析】

1）打开 web.ppt，选择 "插入" → "文本" → "日期和时间" 命令。

2）在弹出的 "页眉和页脚" 对话框中先勾选 "日期和时间" 复选框，再单击 "自动更新" 单选按钮，并选择 "××××年××月××日" 样式。

3）勾选 "幻灯片编号" 复选框，勾选 "页脚" 复选框，输入文字 "3D 打印机"，再勾选 "标题幻灯片中不显示" 复选框，单击 "全部应用" 按钮，如图 7-59 所示。

6. 主题应用

【实例 6】将所有幻灯片应用主题 "华丽"。

【操作解析】

打开 web.ppt，选择 "设计" → "主题" → "华丽" 命令，即可将所有幻灯片应用主题 "华丽"，效果如图 7-60 所示。

图 7-58　设置图片尺寸　　　　　图 7-59　插入日期时间、幻灯片编号和页脚

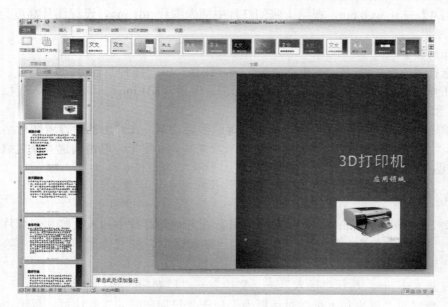

图 7-60　应用主题

【实例 7】将所有幻灯片应用 Web 文件夹中的主题"主题 01"。

【操作解析】

1）打开 web.ppt，选择"设计"→"主题"→"浏览主题"命令。

2）在弹出的"选择主题或主题文档"对话框中选择主题"主题 01"，单击"应用"按钮，如图 7-61 所示。

7. 设置背景

【实例 8】将所有幻灯片背景的预设颜色设置为"孔雀开屏"，类型为矩形。

图 7-61　应用自定义主题

【操作解析】

1）打开 web.ppt，选择"设计"→"背景"→"背景样式"→"设计背景格式"命令。

2）在弹出的"设置背景格式"对话框中选择"填充"选项卡，单击"渐变填充"单选按钮，在"预设颜色"下拉列表中选择"孔雀开屏"选项，在"类型"下拉列表中选择"矩形"选项，单击"全部应用"按钮，再单击"关闭"按钮，如图 7-62 所示。

【实例 9】设置第 2 张幻灯片的背景填充效果为水滴纹理。

【操作解析】

1）打开 web.ppt，选择"设计"→"背景"→"背景样式"→"设计背景格式"命令。

2）在弹出的"设置背景格式"对话框中选择"填充"选项卡，单击"图片或纹理填充"单选按钮，在"纹理"下拉列表中选择"水滴"纹理，单击"全部应用"按钮，再单击"关闭"按钮，如图 7-63 所示。

图 7-62　设置渐变填充

图 7-63　设置纹理

【实例 10】设置所有幻灯片背景图片为 bjt.jpg。

【操作解析】

1）打开 web.ppt，选择"设计"→"背景"→"背景样式"→"设计背景格式"命令。

2）在弹出的"设置背景格式"对话框中选择"填充"选项卡，单击"图片或纹理填充"单选按钮，单击"插入自"选项组中的"文件"按钮，弹出"插入图片"对话框，选择"bjt.jpg"，如图 7-64 所示，单击"插入"按钮后单击"全部应用"按钮，再单击"关闭"按钮。

图 7-64　设置背景图片

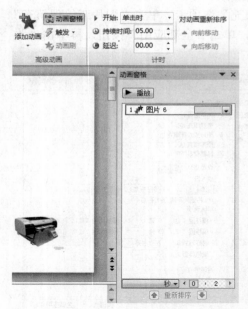

图 7-65　动画窗格

8. 设置动画效果

【实例 11】设置第 1 张幻灯片中的图片"3d1.jpg"的动画效果为自左侧飞入、中速，并伴有鼓掌声，延时 1 秒，持续时间 5 秒。

【操作解析】

1）打开 web.ppt，选中第 1 张幻灯片，选择图片"3d1.jpg"，选择"动画"→"动画"→"飞入"命令。

2）选择"动画"→"高级动画"→"动画窗格"命令，则打开"动画窗格"任务窗格，如图 7-65 所示。

3）单击动画"图片 6"右侧的下拉按钮，在打开的下拉列表中选择"效果选项"选项，弹出"飞入"对话框。选择"效果"选项卡，单击"方向"下拉按钮，在打开的下拉列表中选择"自左侧"选项，单击"声音"下拉按钮，在打开的下拉列表中选择"鼓掌"选项，如图 7-66 所示。

4）选择"计时"选项卡，设置"延迟"为"1 秒"，"期间"为"非常慢（5 秒）"，单击"确定"按钮，如图 7-67 所示。

图 7-66　设置动画效果

图 7-67　设置计时效果

9. 设置超链接

【实例 12】为第 2 张幻灯片中带项目符号的文字创建超链接，分别指向具有相应标题的幻灯片。

【操作解析】

1）选择第 2 张幻灯片，选中文字"航天国防业"并右击，在弹出的快捷菜单中选择"超链接"命令。

2）弹出"插入超链接"对话框，设置"链接到"为"本文档中的位置"，选择幻灯片"3. 航天国防业"，单击"确定"按钮，如图 7-68 所示。

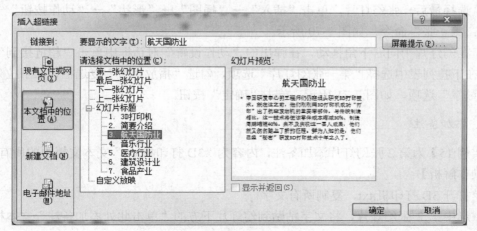

图 7-68　设置超链接到幻灯片

3）以同样的方法为其他文字设置超链接。

【实例 13】为第 1 张幻灯片中的图片创建超链接，超链接指向网址 http://www.narkii.com/news/news_107082.shtml。

【操作解析】

1）选中第 1 张幻灯片，选中图片并右击，在弹出的快捷菜单中选择"超链接"命令。

2）在弹出的"插入超链接"对话框中设置"链接到"为"现有文件或网页"，在下面的"地址"文本框中输入"http://www.narkii.com/news/news_107082.shtml"，如图 7-69 所示，单击"确定"按钮。

图 7-69　设置超链接到网页

10. 动作按钮设置

【实例 14】在最后一张幻灯片的右上角插入一个"第一张"动作按钮，超链接指向首张幻灯片，并伴有鼓掌声。

【操作解析】

1）选择最后一张幻灯片，单击"插入"→"插图"→"形状"→"动作按钮"→"动作按钮：第一张"命令，如图 7-70 所示。

2）在幻灯片中向右下角拖动，在弹出的"动作设置"对话框中单击"超链接到"单选按钮，在下拉列表中选择"第一张幻灯片"选项，勾选"播放声音"复选框，在下拉列表中选择"鼓掌"选项，如图 7-71 所示，单击"确定"按钮。

11. 添加备注

【实例 15】为第 2 张幻灯片添加备注，内容为"3D 打印机.txt"文本文档中的所有文字。

【操作解析】

1）打开 3D 打印机.txt，复制所有文字。

2）选中第 2 张幻灯片，将文字粘贴到幻灯片下方的"单击此处添加备注"文本框中，完成备注的添加，如图 7-72 所示。

图 7-70　添加动作按钮　　　　　　　　图 7-71　"动作设置"对话框

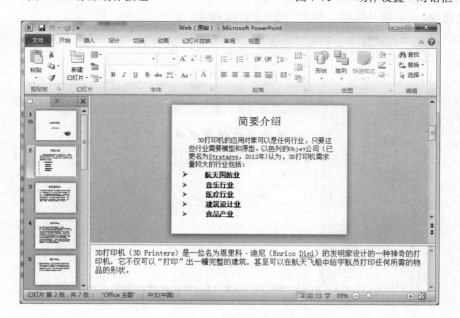

图 7-72　添加备注

12. 设置幻灯片母版

【实例 16】利用幻灯片母版修改所有幻灯片的标题格式为华文新魏、44 号、加粗、倾斜。

【操作解析】

1）选择"视图"→"母版视图"→"幻灯片母版"命令，进入母版编辑视图。

2）单击"标题幻灯片版式"母版，选中文字"单击此处编辑母版标题样式"，把字体设置为华文新魏、44 号、加粗、倾斜，如图 7-73 所示。

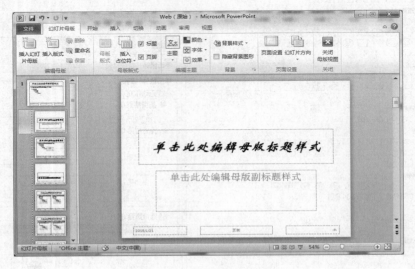

图 7-73　设置标题幻灯片母版

3）单击"标题和内容版式"母版，选中文字"单击此处编辑母版标题样式"，把字体设置为华文新魏、44 号、加粗、倾斜，如图 7-74 所示。

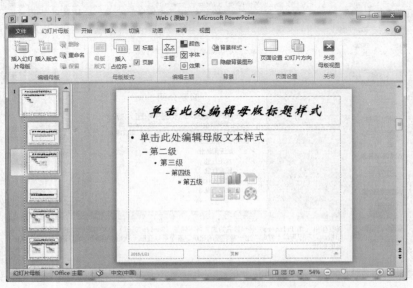

图 7-74　设置标题和内容版式母版

4）选择"幻灯片母版"→"关闭"→"关闭母版视图"命令，退出母版编辑视图。

13. 设置切换方式

【实例17】设置所有幻灯片切换方式为覆盖、自右侧，单击时换页，伴有打字机声音。

【操作解析】

1）选择"切换"→"切换到此幻灯片"→"覆盖"命令。在"效果选项"下拉列表中选择"自右侧"选项。

2）选择"切换"→"计时"→"声音"→"打字机"命令，在换片方式下，勾选"单击鼠标时"复选框，单击"全部应用"按钮，如图7-75所示。

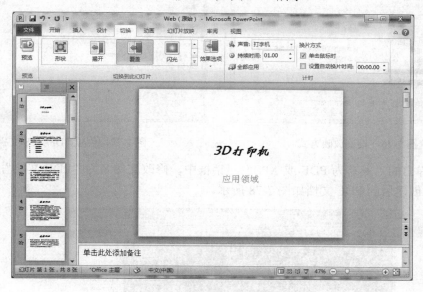

图 7-75 设置幻灯片切换效果

14. 设置放映方式

【实例18】将所有幻灯片的放映方式设置为"循环放映，按ESC键终止"，并设置绘图笔颜色为红色，激光笔颜色为蓝色。

【操作解析】

1）选择"幻灯片放映"→"设置"→"设置放映方式"命令，弹出"设置放映方式"对话框。

2）在"设置放映方式"对话框的"放映选项"选项组中勾选"循环放映，按ESC键终止"复选框，在"绘图笔颜色"下拉列表中选择红色，在"激光笔颜色"下拉列表中选择蓝色，单击"确定"按钮，如图7-76所示。

15. 演示文稿打包

【实例19】将演示文稿分别以PPTX、PDF形式保存，再将演示文稿打包成CD，最后将演示文稿打印出来。

【操作解析】

1）选择"文件"→"保存"命令，则将演示文稿保存为 PPTX。选择"文件"→"保存并发送"命令，在"文件类型"选项组中选择"创建 PDF/XPS 文档"选项，单击"创建 PDF/XPS"按钮，如图 7-77 所示。

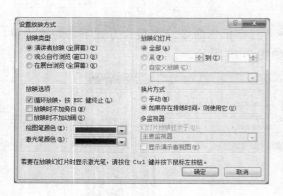

图 7-76　设置放映方式　　　　　　　　图 7-77　创建 PDF/XPS 文档

2）在弹出的"发布为 PDF 或 XPS"对话框中，修改文件名为"PDF 文档"，单击"发布"按钮。创建后的 PDF 文档如图 7-78 所示。

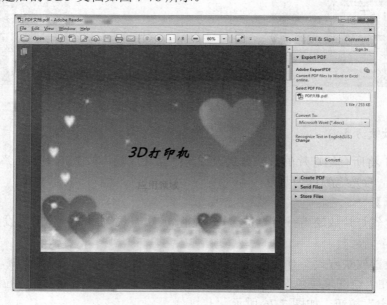

图 7-78　PDF 文档

3）选择"文件"→"保存并发送"命令，在"文件类型"选项组中选择"将演示文稿打包成 CD"选项，单击"打包成 CD"按钮，如图 7-79 所示。弹出"打包成 CD"对话框，单击"复制到"按钮，则可将演示文稿打包成 CD，如图 7-80 所示。

4）选择"文件"→"打印"命令，在"设置"下拉列表中选择"打印全部幻灯片"选项，在"幻灯片"下方的第一个下拉列表中选择"讲义 6 张水平放置的幻灯片"选项，其他设置不变，单击"打印"按钮，如图 7-81 所示。

图 7-79　打包成 CD

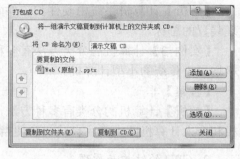

图 7-80　复制到 CD

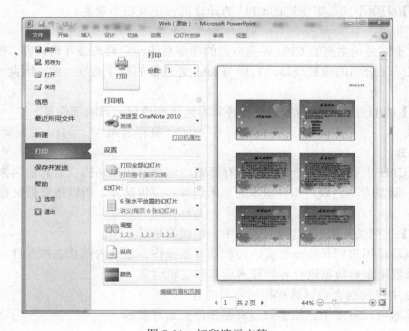

图 7-81　打印演示文稿

五、计算机硬件基础

1. 计算机的组成与分类

【实例 1】早期的电子电路以真空电子管作为其基础元件。

【答案】是

【解析】电子计算机按元器件可分为以下几代：第一代（20 世纪 40 年代中期到 50 年代

末）主要元器件为电子管；第二代（20 世纪 50 年代中后期到 60 年代中期）主要元器件为晶体管；第三代（20 世纪 60 年代到 70 年代初期）主要元器件为中小规模集成电路；第四代（20 世纪 70 年代中期以来）主要元器件为大、超大规模集成电路。

【实例 2】计算机系统由硬件和软件两部分组成。键盘、鼠标、显示器等都是计算机的硬件。

【答案】是

【解析】计算机系统由硬件和软件两部分组成，计算机硬件是计算机系统中所有实际物理装置的总称。

【实例 3】计算机的分类方法有多种，按照计算机的性能和用途来分类，台式机和便携机均属于传统的小型计算机。

【答案】非

【解析】计算机的分类有多种方法，按性能、价格和用途可分为巨型机、大型机、小型机和个人计算机四大类。台式机和便携机均属于个人计算机，简称 PC。

2. CPU 的结构与原理

【实例 4】采用不同厂家生产的 CPU 的计算机一定互相不兼容。

【答案】非

【解析】不同公司生产的 CPU 各有自己的指令系统，它们未必互相兼容。但有些 PC 使用 AMD 或 Cyrix 公司的微处理器，它们与 Intel 处理器的指令系统一致，因此这些 PC 相互兼容。

【实例 5】CPU 中用来对数据进行各种算术运算和逻辑运算的部件是_____。

A．总线　　　　　　　B．运算器　　　　　　C．寄存器组　　　　D．控制器

【答案】B

【解析】CPU 主要由 3 部分组成：寄存器组、运算器和控制器。运算器用来对数据进行加、减、乘、除或者与、或、非等基本的算术运算和逻辑运算，所以运算器又称算术逻辑部件（ALU）。

【实例 6】下列关于 CPU 结构的说法中，错误的是_____。

A．控制器是用来解释指令含义、控制运算器操作、记录内部状态的部件

B．运算器用来对数据进行各种算术运算和逻辑运算

C．CPU 中仅仅包含运算器和控制器两部分

D．运算器可以有多个，如整数运算器和浮点运算器等

【答案】C

【解析】CPU 主要由 3 部分组成：寄存器组、运算器、控制器。

【实例 7】某 PC 广告中标有"Core i7/3.2GHz/4G/1T"，其中 Core i7/3.2GHz 的含义为_____。

A．微机的品牌和 CPU 的主频　　　　　　B．微机的品牌和内存容量

C．CPU 的品牌和主频　　　　　　　　　　D．CPU 的品牌和内存容量

【答案】C

【解析】Core i7 是指 CPU 的品牌，3.2GHz 是指 CPU 的主频。4G 是指内存容量，1T 是

指硬盘容量。

3. PC 主机的组成

【实例 8】PC 主板上的芯片组通常由北桥和南桥两个芯片组成，下面叙述中错误的是_____。

A．芯片组与 CPU 的类型必须相配

B．芯片组规定了主板可安装的内存条的类型、内存的最大容量等

C．芯片组提供了存储器的控制功能

D．所有外部设备的控制功能都集成在芯片组中

【答案】D

【解析】芯片组是 PC 各组成部分互相连接和通信的枢纽。芯片组一般由两块超大规模集成电路组成，分别是南桥芯片（I/O 控制中心）和北桥芯片（存储控制中心），芯片组与 CPU 的类型必须相配。

【实例 9】PC 中的系统配置信息如硬盘的参数、当前时间、日期等，均保存在主板上使用电池供电的_____存储器中。

A．Flash　　　　　B．ROM　　　　　C．cache　　　　D．CMOS

【答案】D

【解析】主板上有两块特别有用的集成电路，一块是闪烁存储器（Flash memory），其中存放的是基本输入/输出系统（BIOS）；另一块是 CMOS，其中存放着与计算系统相关的一些参数（称为"配置信息"），包括当前日期、开机口令、已安装的硬盘个数和类型等。CMOS 是一种易失性存储器，它由主板上的电池供电，即使关机后它也不会丢失所存储的信息。

4. 总线和 I/O 接口

【实例 10】与 CPU 执行的算术和逻辑运算操作相比，I/O 操作有许多不同特点。下列关于 I/O 操作的描述中，错误的是_____。

A．I/O 操作速度慢于 CPU

B．多个 I/O 设备能同时工作

C．由于 I/O 设备需要 CPU 的控制，I/O 设备与 CPU 不能同时进行操作

D．每种 I/O 设备都有各自的控制器

【答案】C

【解析】输入/输出设备（又称 I/O 设备）是计算系统的重要组成部分，多数 I/O 设备在操作过程中包含机械动作，其工作速度比 CPU 慢很多。为了提高系统的效率，I/O 操作与 CPU 的数据处理是一起进行的。

【实例 11】下列关于 USB 接口的叙述中，正确的是_____。

A．USB 接口是一种总线式串行接口

B．USB 接口是一种并行接口

C．USB 接口是一种低速接口

D．USB 接口不是通用接口

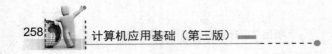

【答案】A

【解析】USB 是通用串行总线接口的简称，它是一种可以连接多个设备的总线式串行接口。

【实例 12】总线的重要指标之一是带宽，它指的是总线中数据线的宽度，用二进制位数来表示（如 16 位、32 位总线）。

【答案】非

【解析】总线指的是计算部件之间传输信息的一组公用的信号线及相关控制电路。CPU 与北桥芯片相互连接的总线称为 CPU 总线（前端总线 FSB），I/O 设备控制器与 CPU、存储器之间相互交换信息传递数据的一组公用信号线称为 I/O 总线，也叫主板总线。总线最重要的性能是它的数据传输速率，也称为总线带宽，即单位时间内总线上可传输的最大数据量。计算公式为总线带宽（MB/s）=（数据线宽度/8）×总线工作频率（MHz）×每个总线周期的传输次数。

5. 常用输入设备

【实例 13】下列不属于扫描仪的主要性能指标的是_____。

A．扫描分辨率　　　　B．色彩位数　　　　C．与主机接口　　　　D．扫描仪的时钟频率

【答案】D

【解析】扫描仪的主要性能指标包括分辨率、色彩位数、扫描幅面和与主机接口。

【实例 14】现在许多智能手机都具有_____，它兼有键盘和鼠标器的功能。

A．轨迹球　　　　　　B．操纵杆　　　　　　C．指点杆　　　　　　D．触摸屏

【答案】D

【解析】触摸屏作为一种新颖的输入设备最近几年得到了广泛应用，它兼有鼠标和键盘的功能，甚至还可用来手写输入。除了移动终端设备之外，博物馆、酒店等公共场所的多媒体终端上也已广泛使用。

6. 常用输出设备

【实例 15】针式打印机和喷墨打印机属于击打式打印机，激光打印机属于非击打式打印机。

【答案】非

【解析】针式打印机属于击打式打印机，激光打印机和喷墨打印机属于非击打式打印机。

【实例 16】下列关于打印机的叙述中，正确的是_____。

A．所有打印机的工作原理都是一样的，它们的生产厂家、生产工艺不一样，因而产生了众多的打印机类型

B．所有打印机的打印成本都差不多，但打印质量差异较大

C．所有打印机使用的打印纸的幅面都一样，如 A4 型号等标准规格

D．使用打印机要安装打印驱动程序，一般由操作系统自带，或由打印机厂商提供

【答案】D

【解析】打印机属于系统的外部设备，必须安装驱动程序后才能正常工作。操作系统一般会带有各大厂商生产的大多数型号的打印驱动程序，打印机厂商也会提供驱动程序。

7. 外存储器

【实例 17】要想提高硬盘的容量，措施之一是_____。

A．增加每个扇区的容量　　　　　　　B．提高硬盘的转速

C．增加硬盘中单个碟片的容量　　　　D．提高硬盘的数据传输速率

【答案】C

【解析】作为 PC 的外存储器，硬盘容量越大越好，但限于成本和体积，碟片数目宜少不宜多，所以提高单碟容量是提高硬盘容量的关键。

【实例 18】读出 CD-ROM 中的信息，使用的是_____技术。

【答案】激光

【解析】光盘表面是凹凸不平的，用激光照射在光盘片表面就可以读出信息。

六、计算机软件基础

1. 计算机软件的概念

【实例 1】计算机软件通常指的是用于指示计算机完成特定任务的，以电子格式存储的程序、数据和相关的文档。

【答案】是

【解析】软件包括程序和相关的文档。程序是用于指示计算机完成特定任务的，以电子格式存储的程序、数据。文档指的是与程序开发、维护及操作有关的一些资料。软件产品，是软件开发厂商交付给用户用于特定用途的一整套程序、数据及相关的文档（一般是安装和使用手册），它们以光盘或磁盘作为载体，也可以经过授权后从网上下载。

【实例 2】未获得版权所有者许可就复制和散发商品软件的行为称为软件_____。

A．共享　　　　　　　B．盗版　　　　　　　C．发行　　　　　　　D．推广

【答案】B

【解析】软件是智力活动的成果，受到知识产权（版权）法的保护。版权授予软件作者（版权所有者）享有下列权益：复制、发布、修改、署名、出售等。购买一个软件，用户仅仅得到了该软件的使用权，并没有获得它的版权。随意进行软件复制和发布是一种盗版违法行为。

2. 计算机软件的分类

【实例 3】下面是系统软件的是_____。

A．DOS 和 MIS　　　B．WPS 和 UNIX　　C．DOS 和 UNIX　　D．UNIX 和 Word

【答案】C

【解析】系统软件主要包括：①操作系统，包括 DOS（最早的磁盘操作系统）和目前计算机最常用的操作系统，如 Windows、UNIX、Linux 等；②语言处理系统，即对软件语言进行处理的程序子系统，包括各种语言，如 C、Pascal、VB 等；③数据库管理系统，它是操纵和管理数据库的大型软件，用于建立、使用和维护数据库，简称 DBMS。本题中，DOS 和

UNIX 是操作系统，是系统软件；MIS 是信息管理系统，是一种应用软件：WPS 和 Word 是字处理软件，也是应用软件。

【实例 4】常用的文字处理软件有 Linux、Word、WPS 等。

【答案】非

【解析】Linux 是操作系统，Word 和 WPS 是文字处理软件。

【实例 5】基本输入/输出系统（BIOS）属于系统软件。

【答案】是

【解析】系统软件泛指那些为了有效地使用计算机系统、给应用软件开发与运行提供支持或者能为用户管理与使用计算机提供方便的一类软件。例如，基本输入/输出系统、操作系统、程序设计语言、数据库管理系统、常用的实用程序等都是系统软件。

3. 操作系统的功能

【实例 6】在计算机系统中，对计算机各类资源进行统一管理和调度的软件是_____。

A．语言处理程序　　　B．应用软件　　　C．操作系统　　　D．数据库管理系统

【答案】C

【解析】操作系统是计算机中最重要的系统软件，它是一些程序模块的集合，它能以尽量有效、合理的方式组织和管理计算机的软硬件资源，合理地安排计算机的工作流程，控制和支持应用程序的运行，并向用户提供各种服务，使用户能灵活、方便、有效地使用计算机，以提高计算机的运行效率。操作系统主要有三大作用：①为计算机中运行的程序管理和分配各种软硬件资源；②为用户提供友善的人机界面；③为应用程序的开发和运行提供一个高效率的平台。操作系统有 5 大管理功能，分别是处理器管理、存储管理、文件管理、设备管理和作业管理。

【实例 7】下列关于操作系统多任务处理的说法中，错误的是_____。

A．Windows 操作系统支持多任务处理

B．多任务处理是指将 CPU 时间划分成时间片，轮流为多个任务服务

C．当多个任务同时运行时一个任务通常对应一个窗口

D．多任务处理要求计算机必须配有多个 CPU

【答案】D

【解析】多任务处理是指将 CPU 时间划分成"时间片"，轮流为多个任务服务，所以只要一个 CPU 就可以实现。

4. 常用操作系统

【实例 8】UNIX 操作系统主要在 PC 上使用。

【答案】非

【解析】UNIX 操作系统和 Linux 操作系统也是目前广泛使用的主流操作系统。它们主要安装在巨型机、大型机上，作为网络操作系统使用，也可用于 PC 或嵌入式系统。

【实例 9】下列操作系统都具有网络通信功能，但其中不能作为网络服务器操作系统的是_____。

A．Windows 2000 Professional   B．Linux

C．Windows 2000 Server   D．UNIX

【答案】A

【解析】Windows 2000 Server 是 Windows 2000 的服务器版本，而 Linux 和 UNIX 的优势都反映在网络服务器方面，这 3 种操作系统都可作为网络服务器操作系统。

【实例 10】下列一般不作为服务器操作系统使用的是_____。

A．UNIX   B．Windows XP

C．Windows NT Server   D．Linux

【答案】B

【解析】Windows XP、Windows 2000 Professional 是客户端系统，是一个针对个人用户的操作系统，一般不作为服务器操作系统使用。

5．算法

【实例 11】算法与程序不同，算法是问题求解规则的一种过程描述。

【答案】是

【解析】采用某种程序设计语言对问题的对象和解题步骤进行的描述就是程序，而算法是问题求解规则的一种过程描述。

【实例 12】若求解某个问题的程序要反复多次执行，则在设计求解算法时，应重点在_____代价上考虑。

【答案】时间

【解析】分析一个算法的好坏，除了其正确性之外，还应考虑执行算法要占用的计算机资源，包括时间和空间方面。时间指程序在计算机中运行时所耗费的时间；空间指算法在计算机中实现时所占用存储空间的大小，但在不同情况下应有不同的选择。若按某算法编制的程序使用次数较少，则力求该算法简明易读；若程序要反复运行多次，则应尽可能选用快速的算法，即应从时间代价上考虑。

6．程序设计语言的分类

【实例 13】求解数值计算问题选择程序设计语言时，一般不会选用_____。

A．FORTRAN   B．C 语言   C．Visual FoxPro   D．MATLAB

【答案】C

【解析】Visual FoxPro 是数据库管理系统，不专门用来求解数值计算问题。

【实例 14】把 C 语言源程序翻译成目标程序的方法通常是_____。

A．汇编   B．编译   C．解释   D．由操作系统确定

【答案】B

【解析】从汇编语言到机器语言的翻译程序称为汇编程序。从高级语言到汇编语言（或机器语言）的翻译程序称为编译程序。按源程序中语句的顺序逐条翻译并立即执行的处理程序称为解释程序。

【实例 15】下列关于汇编语言的叙述中，错误的是_____。

A. 汇编语言属于低级程序设计语言

B. 汇编语言源程序可以直接运行

C. 不同型号 CPU 支持的汇编语言不一定相同

D. 汇编语言也是一种面向机器的编程语言

【答案】B

【解析】汇编语言是用助记符来代替机器指令的操作码和操作数，计算机并不能直接执行。

七、信息技术概述

1. 信息技术概念

【实例 1】下列关于信息的叙述中，错误的是_____。

A. 信息是指事物运动的状态及状态变化的方式

B. 信息是指认识主体所感知或所表述的事物运动及其变化方式的形式、内容和效用

C. 信息、物质和能源同样重要

D. 在计算机信息系统中，信息是数据的符号化表示

【答案】D

【解析】在计算机信息系统中，数据是信息的符号化表示。

【实例 2】信息技术是指用来扩展人们信息器官功能、协助人们进行信息处理的技术，其中_____主要用于扩展人的效应器官的功能。

A. 计算技术　　　B. 通信与存储技术　　C. 控制与显示技术　　D. 感知与识别技术

【答案】C

【解析】基本的信息技术包括：①扩展感觉器官功能的感测（获取）与识别技术，如雷达、卫星遥感；②扩展神经系统功能的通信技术，如电话、电视、Internet；③扩展大脑功能的计算（处理）与存储技术，如计算机、机器人；④扩展效应器官功能的控制与显示技术。

2. 集成电路

【实例 3】除了一些化合物半导体材料外，现代集成电路使用的半导体材料主要是_____。

【答案】硅

【解析】现代集成电路使用的半导体材料通常是硅（Si），也可以是化合物半导体砷化镓（GaAs）等。

【实例 4】目前，个人计算机使用的电子元器件主要是_____。

A. 晶体管　　　　　　　　　　　　B. 中小规模集成电路

C. 大规模和超大规模集成电路　　　　D. 光电路

【答案】C

【解析】目前，个人计算机使用的电子元器件主要是大规模和超大规模集成电路。

【实例 5】著名的摩尔定律是指单块集成电路的集成度平均每 3～4 年翻一番。

【答案】非

【解析】摩尔定律是指单块集成电路的集成度平均每 18～24 个月，即 1.5～2 年翻一番。

3. 信息基本单位

【实例 6】计算机中二进位信息的最小计量单位是"比特"，用字母"b"表示。

【答案】是

【解析】比特是组成信息的最小单位，一般用小写字母"b"表示。而稍大些的数字信息的计量单位是"字节"，用大写字母"B"表示，1 字节包含 8 比特。

【实例 7】在 PC 中，存储器容量是以_____为最小单位计算的。

A．字节　　　　　　　B．帧　　　　　　　C．位　　　　　　　D．字

【答案】A

【解析】在 PC 中，存储器容量是以字节为最小单位计算的。

【实例 8】在表示计算机内存储器容量时，1GB 等于_____MB。

【答案】1024

【解析】1GB=1024MB，1MB=1024B。

【实例 9】对逻辑值"1"和"0"实施逻辑乘操作的结果是_____。

【答案】0

【解析】逻辑乘又称与运算，参加运算的两个逻辑值都为 1 时，结果才为 1，其余都为 0。

4. 二进制及数制转换

【实例 10】二进位数 1011 与 0101 进行减法运算后，结果是二进位数_____。

【答案】0110

【解析】两个二进制数相减按运算规则进行，结果为 0110。

【实例 11】下列不同进位制的 4 个数中，最小的数是_____。

A．二进制数 1100010　　　　　　　　B．十进制数 65

C．八进制数 77　　　　　　　　　　　D．十六进制数 45

【答案】C

【解析】$(1100010)_2=98$，$(77)_8=63$，$(45)_{16}=69$。

【实例 12】将十进制数 937.4375 与二进制数 1010101.11 相加，其和是_____。

A．八进制数 2010.14　　　　　　　　B．十六进制数 412.3

C．十进制数 1023.1875　　　　　　　D．十进制数 1022.7375

【答案】C

【解析】分析难点：①这两个数是用不同进制表示的，要相加必须转化成同一进制；②每个选项都是不同进制，选择哪一项也是一个难点。突破难点：①先把两个数转化成人们最熟悉的十进制整数相加求和；②使用"计算器"程序迅速把十进制数的整数部分转换成符合各选项的进制数，进行比对选出答案。

本题解决方法：先把两个数转化成十进制整数相加求和，二进制数 1010101 用计算器转化成十进制是 85，与 937 相加，和为 1022，再把二进制的 0.11 转化成十进制为 0.75，小数部分相加为 1.1875，最后得出答案为 1023.1875。

【实例 13】采用某种进制表示时，如果 4×5=17，那么 3×6=_____。

【答案】15

【解析】设 17 是 N 进制数，根据任意进制的按权展开式 17 可以写成：$(17)_N=1\times N^1+7\times N^0=4\times5=20$，所以 N=13，因此 $3\times6=18=1\times13+5=(15)_N$，所以 $3\times6=15$。

【实例 14】下列关于定点数与浮点数的叙述中，错误的是_____。

A．同一个数的浮点数表示形式并不唯一

B．长度相同时，浮点数的表示范围通常比定点数大

C．整数在计算机中用定点数表示，不能用浮点数表示

D．在计算机中实数是用浮点数来表示的

【答案】C

【解析】任意一个实数在计算机内部都可以用"指数"和"尾数"来表示，整数和纯小数只是实数的特例。

5. 信息系统概念

【实例 15】图书管理系统中的图书借阅处理属于_____处理系统。

A．管理层业务   B．知识层业务   C．操作层业务   D．决策层业务

【答案】C

【解析】借阅涉及业务的处理操作。

6. 数据库概念

【实例 16】传统的数据库系统不包括_____。

A．关系数据库   B．面向对象数据库

C．网状数据库   D．层次数据库

【答案】B

【解析】面向对象数据模型是继关系数据模型以后的重要数据模型，它于 20 世纪 80 年代被提出并研究。

【实例 17】设有学生表 S、课程表 C 和学生选课成绩表 SC，它们的模式结构分别如下：

S(S#,SN,SEX,AGE,DEPT)

C(C#,CN)

SC(S#,C#,GRADE)

其中，S#为学号，SN 为姓名，SEX 为性别，AGE 为年龄，DEPT 为系别，C#为课程号，CN 为课程名，GRADE 为成绩。若要查询学生姓名及其所选课程的课程号和成绩，正确的 SQL 查询语句为_____。

A．SELECT S.SN,SC.C#,SC.GRADE FROM SC,S WHERE S.S #=SC.S#

B．SELECT S.SN,SC.C#,SC.GRADE FROM S WHERE S.S #=S.S#

C．SELECT S.SN,SC.C#,SC.GRADE FROM SC WHERE S.S #= SC.GRADE

D．SELECT S.SN,SC.C #,SC.GRADE FROM S,SC

【答案】A

【解析】根据查询语句的一般格式，学生姓名、课程号和成绩可分别由表 S 和表 C 获取，表 S 与表 C 通过 S#字段联系。

八、网络通信基础

1. 数字通信概念

【实例 1】下列不属于数字通信系统的性能指标的是_____。

A. 信道带宽　　　　B. 数据传输速率　　C. 误码率　　　　D. 通信距离

【答案】D

【解析】数字通信系统的性能指标有信道带宽、数据传输速率、误码率和端-端延迟。

【实例 2】关于微波，下列说法中正确的是_____。

A. 短波比微波的波长短　　　　　　　B. 微波的衍射能力强

C. 微波是一种具有极高频率的电磁波　　D. 微波仅用于模拟通信，不能用于数字通信

【答案】C

【解析】微波是一种 300MHz～300GHz 的电磁波。

2. 计算机网络概念

【实例 3】关于计算机组网的目的，下列描述中不完全正确的是_____。

A. 进行数据通信　　　　　　　　B. 提高计算机系统的可靠性和可用性

C. 信息随意共享　　　　　　　　D. 实现分布式信息处理

【答案】C

【解析】资源共享要获得允许。

【实例 4】计算机网络按其所覆盖的地域范围一般可分为_____。

A. 局域网、广域网和万维网　　　　B. 局域网、广域网和互联网

C. 局域网、城域网和广域网　　　　D. 校园网、局域网和广域网

【答案】C

【解析】计算机网络按其所覆盖的地域范围一般可分为局域网、城域网和广域网。

【实例 5】下列有关客户机/服务器工作模式的叙述中，错误的是_____。

A. 采用客户机/服务器模式的系统其控制方式为集中控制

B. 客户机/服务器工作模式简称 C/S 模式

C. 客户请求使用的资源需通过服务器提供

D. 客户工作站与服务器都应运行相关的软件

【答案】D

【解析】客户机/服务器（C/S）模式中，服务器是网络的核心，而客户机是网络的基础，客户机依靠服务器获得所需要的网络资源，而服务器为客户机提供网络必需的资源。

【实例 6】目前使用比较广泛的交换式局域网是一种采用_____拓扑结构的网络。

A. 星形　　　　　B. 总线型　　　　C. 环形　　　　D. 网状形

【答案】A

【解析】交换式以太网以以太交换机为中心构成，是一种星形拓扑结构的网络。

【实例 7】网络通信协议是计算机网络的组成部分之一，它的主要作用是_____。

A. 负责说明本地计算机的网络配置

B. 负责协调本地计算机中的网络硬件与软件

C. 规定网络中所有通信链路的性能要求

D. 规定网络中计算机相互通信时需要共同遵守的规则和约定

【答案】D

【解析】网络中计算机相互通信时需要共同遵守的规则和约定称为网络通信协议。

【实例 8】TCP/IP 协议标准将计算机网络通信的技术实现划分为应用层、传输层、网络互连层等，其中 HTTP 协议属于_____层。

【答案】应用

【解析】TCP/IP 协议标准将计算机网络通信的技术实现划分为应用层、传输层、网络互连层等，其中 HTTP 协议属于应用层。

【实例 9】使用 ADSL 接入 Internet 时，_____。

A. 在上网的同时可以接听电话，两者互不影响

B. 在上网的同时不能接听电话

C. 在上网的同时可以接听电话，但数据传输暂时中止，挂机后恢复

D. 线路会根据两者的流量动态调整两者所占比例

【答案】A

【解析】ADSL 的特点是一条电话线可以同时接听、拨打电话的同时进行数据传输，两者互不影响。

3. IP 地址和域名系统

【实例 10】若 IP 地址为 129.29.140.5，则该地址属于_____类地址。

【答案】B

【解析】A 类 IP 地址的特征是二进制表示的最高位为 "0"（首字节小于 128）；B 类 IP 地址的特征是其二进制表示的最高两位为 "10"（首字节大于等于 128 但小于 192），C 类 IP 地址的特征是其二进制表示的最高 3 位为 "110"（首字节大于等于 192 但小于 224）。

【实例 11】下列关于域名的叙述中，错误的是_____。

A. 域名是 IP 地址的一种符号表示

B. 上网的每台计算机都有一个 IP 地址，所以也有一个各自的域名

C. 把域名翻译成 IP 地址的软件称为域名系统 DNS

D. 运行域名系统 DNS 的主机叫作域名服务器，每个校园网都有一个域名服务器

【答案】D

【解析】域名是 IP 地址的一种符号表示，把域名翻译成 IP 地址的软件称为域名系统 DNS，运行域名系统 DNS 的主机叫作域名服务器。网络中的域名服务器存放着它所在网络中全部主机的域名和 IP 地址的对照表。域名服务器是由网络机构设置的，校园网没有。

4. Internet 提供的服务

【实例 12】要发送电子邮件就需要知道对方的电子邮件地址，电子邮件地址包括电子邮箱名和电子邮箱所在的主机域名，两者中间用_____隔开。

【答案】@

【解析】电子邮件地址由两部分组成，第 1 部分为电子邮箱名，第 2 部分为电子邮箱所在的电子邮件服务器的域名，两者用@隔开。

【实例 13】在 WWW 应用中，英文缩写 URL 的中文含义是_____定位器。

【答案】统一资源

【解析】在 WWW 应用中，英文缩写 URL 的中文含义是统一资源定位器。

5. 网络信息安全

【实例 14】在网络环境下，数据安全是一个重要的问题，所谓数据安全就是指数据不能被外界访问。

【答案】非

【解析】为了保证网络信息的安全，首先需要正确评估系统信息的价值，确定相应的安全要求与措施，其次是安全措施必须能够覆盖数据在计算机网络系统中存储、传输和处理等环节。

【实例 15】在计算机网络中，_____用于验证消息发送方的真实性。

A．计算机病毒防范　　B．数据加密　　　　C．数字签名　　　　D．访问控制

【答案】C

【解析】数字签名的目的是让对方相信消息的真实性。

【实例 16】下列关于计算机病毒的说法中，正确的是_____。

A．杀病毒软件可清除所有计算机病毒

B．计算机病毒通常是一段可运行的程序

C．加装防病毒卡的计算机不会感染计算机病毒

D．计算机病毒不会通过网络传染

【答案】B

【解析】杀毒软件不能保证可清除所有计算机病毒；加装防病毒卡不能保证计算机不会感染计算机病毒；计算机病毒会通过网络传染。

九、多媒体技术基础

1. 字符编码

【实例 1】若中文 Windows 环境下西文使用标准 ASCII 码，汉字采用 GB 2312 编码，设有一段简单文本的内码为 CB F5 D0 B4 50 43 CA C7 D6 B8，则这段文本含有_____。

A．2 个汉字和 1 个西文字符　　　　B．4 个汉字和 2 个西文字符

C．8 个汉字和 2 个西文字符　　　　D．4 个汉字和 1 个西文字符

【答案】B

【解析】使用标准 ASCII 码来表示西文字符，是单字节编码，若用 1 字节表示一个字符，最高位补 0，十六进制编码时首位小于等于 7；采用 GB 2312 编码标准来表示汉字，是双字节编码，用连续 2 字节来表示 1 个汉字，且最高位同时为 1，即十六进制编码时首位大于等于 8。所以这段简单文本的内码中"CB F5"、"D0 B4"、"CA C7"和"D6 B8"表示 4 个汉

字，而"50"和"43"表示 2 个西文字符。

【实例 2】为了既能与国际标准 UCS（Unicode）接轨，又能保护现有的中文信息资源，我国政府发布了_____汉字编码国家标准，它与以前的汉字编码标准保持向下兼容，并扩充了 UCS/Unicode 中的其他字符。

A．GB 2312   B．ASCII   C．GB 18030   D．GBK

【答案】C

【解析】无论是 Unicode 的 UTF-8 还是 UTF-16，其 CJK 汉子字符集虽然覆盖了我国已使用多年的 GB 2312 和 GBK 标准中的汉字，但它们并不相同。为了既能与国际标准 UCS（Unicode）接轨，又能保护现有的中文信息资源，我国在 2000 年和 2005 年两次发布了 GB 18030 汉字编码国家标准。

【实例 3】已知某汉字的区位码是 1453H，则其机内码是_____。

A．B4F3H   B．3474H   C．2080H   D．A3B3H

【答案】A

【解析】在 GB 2312 信息码表中，任何一个字符的位置由所在的行和列确定，行号和列号就组成了某个字符的区位码。为了不与通信使用的控制码发生冲突，就在每个汉字的区号和位号上分别加上 32（即 20H），这样得到的编码称为国标码，即区位码+20H20H=国标码。机内码是在计算机内部对汉字进行存储、处理和传输的编码。为了与标准 ASCII 码加以区分，采取把一个汉字的两字节的最高位都置为 1，即在汉字国标码的两字节分别加上 80H，这样得到的编码称为 GB2312 汉字的机内码。3 种编码的转换公式如下：区位码+20H20H=国标码，国标码+80H80H=机内码。

2．文本分类

【实例 4】下列关于简单文本与丰富格式文本的叙述中，错误的是_____。

A．简单文本由一连串用于表达正文内容的字符的编码组成，它几乎不包含格式信息和结构信息

B．简单文本进行排版处理后以整齐、美观的形式展现给用户，就形成了丰富格式文本

C．Windows 操作系统中的"帮助"文件（.hlp 文件）是一种丰富格式文本

D．使用 Microsoft 公司的 Word 软件只能生成 DOC 文件，不能生成 TXT 文件

【答案】B

【解析】简单文本由一连串用于表达正文内容的字符（包括汉字）的编码所组成，它几乎不包含其他格式信息和结构信息，它没有字体、字号的变化，不能插入图片、表格，也不能插入超链接。

【实例 5】下面有关超文本的叙述中，错误的是_____。

A．超文本采用网状结构来组织信息，文本中的各个部分按照其内容的逻辑关系互相链接

B．WWW 网页就是典型的超文本结构

C．超文本结构的文档的文件类型一定是 HTML 或 HTM

D．Microsoft 的 Word 和 PowerPoint 软件也能制作超文本文档

【答案】C

【解析】超文本概念是对传统文本的一个扩展。除了传统的顺序阅读方式之外，它可以

通过链接、跳转、导航、回溯等操作，实现对文本内容更方便的访问。使用"写字板"程序和 Word、FrontPage 等软件都可以制作、编辑和浏览超文本。

3. 数字图像获取和表示

【实例 6】对图像进行处理的目的不包括_____。

A. 图像分析
B. 图像复原和重建
C. 提高图像的视感质量
D. 获取原始图像

【答案】D

【解析】对图像进行处理的主要目的：提高图像的视感质量；图像复原与重建；图像分析；图像数据的变换、编码和数据压缩；图像的存储、管理和检索，以及图像内容与知识产权的保护。

【实例 7】一台能拍摄分辨率为 2016×1512 像素照片的数码照相机，其像素数目大约为_____。

A. 250 万
B. 100 万
C. 160 万
D. 320 万

【答案】D

【解析】2016×1512≈300 万。

【实例 8】若一台显示器中 R、G、B 分别用 3 位二进制数来表示，那么它可以显示_____种不同的颜色。

【答案】512

【解析】像素深度为所有颜色分类的二进位之和，它决定了不同颜色的最大数目，最大颜色数目为 $2^3×2^3×2^3=512$。

4. 数字图像文件格式

【实例 9】计算机中使用的图像文件格式有多种。下面关于常用图像文件的叙述中，错误的是_____。

A. JPG 图像文件比 GIF 更适合于在网页中使用
B. BMP 图像文件在 Windows 环境下得到几乎所有图像应用软件的广泛支持
C. TIF 图像文件在扫描仪和桌面印刷系统中得到广泛应用
D. GIF 图像文件能支持动画，并支持图像的渐进显示

【答案】A

【解析】GIF 是目前 Internet 上广泛使用的一种图像文件格式，它颜色数目较少（不超过 256 种颜色），文件特别小，适合 Internet 传输。

5. 计算机图形概念

【实例 10】下列关于计算机合成图像（计算机图形）的应用中，错误的是_____。

A. 可以用来设计电路图
B. 可以用来生成天气图
C. 计算机只能生成实际存在的具体景物的图像，不能生产虚拟景物的图像
D. 可以制作计算机动画

【答案】C

【解析】与从实际景物获取其数字图像的方法不同，人们也可以使用计算机描述景物的结构、形状与外貌，然后在需要显示它们的图像时再根据其描述和用户观察位置及光线的设定，生成该图像。景物在计算机内的描述为该景物的模型，根据景物的模型生成其图像的过程称为图像合成。

6. 数字声音获取

【实例 11】下列与数字声音相关的说法中，错误的是＿＿＿＿＿＿。

A．为减少失真，获取数字声音时，采样频率应低于模拟声音信号最高频率的两倍

B．声音的重建是声音信号数字化的逆过程，它分为解码、数模转换和插值 3 个步骤

C．原理上数字信号处理器 DSP 是声卡的一个核心部分，在声音的编码、解码及声音编辑操作中起重要作用

D．数码录音笔一般仅适合于录制语音

【答案】A

【解析】为了不产生失真，按照采样定理，采样频率不应低于声音信号最高频率的两倍。因此，语音信号的采样频率一般为 8kHz，音乐信号的采样频率应在 40kHz 以上。

【实例 12】声卡是获取数字声音的重要设备，下列有关声卡的叙述中，错误的是＿＿＿＿＿＿。

A．声卡既负责声音的数字化，也负责声音的重建与播放

B．因为声卡非常复杂，所以只能将其做成独立的 PCI 插卡形式

C．声卡既处理波形声音，也负责 MIDI 音乐的合成

D．声卡可以将波形声音和 MIDI 声音混合在一起输出

【答案】B

【解析】声卡可以做成 PCI 插卡形式，也可以集成在主板上，而且现在大多数是集成在主板上。

【实例 13】在数字音频信息获取过程中，正确的顺序是＿＿＿＿＿＿。

A．模数转换（量化）、采样、编码　　　B．采样、编码、模数转换（量化）
C．采样、模数转换（量化）、编码　　　D．采样、模数转换（量化）、编码

【答案】C

【解析】声音信号数字化的过程为采样、量化和编码。

7. 数字声音压缩

【实例 14】MP3 音乐的码率约为未压缩时码率的 1/10，因而便于存储和传输。

【答案】是

【解析】MP3 音乐就是一种采用 MPEG-1 层 3 编码的高质量数字音乐，压缩比为 8∶1～12∶1。

【实例 15】其他条件相同时，使用下列不同参数所采集得到的全频带波形声音质量最好的多半是＿＿＿＿＿＿。

A．单声道、8 位量化、22.05kHz 采样频率

B．双声道、8 位量化、44.1kHz 采样频率

C. 单声道、16 位量化、22.05 kHz 采样频率

D. 双声道、16 位量化、44.1 kHz 采样频率

【答案】D

【解析】波形声音的主要参数包括采样频率、量化位数、声道数目、使用的压缩编码方法及比特率。比特率又称码率，指的是每秒的数据量。数字声音未压缩前，码率的计算公式为码率=采样频率×量化位数×声道数，即采样频率越高、量化位数越多、声道越多，码率越高，声音质量越好。

8. 声音合成

【实例 16】语音合成就是让计算机模仿人把一段文字朗读出来，即把文字转化为说话声音，这个过程称为文语转换，简称为 TTS。

【答案】是

【解析】语音合成有多方面的应用，如有声查询、文稿校对、语言学习、语音秘书、自动报警、残疾人服务等。

【实例 17】MIDI 是一种计算机合成的音乐，下列关于 MIDI 的叙述中，错误的是_____。

A. 同一首乐曲在计算机中既可以用 MIDI 表示，也可以用波形声音表示

B. MIDI 声音在计算机中存储时，文件的扩展名为.mid

C. MIDI 文件可以用媒体播放器软件进行播放

D. MIDI 是一种全频带声音压缩编码的国际标准

【答案】D

【解析】MIDI 是 music instrument digital interface 的缩写，MIDI 文件在计算机中的文件扩展名为.mid，它是计算机合成音乐的交换标准，也是商业音乐作品发行的标准。MPEG-1 是全频带声音压缩编码的国际标准。

9. 数字视频获取

【实例 18】下列设备中不属于数字视频获取设备的是_____。

A. 视频卡　　　　B. 图形卡　　　　C. 数字摄像头　　　D. 数字摄像机

【答案】B

【解析】数字摄像头、数字摄像机可以直接获取数字视频。视频卡可以将模拟视频转换成数字视频。而图形卡就是计算机中的显卡，不能获取数字视频。

【实例 19】视频卡可以将输入的模拟视频信号进行数字化，生成数字视频。

【答案】是

【解析】有线电视网络和录放机等输出的是模拟视频信号，它们必须经过数字化以后，才能由计算机存储、处理和显示。PC 中用于视频信号数字化的插卡称为视频采集卡，简称视频卡，它能将输出的视频处理信号进行数字化，然后存储在硬盘中。

10. 数字视频压缩

【实例 20】数字卫星电视和 DVD 数字视盘采用的数字视频压缩编码标准是_____。

A. MPEG-1　　　　B. MPEG-2　　　　C. MPEG-4　　　　D. MPEG-7

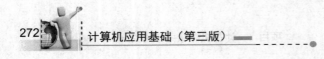

【答案】B

【解析】MPEG-1 应用于 VCD、数码照相机、数字摄像机等。MPEG-2 用途最广，应用于 DVD、数字卫星电视转播、数字有线电视等。MPEG-4 ASP 应用在低分辨率低码率领域，如监控、IPTV、手机、MP4 播放器等；MPEG-4 AVC 已在多个领域应用，如 HDTV、蓝光光盘、IPTV、XBOX、iPod、iPhone 等。MPEG-7 应用范围也很广泛，可以在实时或非实时环境下应用，既可以应用于存储（在线或离线），也可以用于流式应用（如广播、将模型加入 Internet 等）。

【实例 21】有线数字电视普及以后，传统的模拟电视机需要外加一个_____才能收看数字电视节目。

【答案】数字机顶盒

【解析】数字电视接收机大体有 3 种形式：第一种是传统模拟电视接收机的换代产品——数字电视接收机；第二种是传统模拟电视机外加一个数字机顶盒；第三种是可以接收数字电视的 PC。

项目 8　计算机等级考试模拟试题

一、计算机基础操作

（一）单选题

1. 下列关于"任务栏"的功能，说法不正确的是_____。
   A. 显示系统所有功能
   B. 显示当前所运行的所有程序的名称等信息
   C. 可显示当前活动窗口
   D. 实现当前所运行的各应用程序之间的切换

2. 在 Windows 环境下，当一个应用程序窗口被最小化后，该应用程序_____。
   A. 终止运行　　　B. 在前台运行　　　C. 被停止运行　　　D. 在后台运行

3. 在 Windows 中，窗口可以移动和改变大小，而对话框_____。
   A. 既不能移动，也不能改变大小
   B. 仅可能移动，不能改变大小
   C. 仅可以改变大小，不能移动
   D. 既能移动，也能改变大小

4. 在资源管理器窗口中，若想一次选定多个分散的文件或文件夹，正确的操作_____。
   A. 按住 Ctrl 键，用鼠标右键逐个选取
   B. 按住 Ctrl 键，用鼠标左键逐个选取
   C. 按住 Shift 键，用鼠标左键逐个选取
   D. 按住 Shift 键，用鼠标右键逐个选取

5. 在 Windows 中，不能由用户指定的文件属性是_____。
   A. 系统　　　　　B. 只读　　　　　C. 隐藏　　　　　D. 存档

6. 在 Windows 的资源管理器窗口中，若希望显示文件的名称、类型、大小等信息，则应该选择"查看"菜单中的_____。
   A. 列表　　　　　B. 详细资料　　　　　C. 大图标　　　　　D. 小图标

7. 关闭 Windows 的应用程序，可以使用快捷键_____。
   A. Alt+F1　　　B. Alt+F2　　　C. Alt+F3　　　D. Alt+F4

8. 在 Windows 中，剪贴板是_____。
   A. 硬盘上的一块区域
   B. 内存中的一块区域
   C. U 盘上的一块区域
   D. 高速缓存中的一块区域

9. 当新的信息放入剪贴板后，剪贴板上原来的内容将_____。
   A. 仍全部保留　　　B. 仍部分保留　　　C. 被全部覆盖　　　D. 在新增信息的前面

10. 将活动窗口内的内容复制到剪贴板，应该按_____键。
    A. Print Screen
    B. Alt+Print Screen
    C. Alt+Esc
    D. Ctrl+V

11. Windows 自带的只能处理纯文本的文字编辑工具是_____。

    A. 写字板   B. 剪贴板   C. Word   D. 记事本

12. 在 Windows 系统的任何操作过程中，按_____键一般可获得联机帮助。

    A. Esc   B. Alt   C. F1   D. Enter

13. 在 Windows 的命令选项中，选项变灰一般表示_____。

    A. 可弹出对话框   B. 该命令正在运行

    C. 该命令不可用   D. 该命令的快捷键

14. 下列关于"任务栏"的功能，说法不正确的是_____。

    A. 显示系统所有功能   B. 显示当前所运行的所有程序的名称等信息

    C. 可显示当前活动窗口   D. 实现当前所运行的各应用程序之间的切换

15. 在 Windows 系统的任何操作过程中，按_____键一般可获得联机帮助。

    A. Esc   B. Alt   C. F1   D. Enter

（二）操作题

1. 在考生文件夹下创建一个名为"BOOK"的新文件夹。

2. 将考生文件夹下 VOTUNA 文件夹中的 BOYABLE.docx 文件复制到同一文件夹下，并命名为"SYAD.docx"。

3. 将考生文件夹下 BENA 文件夹中的文件 PRODUCT.WRI 的"只读"属性取消，并设置为"隐藏"属性。

4. 为考生文件夹下 XIUGAI 文件夹中的 ANEW.EXE 文件建立名为"KANEW"的快捷方式，并存放在考生文件夹下。

5. 将考生文件夹下 MICRO 文件夹中的 XSAK.BAS 文件删除。

二、Word 文档制作

（一）单选题

1. 在 Word 2010 编辑状态下，插入图形并选择图形将自动出现"绘图工具"，插入图片并选择图片将自动出现"图片工具"，关于它们的"格式"选项卡，说法不对的是_____。

    A. 在"绘图工具-格式"选项卡中有"形状样式"组

    B. 在"绘图工具-格式"选项卡中有"文本"组

    C. 在"图片工具-格式"选项卡中有"图片样式"组

    D. 在"图片工具-格式"选项卡中没有"排列"组

2. 在 Word 2010 窗口的状态栏中显示的信息不包括_____。

    A. 页面信息   B. "插入"或"改写"状态

    C. 当前编辑的文件名   D. 字数信息

3. Word 2010 编辑状态下，可以同时显示水平标尺和垂直标尺的视图方式是_____。

    A. 草稿方式   B. 大纲方式   C. 页面方式   D. 全屏显示方式

4. Word 2010 编辑状态下，选定文档某行内容后，使用鼠标拖动方法将其移动时，配合的键盘操作是_____。

　　A．按住 Esc 键　　　B．按住 Ctrl 键　　　C．按住 Alt 键　　　D．不做操作

5．使图片按比例缩放应_____。

　　A．拖动中间的句柄　　　　　　　　B．拖动四角的句柄

　　C．拖动图片边框线　　　　　　　　D．拖动边框线的句柄

6．在 Word 中，若要选定一个词，则可用鼠标在该词中间_____。

　　A．单击　　　　　　B．双击　　　　　　C．三击　　　　　　D．右击

7．第_____次保存时会弹出"另存为"对话框。

　　A．1　　　　　　　B．2　　　　　　　C．3　　　　　　　D．4

8．在 Word 2010 中，用快捷键退出 Word 的最快方法是_____。

　　A．Alt+F4　　　　　B．Alt+F5　　　　　C．Ctrl+F4　　　　　D．Alt+Shift

9．在 Word 2010 中，可以很直观地改变段落的缩进方式，调整左右边界和改变表格的列宽，应该利用_____。

　　A．字体　　　　　　B．样式　　　　　　C．标尺　　　　　　D．编辑

10．Word 2010 文档的默认扩展名为_____。

　　A．.txt　　　　　　B．.doc　　　　　　C．.docx　　　　　　D．.jpg

11．在 Word 2010 编辑状态下，若想将表格中连续 3 列的列宽调整为 1 厘米，应该先选中这 3 列，然后在_____对话框中设置。

　　A．行和列　　　　　B．表格属性　　　　C．套用格式　　　　D．以上都不对

12．在 Word 2010 表格中求某行数值的平均值，可使用的统计函数是_____。

　　A．Sum()　　　　　B．Total()　　　　　C．Count()　　　　　D．Average()

13．在 Word 2010 的编辑状态下，打开文档 ABC.docx，修改后另存为 ABD.docx，则文档 ABC.docx_____。

　　A．被文档 ABD 覆盖　　　　　　　　B．被修改未关闭

　　C．未修改被关闭　　　　　　　　　D．被修改并关闭

14．在 Word 2010 编辑状态下，当前输入的文字显示在_____。

　　A．光标处　　　　　B．插入点处　　　　C．文件尾部　　　　D．当前行的尾部

15．不选择文本，设置 Word 2010 字体，则_____。

　　A．不对任何文本起作用　　　　　　B．对全部文本起作用

　　C．对当前文本起作用　　　　　　　D．对插入点后新输入的文本起作用

（二）操作题

调入 T 盘中的 ED1.docx 文件，参考样张（见图 8-1）按下列要求进行操作。

1．将页面设置为：A4 纸，上、下页边距为 2.6 厘米，左、右页边距为 3.2 厘米，每页 42 行，每行 38 个字符。

2．给文章加标题"了解量子通信"，设置其格式为黑体、一号字、标准色-蓝色，居中显示。

3．设置正文第一段首字下沉 3 行，距正文 0.2 厘米，首字字体为楷体，其余各段设置为首行缩进 2 字符。

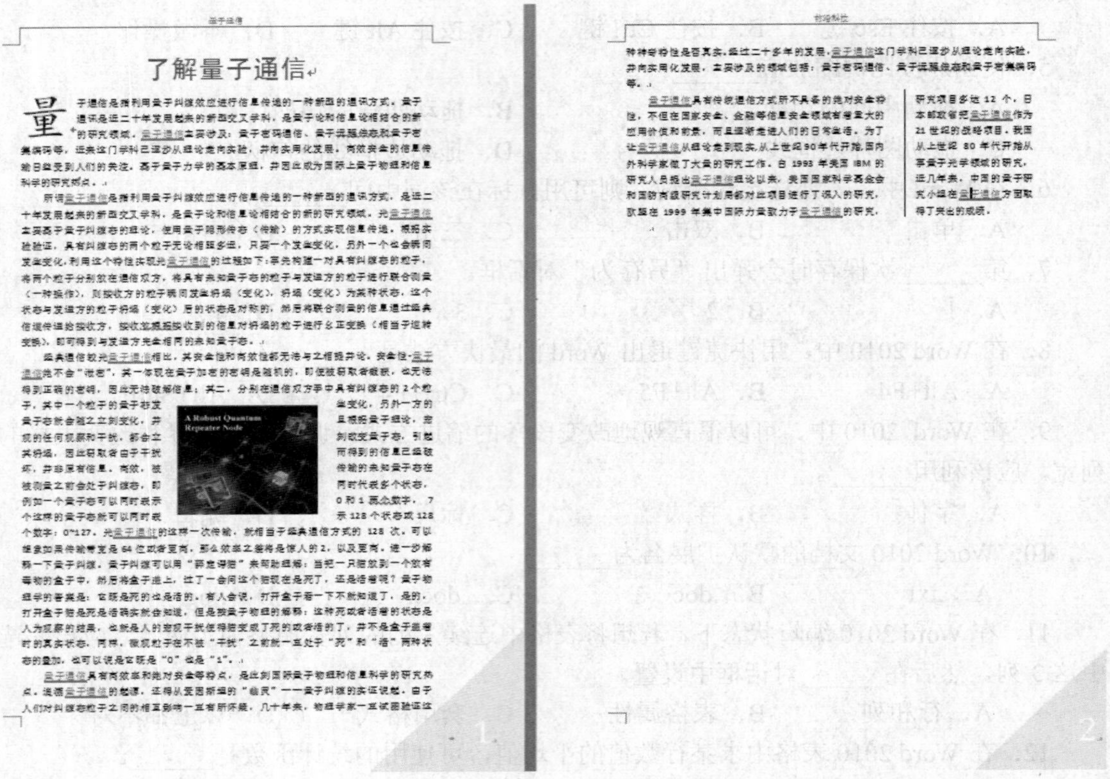
量子通信

了解量子通信

量子通信是指利用量子纠缠效应进行信息传递的一种新型的通讯方式。量子通讯是近二十年发展起来的新型交叉学科，是量子论和信息论相结合的新的研究领域。量子通信主要涉及：量子密码通信、量子远程传态和量子密集编码等，近来这门学科已逐步从理论走向实验，并向实用化发展。高效安全的信息传输日益受到人们的关注。基于量子力学的基本原理，并因此成为国际上量子物理和信息科学的研究热点。

所谓量子通信是指利用量子纠缠效应进行信息传递的一种新型的通讯方式，是近二十年发展起来的新型交叉学科，是量子论和信息论相结合的新的研究领域。光量子通信主要基于量子纠缠态的理论，使用量子隐形传态（传输）的方式实现信息传递。根据实验验证，具有纠缠态的两个粒子无论相距多远，只要一个发生变化，另外一个也会瞬间发生变化，利用这个特性实现光量子通信的过程如下：事先构建一对具有纠缠态的粒子，将两个粒子分别放在通信双方，将具有未知量子态的粒子与发送方的粒子进行联合测量（一种操作），则接收方的粒子瞬间发生坍塌（变化），坍塌（变化）为某种状态，这个状态与发送方的粒子坍塌（变化）后的状态是对称的，然后将联合测量的信息通过经典信道传送给接收方，接收方根据接收到的信息对坍塌的粒子进行幺正变换（相当于逆转变换），即可得到与发送方完全相同的未知量子态。

经典通信较光量子通信相比，其安全性和高效性都无法与之相提并论。安全性-量子通信绝不会“泄密”，其一体现在量子加密的密钥是随机的，即使被窃取者截获，也无法得到正确的密钥，因此无法破解信息；其二，分别在通信双方手中具有纠缠态的2个粒子，其中一个粒子的量子态发生变化，另外一方的量子态就会随之立刻变化，并且根据量子理论，宏观的任何观察和干扰，都会立刻改变量子态，引起其坍塌，因此窃取者由于干扰而得到的信息已经破坏，并非原有信息。高效，被传输的未知量子态在被测量之前会处于纠缠态，即同时代表多个状态，例如一个量子态可以同时表示0和1两个数字，7个这样的量子态就可以同时表示128个状态或128个数字：0~127。光量子通信的这样一次传输，就相当于经典通信方式的128次。可以想象如果传输带宽是64位或者更高，那么效率之差将是惊人的2，以及更高。进一步解释一下量子纠缠。量子纠缠可以用“薛定谔猫”来帮助理解：当把一只猫放到一个放有毒物的盒子中，然后将盒子盖上，过了一会问这个猫现在是死了，还是活着呢？量子物理学的答案是：它既是死的也是活的。有人会说，打开盒子看一下不就知道了，是的，打开盒子猫是死是活确实就会知道，但是按量子物理的解释：这种死或者活着的状态是人为观察的结果，也就是人的宏观干扰使得猫变成了死的或者活的了，并不是盒子盖着时的真实状态。同样，微观粒子在不被“干扰”之前就一直处于“死”和“活”两种状态的叠加，也可以说是它既是“0”也是“1”。

量子通信具有高效率和绝对安全等特点，是此刻国际量子物理和信息科学的研究热点。追溯量子通信的起源，还得从爱因斯坦的“幽灵”——量子纠缠的实证说起。由于人们对纠缠态粒子之间的相互影响一直有所怀疑，几十年来，物理学家一直试图验证这

1

前沿科技

种神奇特性是否真实。经过二十多年的发展，量子通信这门学科已逐步从理论走向实验，并向实用化发展，主要涉及的领域包括：量子密码通信、量子远程传态和量子密集编码等。

量子通信具有传统通信方式所不具备的绝对安全特性，不但在国家安全、金融等信息安全领域有着重大的应用价值和前景，而且逐渐走进人们的日常生活。为了让量子通信从理论走到现实，从上世纪90年代开始，国内外科学家做了大量的研究工作。自1993年美国IBM的研究人员提出量子通信理论以来，美国国家科学基金会和国防高级研究计划局都对此项目进行了深入的研究，欧盟在1999年集中国际力量致力于量子通信的研究，研究项目多达12个，日本邮政省把量子通信作为21世纪的战略项目。我国从上世纪80年代开始从事量子光学领域的研究，近几年来，中国的量子研究小组在量子通信方面取得了突出的成绩。

2

图 8-1　参考样张

4．将正文中所有的“量子通信”设置为标准色-绿色，并加双下划线。

5．参考样张，在正文适当位置插入图片“量子通信.jpg”，设置图片高度为 4 厘米，宽度为 5 厘米，环绕方式为四周型。

6．设置奇数页页眉为“量子通信”，偶数页页眉为“前沿科技”，均居中显示，并在所有页的页面底端插入页码，页码样式为“三角形 2”。

7．将正文最后一段分为偏右两栏，栏间加分隔线。

8．保存文件 ED1.docx，存放于 T 盘中。

三、Excel 电子表格制作

（一）单选题

1．在 Excel 2010 中，若选定多个不连续的行所用的键是______。

A．Shift　　B．Ctrl　　C．Alt　　D．Shift+Ctrl

2．在 Excel 2010 中，若在工作表中插入一列，则一般插在当前列的______。

A．左侧　　B．上方　　C．右侧　　D．下方

3．Excel 2010 中，使用“重命名”命令后，则下面说法正确的是______。

A．只改变工作表的名称　　B．只改变它的内容

C．既改变名称又改变内容　　D．既不改变名称又不改变内容

4. 在 Excel 2010 中，一个完整的函数包括_____。

　　A. "="和函数名　　　　　　　　　B. 函数名和变量

　　C. "="和变量　　　　　　　　　　D. "="、函数名和变量

5. 在 Excel 2010 中，在单元格中输入文字时，默认的对齐方式是_____。

　　A. 左对齐　　　　B. 右对齐　　　　C. 居中对齐　　　D. 两端对齐

6. 在 Excel 2010 中，下面不属于"设置单元格格式"对话框中"数字"选项卡中的内容的是_____。

　　A. 字体　　　　　B. 货币　　　　　C. 日期　　　　　D. 自定义

7. 在 Excel 2010 中，分类汇总的默认汇总方式是_____。

　　A. 求和　　　　　B. 求平均　　　　C. 求最大值　　　D. 求最小值

8. 在 Excel 2010 中，取消工作表的自动筛选后，_____。

　　A. 工作表的数据消失　　　　　　　B. 工作表恢复原样

　　C. 只剩下符合筛选条件的记录　　　D. 不能取消自动筛选

9. 在 Excel 2010 中，向单元格输入"3/5"，Excel 会认为其是_____。

　　A. 分数 3/5　　　B. 日期 3 月 5 日　C. 小数 3.5　　　D. 错误数据

10. 在 Excel 2010 中，进行分类汇总之前，我们必须对数据清单进行_____。

　　A. 筛选　　　　　B. 排序　　　　　C. 建立数据库　　D. 有效计算

11. 在 Excel 2010 中，下列关于分类汇总的叙述中，错误的是_____。

　　A. 分类汇总前必须按关键字段排序

　　B. 进行一次分类汇总时的关键字段只能针对一个字段

　　C. 分类汇总可以删除，但删除汇总后排序操作不能撤销

　　D. 汇总方式只能是求和

12. 在 Excel 2010 中，编辑栏中的符号"对号"表示_____。

　　A. 取消输入　　　B. 确认输入　　　C. 编辑公式　　　D. 编辑文字

13. 如果 Excel 某单元格显示为"#DIV/0"，这表示_____。

　　A. 除数为零　　　B. 格式错误　　　C. 行高不够　　　D. 列宽不够

14. 如果删除的单元格是其他单元格的公式所引用的，那么这些公式将会显示_____。

　　A. #######　　　B. #REF　　　　C. #VALUE!　　　D. #NUM

15. 以下不属于 Excel 中的算术运算符的是_____。

　　A. /　　　　　　B. %　　　　　　C. ^　　　　　　D. ◇

（二）操作题

调入 T 盘中的 EX1.xlsx 文件，参考样张（见图 8-2）按下列要求进行操作。

1. 在"地区统计"工作表中，设置第一行标题文字"中职校教工地区统计"在 A1:H1 单元格区域合并后居中，字体格式为黑体、16 号字、标准色-红色。

2. 将 Sheet1 工作表改名为"教工职称"。

3. 在"教工职称"工作表中，隐藏第 5、第 6 行，并将 I 列列宽设置为 12。

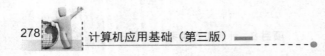

4. 在"教工职称"工作表的 I 列中，利用公式计算高级职称占比（高级职称占比=(正高级人数+副高级人数)/教师总数），结果以带 2 位小数的百分比格式显示。

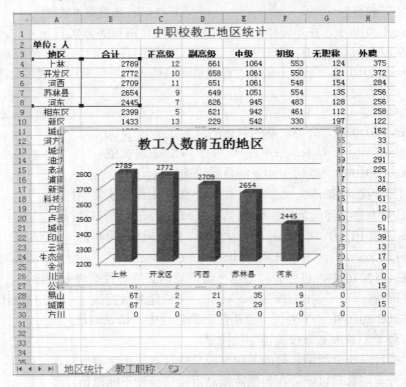

图 8-2　Excel 参考样张

5. 在"地区统计"工作表的 B 列中，利用公式计算各地区的合计（合计值为其右方 C 列至 H 列数据之和）。

6. 在"地区统计"工作表中，按"合计"进行降序排序。

7. 参考样张，在"地区统计"工作表中，根据合计排名前五的地区数据，生成一张"三维簇状柱形图"，嵌入当前工作表中，图表上方标题为"教工人数前五的地区"，无图例，显示数据标签。

8. 保存文件 EX1.xlsx，存放于 T 盘中。

四、PowerPoint 演示文稿制作

（一）单选题

1. PowerPoint 2010 默认的视图方式是_____。

　　A．大纲视图　　　　　　　　　　　B．幻灯片浏览视图

　　C．普通视图　　　　　　　　　　　D．幻灯片视图

2. 创建动画幻灯片时，应选择"动画"选项卡的"动画"组中的_____。

　　A．自定义动画　　B．动作设置　　C．动作按钮　　D．自定义放映

3. 在 PowerPoint 2010 中，对已做过的有限次编辑操作，以下说法正确的是_____。

    A．不能对已做的操作进行撤销

    B．能对已经做的操作进行撤销，但不能恢复撤销后的操作

    C．不能对已做的操作进行撤销，也不能恢复撤销后的操作

    D．能对已做的操作进行撤销，也能恢复撤销后的操作

4. 在 PowerPoint 2010 中，不属于文本占位符的是_____。

    A．标题   B．副标题   C．普通文本   D．图表

5. 下列_____属于演示文稿的扩展名。

    A．.opx   B．.pptx   C．.dwg   D．.jpg

6. 绘制图形时，如果画一条水平、垂直或者 45° 角的直线，在拖动鼠标时，需要按下列_____键。

    A．Ctrl   B．Tab   C．Shift   D．F4

7. 若计算机没有连接打印机，则 PowerPoint 2010 将_____。

    A．不能进行幻灯片的放映，不能打印

    B．按文件类型，有的能进行幻灯片的放映，有的不能进行幻灯片的放映

    C．可以进行幻灯片的放映，不能打印

    D．按文件大小，有的能进行幻灯片的放映，有的不能进行幻灯片的放映

8. 选中图形对象时，如选择多个图形，需要按_____键的同时单击要选中的图形。

    A．Shift   B．Alt   C．Tab   D．F1

9. 当在幻灯片中插入了声音以后，幻灯片中将会出现_____。

    A．喇叭标记   B．一段文字说明   C．超链接说明   D．超链接按钮

10. 若要使一张图片出现在每一张幻灯片中，则需要将此图片插入_____中。

    A．幻灯片模板   B．幻灯片母版   C．标题幻灯片   D．备注页

11. 保存演示文稿的快捷键是_____。

    A．Ctrl+O   B．Ctrl+S   C．Ctrl+A   D．Ctrl+D

12. 如果让幻灯片播放后自动延续 5s 再播放下一张幻灯片，应单击_____。

    A．"播放动画"中，在前一事件后 5s 自动播放

    B．"播放动画"中，单击鼠标时

    C．PowerPoint 2010 的默认选项"无动画"

    D．可同时选择 A、B 两项

13. 在 PowerPoint 中，下列说法中错误的是_____。

    A．可以动态显示文本和对象   B．可以更改动画对象的出现顺序

    C．图表中的元素不可以设置动画效果 D．可以设置幻灯片切换效果

14. 如果要从一个幻灯片淡入到下一个幻灯片，应使用"幻灯片放映"选项卡中的_____命令进行设置。

    A．动作按钮   B．预设动画   C．幻灯片切换   D．自定义动画

15. 在 Power Point 中，可以在_____中用拖动的方法改变幻灯片的顺序。

    A．幻灯片视图   B．备注页视图

    C．幻灯片浏览视图   D．幻灯片放映

（二）操作题

调入 T 盘中的 PT1.pptx 文件，参考样张（见图 8-3）按下列要求进行操作。

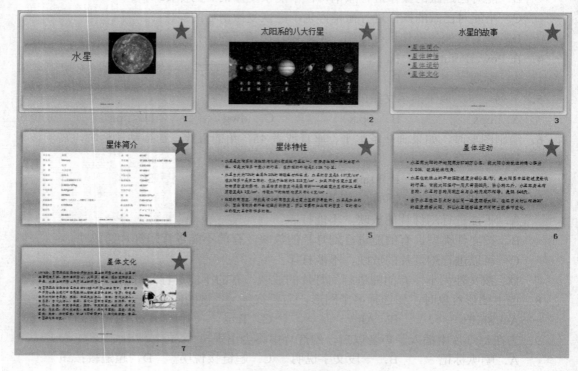

图 8-3　参考样张

1. 设置所有幻灯片背景为预设颜色"金色年华"，所有幻灯片切换效果为垂直百叶窗，并伴有风铃声。

2. 在第 2 张幻灯片中插入图片 star.jpg，设置图片高度为 13 厘米，宽度为 26 厘米，图片的位置为：水平方向距离左上角 4 厘米，垂直方向距离左上角 5 厘米，并设置图片的动画效果为浮入（上浮）。

3. 为第 3 张幻灯片中带项目符号的文字创建超链接，分别指向具有相应标题的幻灯片。

4. 利用幻灯片母版，在所有幻灯片的右上角插入五角星形状，单击该形状，超链接指向第 1 张幻灯片。

5. 在所有幻灯片中插入页脚"太阳系八大行星"。

6. 保存文件 PT1.pptx，存放于 T 盘中。

五、计算机硬件基础

（一）是非题

1. 在 CPU 内部所执行的指令都是使用 ASCII 字符表示的。

2. CPU 中的控制器用于对数据进行各种算术运算和逻辑运算。

3．触摸屏兼有鼠标和键盘的功能，甚至还用于手写汉字输入，深受用户欢迎，目前已经在许多移动信息设备（手机、平板式计算机等）上得到使用。

4．CPU 主要由运算器、控制器和寄存器组 3 部分组成。

5．计算机的字长越长，意味着其运算速度越快，但并不代表它有更大的寻址空间。

（二）单选题

1．打印机的打印分辨率一般用 dpi 作为单位，dpi 的含义是＿＿＿＿＿＿。
    A．每厘米可打印的点数　　　　　　　B．每平方厘米可打印的点数
    C．每英寸可打印的点数　　　　　　　D．每平方英寸可打印的点数

2．插在 PC 主板 PCI 或 PCI-E 插槽中的电路板通常称为＿＿＿＿＿＿。
    A．芯片组　　　　　　　　　　　　　B．内存条
    C．I/O 接口　　　　　　　　　　　　D．扩展板卡或扩充卡

3．下列有关磁盘存储器的叙述中，错误的是＿＿＿＿＿＿。
    A．磁盘盘片的表面分成若干个同心圆，每个圆称为一个磁道
    B．硬盘上的数据存储地址由两个参数定位：磁道号和扇区号
    C．硬盘的盘片、磁头及驱动机构全部密封在一起，构成一个密封的组合件
    D．每个磁道分为若干个扇区，每个扇区的容量一般是 512 字节

4．CMOS 存储器存放了计算机的一些参数和信息，其中不包含在内的是＿＿＿＿＿＿。
    A．当前的日期和时间　　　　　　　　B．硬盘数目与容量
    C．开机的密码　　　　　　　　　　　D．基本外部设备的驱动程序

5．为了防止已经备份了重要数据的 U 盘被计算机病毒感染，应该＿＿＿＿＿＿。
    A．将 U 盘存放在干燥、无菌的地方　　B．将该 U 盘与其他 U 盘隔离存放
    C．将 U 盘定期格式化　　　　　　　　D．将 U 盘写保护

6．自 20 世纪 90 年代起，PC 使用的 I/O 总线类型是＿＿＿＿＿＿，它用于连接中、高速外部设备，如以太网卡、声卡等。
    A．PCI（PCI-E）　　B．USB　　　　　C．VESA　　　　　D．ISA

7．喷墨打印机中最关键的技术和部件是＿＿＿＿＿＿。
    A．喷头　　　　　B．压电陶瓷　　　　C．墨水　　　　　D．纸张

8．下面不属于硬盘存储器主要技术指标的是＿＿＿＿＿＿。
    A．传输速率　　　　　　　　　　　　B．扇区容量
    C．缓冲存储器大小　　　　　　　　　D．平均存取时间

9．以下每组部件中，全部属于计算机外部设备的是＿＿＿＿＿＿。
    A．键盘、内存储器　　　　　　　　　B．硬盘、显示器
    C．ROM、打印机　　　　　　　　　　D．主板、音箱

10．下列关于基本输入/输出系统（BIOS）及 CMOS 存储器的说法中，错误的是＿＿＿＿＿＿。
    A．BIOS 存放在 ROM 中，是非易失性的，断电后信息也不会丢失
    B．CMOS 中存放着基本 I/O 设备的驱动程序
    C．BIOS 是 PC 软件最基础的部分，包含加载操作系统和 CMOS 设置等功能

D. CMOS 存储器是易失性存储器

11. 下面有关 PC 的 I/O 总线的叙述中，错误的是_____。

    A. 总线上有 3 类信号：数据信号、地址信号和控制信号

    B. I/O 总线可以支持多个设备同时传输数据

    C. I/O 总线用于连接 PC 中的内存储器和 cache 存储器

    D. 目前在 PC 中广泛采用的 I/O 总线是 PCI 和 PCI-E 总线

（三）填空题

1. 目前最新的 USB 接口的版本是_____，它的读写速度更快。

2. 计算机存储器分为内存储器和外存储器，它们中存取速度快而容量相对较小的是_____。

3. MOS 型半导体存储器芯片可以分为 DRAM 和 SRAM 两种，它们之中_____芯片的电路简单、集成度高、成本较低，但速度要相对慢很多。

4. 数码照相机是计算机的图像输入设备，一般通过_____接口与主机连接。

5. USB 接口可以为连接的 I/O 设备提供+_____V、100～500mA 的电源。

六、计算机软件基础

（一）是非题

1. 计算机软件必须依附一定的硬件和软件环境，否则它可能无法正常运行。

2. 操作系统是现代计算机系统必须配置的核心应用软件。

3. 免费软件是一种不需付费就可取得并使用的软件，但用户并无修改和分发权，其源代码也不一定公开。

4. 计算机系统中最重要的应用软件是操作系统。

5. 软件是无形的产品，所以它不容易受到计算机病毒入侵。

（二）单选题

1. 下列关于程序设计语言的叙述中，错误的是_____。

    A. 程序设计语言是一种既能方便准确地描述解题的算法，也能被计算机准确理解和执行的语言

    B. 程序设计语言没有高级和低级之分，只是不同国家使用不同的编程语言而已

    C. 许多程序设计语言是通用的，可以在不同的计算机系统中使用

    D. 目前计算机还无法理解和执行人们日常语言（自然语言）编写的程序

2. 对于所列软件：①金山词霸，②C 语言编译器，③Linux，④银行会计软件，⑤Oracle，⑥民航售票软件，其中，_____均属于系统软件。

    A. ②③④   B. ①③④   C. ②③⑤   D. ①③⑤

3. 下列_____不是杀毒软件。

    A. 卡巴斯基   B. Norton AntiVirus

    C. FlashGet   D. 金山毒霸

4．以下所列软件中，不是数据库管理系统软件的是＿＿＿＿＿＿。

　　A．Excel　　　　　　B．Access　　　　　C．Oracle　　　　　　D．SQL Server

5．下列属于操作系统的是＿＿＿＿＿＿。

　　A．UNIX 和 FoxPro　　　　　　　　　　B．Word 和 OS/2

　　C．Windows XP 和 UNIX　　　　　　　　D．Flash 和 Linux

6．在 Windows 操作系统中，下列有关文件夹叙述错误的是＿＿＿＿＿＿。

　　A．将不同类型的文件放在不同的文件夹中，方便了文件的分类存储

　　B．网络上其他用户可以不受限制地修改共享文件夹中的文件

　　C．几乎所有文件夹都可以设置为共享

　　D．文件夹为文件的查找提供了方便

7．下面关于 Windows 操作系统多任务处理的叙述中，错误的是＿＿＿＿＿＿。

　　A．每个任务通常都对应着屏幕上的一个窗口

　　B．前台任务可以有多个，后台任务只有 1 个

　　C．用户正在输入信息的窗口称为活动窗口，它所对应的任务称为前台任务

　　D．前台任务只有 1 个，后台任务可以有多个

8．语言处理程序的作用是把高级语言程序转换成可在计算机上直接执行的程序。下面不属于语言处理程序的是＿＿＿＿＿＿。

　　A．解释程序　　　　B．汇编程序　　　　C．监控程序　　　　D．编译程序

9．下列计算机语言中，不使用于数值计算的是＿＿＿＿＿＿。

　　A．FORTRAN　　　B．C　　　　　　　C．MATLAB　　　　D．HTML

10．从应用的角度看软件可分为两类。管理系统资源、提供常用基本操作的软件称为＿＿＿＿＿＿，为最终用户完成某项特定任务的软件称为应用软件。

　　　　A．通用软件　　　B．普通软件　　　　C．系统软件　　　　D．定制软件

（三）填空题

1．在 Photoshop、Word、WPS 和 Adobe Acrobat 4 个软件中，不属于文字处理软件的是＿＿＿＿＿＿＿＿。

2．Microsoft 公司的 Word 是一个功能丰富、操作方便的文字处理软件，它能够做到＿＿＿＿＿＿＿＿（WYSIWYG），使得所有的编辑操作其效果立即可以在屏幕上看到，并且在屏幕上看到的效果与打印机的输出结果相同。

3．计算机系统中最重要的系统软件是＿＿＿＿＿＿＿＿，它负责管理计算机的软硬件资源。

4．在 Windows 系统中，如果希望将当前桌面图像复制到剪贴板中，可以按＿＿＿＿＿＿＿＿键。

5．很长时间以来，在求解科学与工程计算问题时，人们往往首选＿＿＿＿＿＿＿＿作为程序设计语言。

七、信息技术概述

（一）是非题

1．信息技术是指用来取代人的信息器官功能、代替人们进行信息处理的一类技术。

2．信息系统的规划和实现一般采用自底向上规划分析、自顶向下设计实现的方法。

3．数据库管理系统一般具有数据安全性、完整性、并发控制和故障恢复功能，由此实现对数据的统一管理和控制。

4．集成电路为个人计算机（PC）的快速发展提供了基础，目前 PC 所使用的集成电路都属于大规模集成电路。

5．比特可以用来表示数值和文字，但不可以用来表示图像和声音。

（二）单选题

1．下列十进制整数中，能用二进制 8 位无符号整数正确表示的是_____。

    A．257   B．201   C．312   D．296

2．扩展人们眼、耳、鼻等感觉器官功能的信息技术中，一般不包括_____。

    A．感测技术   B．识别技术   C．获取技术   D．存储技术

3．信息技术可以帮助扩展人们信息器官的功能。例如，使用_____最能帮助扩展大脑的功能。

    A．控制技术   B．通信技术

    C．计算与存储技术   D．显示技术

4．下列关于字节的叙述中，正确的是_____。

    A．字节通常用英文单词"bit"来表示，有时也可以写成"b"

    B．目前广泛使用的 Pentium 机字长为 5 字节

    C．计算机中将 8 个相邻的二进制位作为一个单位，这种单位称为字节

    D．计算机的字长并不一定是字节的整数倍

5．下列 4 个不同进位制的数中，最大的数是_____。

    A．十进制数 73.5   B．二进制数 1001101.01

    C．八进制数 115.1   D．十六进制数 4C.4

6．计算机图书管理系统中的图书借阅处理，属于_____处理系统。

    A．管理层业务   B．知识层业务   C．操作层业务   D．决策层业务

7．下列关于比特的叙述中，错误的是_____。

    A．比特是组成数字信息的最小单位

    B．比特只有"0"和"1"两个符号

    C．比特既可以表示数值和文字，也可以表示图像或声音

    D．比特通常用大写的英文字母"B"来表示

8．下列关于信息系统的说法中，错误的是_____。

    A．信息系统是一个人机交互系统

    B．信息系统是以计算机系统为基础的

    C．信息系统的核心是操作系统

    D．应该使用 DBMS 提供的工具维护信息系统

9．SELECT 查询语句中用于分组的子句是_____。

    A．SELECT   B．FROM   C．WHERE   D．GROUP BY

10．下列信息系统中，属于专家系统的是＿＿＿＿＿＿。
　　A．办公信息系统　　　　　　　　B．信息检索系统
　　C．医疗诊断系统　　　　　　　　D．电信计费系统

（三）填空题

1．采用结构化生命周期方法开发信息系统时，经过需求分析阶段后，下一步应进入＿＿＿＿＿＿＿阶段。

2．SQL 语言提供了 SELECT 语句进行数据库查询，其查询结果总是一个＿＿＿＿＿＿＿。

3．在计算机内部，8 位带符号二进制整数可表示的十进制最大值是＿＿＿＿＿＿＿。

4．带符号整数使用＿＿＿＿＿＿＿位表示该数的符号，"0" 表示正数，"1" 表示负数。

5．二进位数 0110 与 0101 进行算术加法运算后，结果是二进位数＿＿＿＿＿＿＿。

八、网络通信基础

（一）是非题

1．接入无线局域网的每台计算机都需要有一块无线网卡，其数据传输速率目前已可达到 1Gb/s。

2．使用多路复用技术能够很好地解决信号的远距离传输问题。

3．数字签名在电子政务、电子商务等领域中应用越来越普遍，我国法律规定，它与手写签名或盖章具有同等效力。

4．无线局域网需使用无线网卡、无线接入点等设备，无线接入点的英文简称为 WAP 或 AP，俗称"热点"。

5．通信系统概念上由 3 个部分组成：信源与信宿、携带了信息的信号以及传输信号的信道，三者缺一不可。

（二）单选题

1．数据传输速率是计算机网络的一项重要性能指标，下面不属于计算机网络数据传输常用单位的是＿＿＿＿＿＿。
　　A．kb/s　　　　　B．Mb/s　　　　　C．Gb/s　　　　　D．MB/s

2．下列关于 IP 协议的叙述中，错误的是＿＿＿＿＿＿。
　　A．IP 属于 TCP/IP 协议中的网络互连层协议
　　B．现在广泛使用的 IP 协议是第 6 版（IPv6）
　　C．IP 协议规定了在网络中传输的数据包的统一格式
　　D．IP 协议规定了网络中的计算机如何统一进行编址

3．下列通信方式中，＿＿＿＿＿＿不属于微波远距离通信。
　　A．卫星通信　　　B．光纤通信　　　C．手机通信　　　D．地面接力通信

4．下列关于网络信息安全措施的叙述中，正确的是＿＿＿＿＿＿。
　　A．带有数字签名的信息是未泄密的
　　B．防火墙可以防止外界接触到内部网络，从而保证内部网络的绝对安全

C．数据加密的目的是在网络通信被窃听的情况下仍然保证数据的安全

D．使用最好的杀毒软件可以杀掉所有的计算机病毒

5．在分组交换网中进行数据包传输时，每一台分组交换机需配置一张转发表，其中存放着_____信息。

A．路由　　　　　B．数据　　　　　C．地址　　　　　D．域名

6．下列有关无线通信技术的叙述中，错误的是_____。

A．波具有较强的电离层反射能力，适用于环球通信

B．卫星通信利用人造地球卫星作为中继站转发无线电信号，实现在两个或多个地球站之间的通信

C．卫星通信是一种微波通信

D．手机通信不属于微波通信

7．将异构的计算机网络进行互连，通常使用的网络互连设备是_____。

A．网桥　　　　　B．集线器　　　　　C．路由器　　　　　D．中继器

8．下列关于无线接入 Internet 方式的叙述中，错误的是_____。

A．采用无线局域网接入方式，可以在任何地方接入

B．采用 3G 移动电话上网比 GPRS 快得多

C．采用移动电话网接入，只要有手机信号的地方，就可以上网

D．目前采用移动电话上网的费用还比较高

9．衡量计算机网络中数据链路性能的重要指标之一是"带宽"。下列有关带宽的叙述中，错误的是_____。

A．链路的带宽是该链路的平均数据传输速率

B．电信局声称 ADSL 下行速率为 2Mb/s，其实指的是带宽为 2Mb/s

C．千兆校园网的含义是学校中大楼与大楼之间的主干通信线路带宽为 1Gb/s

D．通信链路的带宽与采用的传输介质、传输技术和通信控制设备等密切相关

10．下列关于 TCP/IP 协议的叙述中，正确的是_____。

A．TCP/IP 协议只包含传输控制协议和网络互连协议

B．TCP/IP 协议是最早的网络体系结构国际标准

C．TCP/IP 协议广泛用于异构网络的互连

D．TCP/IP 协议将网络划分为 7 个层次

（三）填空题

1．计算机网络按覆盖的地域范围通常可分为广域网、城域网和_____。

2．搜索引擎现在是 Web 较热门的应用之一，它能帮助人们在 WWW 中查找信息。目前国际上广泛使用的可以支持多国语言的搜索引擎是_____。

3．与电子邮件的通信方式不同，即时通信是一种以_____方式为主进行消息交换的通信服务。

4．目前，Internet 中有数以千计的 FTP 服务器使用_____作为其公开账号，用户只需将自己的邮箱地址作为密码就可以访问 FTP 服务器中的文件。

5．每块以太网卡都有一个用 48 个二进位表示的全球唯一的 MAC 地址，网卡安装在哪台计算机上，其 MAC 地址就成为该台计算机的＿＿＿＿＿＿地址。

九、多媒体技术基础

（一）是非题

1．超文本中超链接的链宿可以是文字，还可以是声音、图像或视频。

2．大多数图像获取设备的原理基本相同，都是通过光敏器件将光的强弱转换为电流的强弱，然后通过采样、分色、量化，进而得到数字图像。

3．为了处理汉字方便，汉字与 ASCII 字符必须互相区别。所以在计算机内，以最高位均为 1 的 2 字节表示一个 GB 2312 汉字。

4．语音的采样频率一般为 8kHz，音乐的采样频率也是 8kHz。

5．若西文使用标准 ASCII 码，汉字采用 GB 2312 编码，则十六进制代码为 C4 CF 50 75 B3 F6 的一小段简单文本含有 3 个汉字。

（二）单选题

1．在 PC 上利用摄像头录制视频时，视频文件的大小与＿＿＿＿＿＿无关。
    A．录制速度（帧/s）   B．图像分辨率
    C．录制时长   D．镜头视角

2．图像处理软件有很多功能，以下＿＿＿＿＿＿不是通用图像处理软件的基本功能。
    A．在图片上制作文字，并与图像融为一体
    B．图像的缩放显示
    C．识别图像中的文字和符号
    D．调整图像的亮度、对比度

3．下列关于声卡的叙述中，错误的是＿＿＿＿＿＿。
    A．声卡既可以获取和重建声音，也可以进行 MIDI 音乐的合成
    B．声卡不仅能获取单声道声音，而且能获取双声道声音
    C．声卡的声源可以是话筒输入，也可以是线路输入（从其他设备输入）
    D．将声波信号转换为电信号也是声卡的主要功能之一

4．计算机图形学有很多应用，以下所列最直接的应用是＿＿＿＿＿＿。
    A．指纹识别   B．设计电路图   C．医疗诊断   D．可视电话

5．网上在线视频播放，采用＿＿＿＿＿＿技术可以减轻视频服务器负担。
    A．优化本地操作系统设置   B．提高本地网络带宽
    C．P2P 技术实现多点下载   D．边下载边播放的流媒体

6．存放一幅 1024×768 像素的未经压缩的真彩色（24 位）图像，大约需＿＿＿＿＿＿字节的存储空间。
    A．1024×768×3   B．1024×768×2
    C．1024×768×12   D．1024×768×24

7．下列设备中不属于数字视频获取设备的是_____。

    A．视频卡   B．图形卡   C．数字摄像头   D．数字摄像机

8．在计算机中通过描述景物的结构、形状与外貌，然后将它绘制成图在屏幕上显示出来，此类图像称为_____。

    A．合成图像（矢量图形）   B．位图

    C．点阵图像   D．扫描图像

9．数字卫星电视和 DVD 数字视盘采用的数字视频压缩编码标准是_____。

    A．MPEG-1   B．MPEG-4   C．MPEG-7   D．MPEG-2

10．计算机图形学有很多应用，以下所列中最直接的应用是_____。

    A．医疗诊断   B．设计电路图   C．可视电话   D．指纹识别

（三）填空题

1．扫描仪的色彩位数（色彩深度）反映了扫描仪对图像色彩的辨析能力。假设色彩位数为 8 位，则可以分辨出_____种不同的颜色。

2．文本检索是将文本按一定的方式进行组织、存储、管理，并根据用户的要求查找所需文本的技术和应用，包括关键词检索和_____检索，例如，百度搜索引擎就提供这些功能进行网页的检索。

3．图像数据压缩的一个主要指标是_____，它用来衡量压缩前、后数据量减少的程度。

4．汉字输入编码方法大体分为数字编码、字音编码、字形编码、形音编码 4 类，五笔字形法属于_____编码类型。

5．MP3 音乐采用的声音数据压缩编码的国际标准是_____中的第 3 层算法。

参 考 文 献

段永平，陈海英，2017. 计算机应用基础教程（Win7+Office2010）[M]．北京：清华大学出版社.

潘永惠，2014. 计算机应用项目化教程[M]．杭州：浙江大学出版社.

石忠，2017. 计算机应用基础[M]．北京：北京理工大学出版社.

汤发俊，周威，2015. 计算机应用基础[M]．2版．北京：科学出版社.

汤发俊，周威，2015. 计算机应用基础考点与试题解析[M]．2版．北京：科学出版社.

王必友，2015. 大学计算机实践教程[M]．北京：高等教育出版社.